高职高专土建类系列教材
建筑装饰工程技术专业

建筑装饰工程计量与计价

第 2 版

主　编　饶　武
副主编　朱文剑　邢　宏
参　编　杨喜人　李钱鱼　熊　林
　　　　张翠竹　朱溢楠

机械工业出版社

本书是高职高专建筑装饰工程技术专业系列教材之一。主要内容包括：基本建设的相关知识，装饰工程定额的编制和使用方法，装饰工程工程量的计算，定额计价，定额计价编制造价实例，装饰工程工程量清单计价，清单计价实例，工程价款结算，装饰工程招标与投标，装饰工程计价软件。其中，工程量计算实例、定额计价和清单计价实例为读者提供了较丰富的学习和实训资料。

本书可作为高职高专建筑装饰工程技术、室内设计技术、工程造价专业的通用教材，也可供装饰类相关专业及自学考试、岗位技术培训等参考选用。

图书在版编目（CIP）数据

建筑装饰工程计量与计价/饶武主编．-2版．-北京：机械工业出版社，2015.8（2023.8重印）

高职高专土建类系列教材．建筑装饰工程技术专业

ISBN 978-7-111-50507-5

Ⅰ.①建…　Ⅱ.①饶…　Ⅲ.①建筑装饰-工程造价-高等职业教育-教材　Ⅳ.①TU723.3

中国版本图书馆 CIP 数据核字（2015）第 129108 号

机械工业出版社（北京市百万庄大街22号　邮政编码100037）

策划编辑：张荣荣　责任编辑：张荣荣　版式设计：赵颖喆
责任校对：陈越　封面设计：张静　责任印制：邓博
北京盛通商印快线网络科技有限公司印刷
2023年8月第2版第7次印刷
184mm×260mm · 13.5 印张 · 332 千字
标准书号：ISBN 978-7-111-50507-5
定价：32.00元

电话服务　　　　　　　　网络服务
客服电话：010-88361066　机　工　官　网：www.cmpbook.com
　　　　　010-88379833　机　工　官　博：weibo.com/cmp1952
　　　　　010-68326294　金　　书　　网：www.golden-book.com
封底无防伪标均为盗版　机工教育服务网：www.cmpedu.com

第 2 版前言

　　《建筑装饰工程计量与计价》是高职高专建筑装饰工程技术专业系列教材之一，是根据全国高等学校土建学科教学指导委员会高等职业教育专业委员会制定的装饰专业的教育标准、培养方案和该门课程教学的基本要求并参照建设类管理人员从业资格要求编写的。

　　本书在编写中，按照 2013 年中华人民共和国住房和城乡建设部及财政部联合颁发的《建筑安装工程费用项目组成》的规定（建标［2013］44 号）、《建筑工程建筑面积计算规则》（GB/T 50353—2013）、《建设工程工程量清单计价规范》（GB 50500—2013）、《房屋建筑与装饰工程工程量计算规范》（GB 50854—2013）和省市工程造价管理文件，并结合实际工程对第一版进行了全面修改。

　　本教材具有新颖、实用、可读性和整体性强等特点。在编写过程中，力求体系结构简洁明了，知识过渡合理，将定额计价与工程量清单计价通过实例进行对比讲述，适应了装饰工程造价管理改革的需要。内容安排深入浅出，从定额的基本知识、工程量的计算、计价文件的编制及计价软件的应用，循序渐进，难度适宜。尽量采用图示、表格等方式直观地表达应掌握的学习内容。选用具有代表性的办公室装饰装修工程，采用定额计价和清单计价分别编制了两套完整的计价实例，该工程实例也贯穿于计价软件的应用中。

　　本教材由广东建设职业技术学院饶武主编，辽宁城建职业技术学院邢宏、广东建设职业技术学院朱文剑担任副主编，广东建设职业技术学院杨喜人和李钱鱼、湖南城建职业技术学院张翠竹、浙江工业大学浙西分校熊林、枣庄科技职业学院朱溢楠参加编写。全书由饶武统稿。

　　由于编写时间仓促，编者水平有限，书中难免存在疏漏和不足之处，敬请广大读者批评指正。

编　者

目　录

第1章 绪 论

学习目标：

1. 了解本课程的任务；掌握建设工程项目划分。
2. 掌握工程造价的不同表现形式及其含义。
3. 掌握建筑安装工程费用项目组成。
4. 了解建筑装饰工程计价模式。

学习重点：

1. 建设工程项目划分。
2. 项目建设各阶段造价之间的关系。
3. 建筑安装工程费用项目组成。

学习建议：

1. 结合本学校的建筑物及其构造组成理解建筑工程项目的划分。
2. 结合建筑工程的建设程序了解各阶段造价之间关系。
3. 学习建筑安装工程费用项目组成要注意国家政策的变化。
4. 学习建筑装饰工程计价模式时应重点掌握各种计价模式之间的区别。

1.1 建筑装饰工程计量和计价课程的内容和任务

建筑装饰工程计量和计价课程主要包括建筑装饰工程计量和建筑装饰工程计价两大部分。

1.1.1 建筑装饰工程计量课程的内容和任务

建筑装饰工程计量主要任务是：研究建筑装饰工程的施工生产成果与施工生产消耗之间内在的定量关系，采用科学方法合理制定建筑装饰工程产品生产过程中所应消耗的人工、材料和机械的标准。研究装饰工程工程量的计算规则和计算方法。研究工程量清单编制方法。其主要内容包括：建筑装饰工程消耗量定额的编制和应用。装饰工程工程量的计算规则和应用。工程量清单的编制依据、原则和方法。

1.1.2 建筑装饰工程计价课程的内容和任务

建筑装饰工程计价主要任务是：根据国家的有关政策、地方行政主管部门的有关规定以及现行的各地区的装饰工程计价办法，按照各地建筑装饰市场的信息状况，合理计算确定装饰工程造价。其主要内容包括：建筑装饰工程造价的基本概念、建筑装饰工程费用、建筑装饰工程造价文件的编制。

1.2 建设工程项目划分

为了便于对体积庞大的装饰工程项目产品进行计价，我们将整个建设项目依据其组成进行科学的分解，依次划分为若干个单项工程、单位工程、分部工程和分项工程。

1.2.1 建设项目

建设项目又称投资项目，是指在一个总体设计范围内，按照一个设计意图进行施工的单项工程的总和。一个具体的基本建设工程，通常就是一个建设项目。在工业建筑中，建设一个工厂就是一个建设项目；在民用建筑中，建设一所学校，或一所医院、一个住宅小区等都是一个建设项目。建设项目在其初步设计阶段以建设项目为对象编制设计总概算，确定项目造价，竣工验收后编制决算。

1.2.2 单项工程

单项工程又称工程项目，是指在一个建设项目中，具有独立的设计文件，竣工后可以独立发挥生产能力或使用效益的工程。单项工程是建设项目的组成部分。在工业建筑中的各个生产车间、辅助车间、仓库等，在民用建筑中的教学楼、图书馆、住宅等都是单项工程。单项工程的造价是通过编制单项工程综合概预算来确定的。

1.2.3 单位工程

单位工程是单项工程的组成部分，是指竣工后一般不能独立发挥生产能力或效益，但具有独立的设计文件，能独立组织施工的工程。单位工程是单项工程的组成部分。例如一个生产车间的厂房修建、电器照明、给水排水、机械设备安装、电气设备安装等都是单位工程；住宅单项工程中的土建、装饰、给水排水、电器照明等都是单位工程。

单位工程的造价是以单位工程为对象编制确定的。

1.2.4 分部工程

按照工程部位、设备种类和型号、使用材料的不同，可将一个单位工程划分为若干个分部工程。分部工程是单位工程的组成部分。例如房屋的装饰工程可分为抹灰工程、门窗工程、吊顶工程、轻质隔墙工程、饰面板（砖）工程、幕墙工程、涂饰工程、裱糊与软包工程、楼地面工程、细部工程等。

1.2.5 分项工程

分项工程是分部工程的组成部分。按照不同的施工方法、不同的材料性质等，可将一个分部工程分解为若干个分项工程。例如，装饰工程定额将抹灰工程分为底层抹灰、一般抹灰、装饰抹灰等。分项工程是单项工程组成部分中最基本的构成因素。每个分项工程都可以用一定的计量单位（例如砖墙的计量单位为 $1m^3$）计算，并能求出完成相应计量单位分项工程所需消耗的人工、材料、机械台班的数量及其预算价值。

1.3 工程造价的表现形式

按项目所处的建设阶段不同，造价有不同的表现形式。主要包括投资估算、设计概算、施工图预算、招标控制价、投标报价、承包合同价、工程结算价、竣工决算等。

1.3.1 投资估算

投资估算是在项目建议书和可行性研究阶段，依据现有的市场、技术、环境、经济等资料和一定的方法，对建设项目的投资数额进行估计，即投资估算造价。投资估算是建设项目决策的一个重要依据。根据国家规定，在整个建设项目投资决策过程中，必须对拟建建设工程造价（投资）进行估算，并据此研究是否进行投资建设。投资估算的准确性是十分重要的，若估算误差过大，必将导致决策的失误。因此，准确、全面地估算建设项目的工程造价是建设项目可行性研究的重要依据，也是整个建设项目投资决策阶段工程造价管理的重要任务。

1.3.2 设计概算

设计概算是在初步设计阶段，由设计单位根据设计文件、概算定额或概算指标等有关的技术经济资料，预先计算和确定建设项目从筹建到竣工验收、交付使用的全部建设费用的经济文件。设计概算是设计方案优化的经济指标，经过批准的概算造价，即成为控制拟建项目工程造价的最高限额，成为编制建设项目投资计划的依据。

1.3.3 施工图预算

它是在施工图设计完成后，根据施工图设计图样、预算消耗定额等资料编制的、反映建筑安装工程造价的文件。

施工图预算是设计阶段控制施工图设计造价不超过概算造价的重要措施。施工图的设计资料较初步设计文件更详细具体，因而施工图预算较设计概算更准确、更符合工程项目的建设资金需要，施工图预算也可以作为调整项目投资计划的依据。

1.3.4 招标控制价

实行招标投标的工程，招标人根据国家或省级、行业和建设主管部门颁发的有关计价依据和办法，以及拟定的招标文件和招标工程量清单，结合工程具体情况编制的招标工程的最高投标限价。

1.3.5 投标报价

实行招标投标的工程，投标人投标时响应招标文件要求所报出的对已标价工程量清单汇总后标明的总价。它是投标人在投标报价前对工程造价进行计价和分析，计价时根据招标文件的内容要求，自己企业采用的消耗定额及费用成本和有关资源要素价格等资料，确定工程造价；然后根据拟定的投标策略报出自己的投标报价。投标报价是投标书的一个重要组成部分，它也是工程造价的一种表现形式，是投标人根据自己的消耗水平和市场因素综合考虑后确定的工程造价。

1.3.6 承包合同价

招标投标制表现为同一工程项目有若干个投标人各自报出自己的报价，通过竞争选择价格、技术和管理水平均较好的投标人为中标人，并以中标价（中标人的报价）作为签订工程承包合同的依据。

对于非招标的工程，在签订承包合同前，承包人也应先对工程造价进行计价，编制拟建工程的预算书或报价单，或者发包人编制工程预算，然后承发包双方协商一致，签订工程承包合同。

工程承包合同是发包和承包交易双方根据招标投标文件及有关规定，为完成商定的建筑安装工程任务，明确双方权利、义务关系的协议。在承包合同中，有关工程价款方面的内容、条款构成的合同价是工程造价的另一种表现形式。

1.3.7 工程结算价

工程结算价包括工程中间结算价和工程竣工结算价。

工程中间结算价是承包商在工程实施过程中，根据承包合同的有关内容和已经完成的合格工程数量计算的工程价款，以便与业主办理工程进度款的支付（即中间结算）。工程价款结算可以采用多种方式，如按月的定期结算，或按工程形象进度分不同阶段进行结算，或是工程竣工后一次性结算。工程的中间结算价实际上是工程在实施阶段已经完成部分的实际造价，是承包项目实际造价的组成部分。

工程竣工结算价：不论是否进行过中间结算，承包商在完成合同规定的全部内容后，应按要求与业主进行工程的竣工结算。竣工结算价是在完成合同规定的单项工程、单位工程等全部内容，按照合同要求验收合格后，并按合同中约定的结算方式、计价单价、费用标准等，核实实际工程数量，汇总计算承包项目的最终工程价款。因此，竣工结算价是确定承包工程最终实际造价的经济文件，以它为依据办理竣工结算后，就标志着发包方和承包方的合同关系和经济责任关系的结束。

1.3.8 竣工决算

竣工决算是在建设项目或单项工程竣工验收、准备交付使用时，由业主或项目法人全面汇集在工程建设过程中实际花费的全部费用的经济文件。竣工决算反映的造价是正确核定固定资产价值、办理交付使用、考核和分析投资效果的依据。

1.3.9 项目建设各阶段造价之间的关系

建筑装饰工程项目建设各阶段造价的表现形式如图 1-1 所示。

估算确定项目计划投资额，概算确定项目建设投资限额，合同价是承发包工程的交易价格，结算反映承包工程的实际造价，最后以决算形成固定资产价值。在工程造价全过程的管理中，用投资估算价控制设计方案和设计概算造价，用概算造价控制技术设计和修正概算，用概算造价或修正概算造价控制施工图设计和预算造价，用施工图预算或承包合同价控制结算价，最后使竣工决算造价不超过投资限额。工程建设中各种表现形式的造价构成了一个有

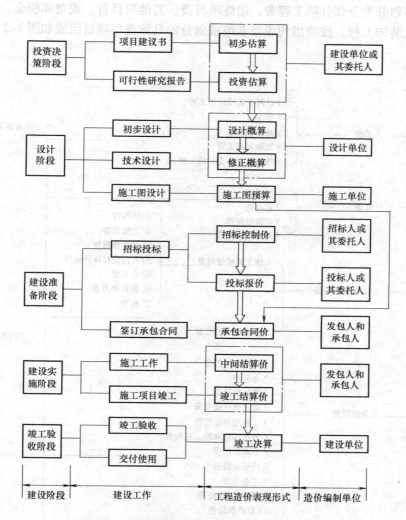

图 1-1　建筑装饰工程项目建设各阶段造价的表现形式

机整体，前者控制着后者，后者补充着前者，共同达到控制工程造价的目的。

1.4　建筑装饰工程费用构成

为了生产建筑装饰工程产品需要投入大量的人力、材料以及机械和机具，这就意味着在此生产过程中不仅要发生装饰材料和装饰机械与机具的价值转移，同时还要发生体力和脑力价值的转移并为社会创造新价值。这些价值都应该在装饰工程的费用中体现出来。

根据中华人民共和国住房和城乡建设部和财政部联合颁发的建标〔2013〕44号文件《建筑安装工程费用项目组成》的规定，我国现行建筑安装工程费用项目按费用构成要素组成划分为人工费、材料费、施工机具使用费、企业管理费、利润、规费和税金。其中人工费、材料费、施工机具使用费、企业管理费和利润包含在分部分项工程费、措施项目费、其他项目费中。为指导工程造价专业人员计算建筑安装工程造价，将建筑安装工程费用按工程造价形成顺序划分为分部分项工程费、措施项目费、其他项目费、规费和税金。该规定也同样适用于建筑装饰工程。按费用构成要素组成划分的具体费用项目组成如图1-2所示。

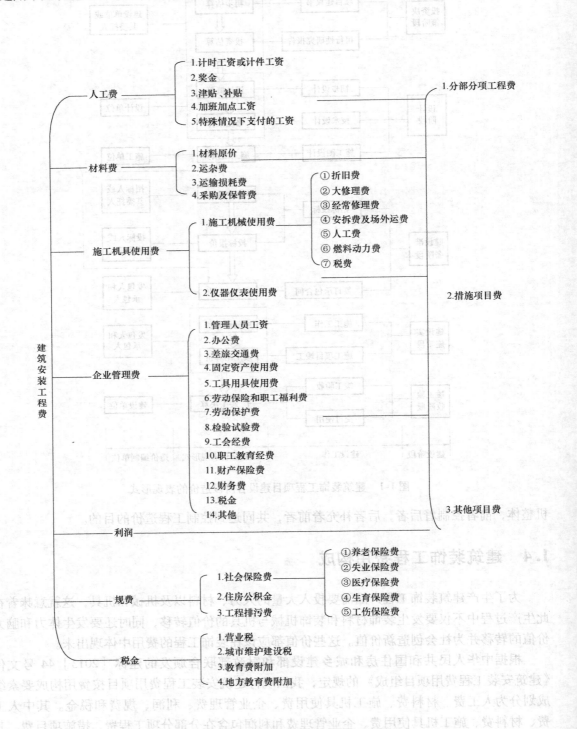

图1-2　建筑装饰工程费用项目组成（按费用构成要素划分）

1.4.1 人工费

人工费是指按工资总额构成规定，支付给从事建筑安装工程施工的生产工人和附属生产单位工人的各项费用。内容包括：

（1）计时工资或计件工资　是指按计时工资标准和工作时间或对已做工作按计件单价支付给个人的劳动报酬。

（2）奖金　是指对超额劳动和增收节支支付给个人的劳动报酬。如节约奖、劳动竞赛奖等。

（3）津贴补贴　是指为了补偿职工特殊或额外的劳动消耗和因其他特殊原因支付给个人的津贴，以及为了保证职工工资水平不受物价影响支付给个人的物价补贴。如流动施工津贴、特殊地区施工津贴、高温（寒）作业临时津贴、高空津贴等。

（4）加班加点工资　是指按规定支付的在法定节假日工作的加班工资和在法定日工作时间外延时工作的加点工资。

（5）特殊情况下支付的工资　是指根据国家法律、法规和政策规定，因病、工伤、产假、计划生育假、婚丧假、事假、探亲假、定期休假、停工学习、执行国家或社会义务等原因按计时工资标准或计时工资标准的一定比例支付的工资。

1.4.2　材料费

材料费是指施工过程中耗费的原材料、辅助材料、构配件、零件、半成品或成品、工程设备的费用。内容包括：

（1）材料原价　是指材料、工程设备的出厂价格或商家供应价格。

（2）运杂费　是指材料、工程设备自来源地运至工地仓库或指定堆放地点所发生的全部费用。

（3）运输损耗费　是指材料在运输装卸过程中不可避免的损耗。

（4）采购及保管费　是指组织采购、供应和保管材料、工程设备的过程中所需要的各项费用。包括采购费、仓储费、工地保管费、仓储损耗。

工程设备是指构成或计划构成永久工程一部分的机电设备、金属结构设备、仪器装置及其他类似的设备和装置。

1.4.3　施工机具使用费

施工机具使用费是指施工作业所发生的施工机械、仪器仪表使用费或其租赁费。

（1）施工机械使用费　以施工机械台班耗用量乘以施工机械台班单价表示，施工机械台班单价由下列七项费用组成：

1）折旧费：是指施工机械在规定的使用年限内，陆续收回其原值的费用。

2）大修理费：是指施工机械按规定的大修理间隔台班进行必要的大修理，以恢复其正常功能所需的费用。

3）经常修理费：是指施工机械除大修理以外的各级保养和临时故障排除所需的费用。包括为保障机械正常运转所需替换设备与随机配备工具附具的摊销和维护费用，机械运转中日常保养所需润滑与擦拭的材料费用及机械停滞期间的维护和保养费用等。

4）安拆费及场外运费：安拆费是指施工机械（大型机械除外）在现场进行安装与拆卸所需的人工、材料、机械和试运转费用以及机械辅助设施的折旧、搭设、拆除等费用；场外运费是指施工机械整体或分体自停放地点运至施工现场或由一施工地点运至另一施工地点的运输、装卸、辅助材料及架线等费用。

5）人工费：是指机上司机（司炉）和其他操作人员的人工费。

6）燃料动力费：是指施工机械在运转作业中所消耗的各种燃料及水、电等。

7）税费：是指施工机械按照国家规定应缴纳的车船使用税、保险费及年检费等。

（2）仪器仪表使用费　是指工程施工所需使用的仪器仪表的摊销及维修费用。

1.4.4　企业管理费

企业管理费是指建筑安装企业组织施工生产和经营管理所需的费用。内容包括：

（1）管理人员工资　是指按规定支付给管理人员的计时工资、奖金、津贴补贴、加班加点工资及特殊情况下支付的工资等。

（2）办公费　是指企业管理办公用的文具、纸张、账表、印刷、邮电、书报、办公软件、现场监控、会议、水电、烧水和集体取暖降温（包括现场临时宿舍取暖降温）等费用。

（3）差旅交通费　是指职工因公出差、调动工作的差旅费、住勤补助费，市内交通费和误餐补助费，职工探亲路费，劳动力招募费，职工退休、退职一次性路费，工伤人员就医路费，工地转移费以及管理部门使用的交通工具的油料、燃料等费用。

（4）固定资产使用费　是指管理和试验部门及附属生产单位使用的属于固定资产的房屋、设备、仪器等的折旧、大修、维修或租赁费。

（5）工具用具使用费　是指企业施工生产和管理使用的不属于固定资产的工具、器具、家具、交通工具和检验、试验、测绘、消防用具等的购置、维修和摊销费。

（6）劳动保险和职工福利费　是指由企业支付的职工退职金、按规定支付给离休干部的经费，集体福利费、夏季防暑降温、冬季取暖补贴、上下班交通补贴等。

（7）劳动保护费　是指企业按规定发放的劳动保护用品的支出。如工作服、手套、防暑降温饮料以及在有碍身体健康的环境中施工的保健费用等。

（8）检验试验费　是指施工企业按照有关标准规定，对建筑以及材料、构件和建筑安装物进行一般鉴定、检查所发生的费用，包括自设实验室进行试验所耗用的材料等费用。不包括新结构、新材料的试验费，对构件做破坏性试验及其他特殊要求检验试验的费用和建设单位委托检测机构进行检测的费用，对此类检测发生的费用，由建设单位在工程建设其他费用中列支。但对施工企业提供的具有合格证明的材料进行检测不合格的，该检测费用由施工企业支付。

（9）工会经费　是指企业按《中华人民共和国工会法》规定的全部职工工资总额比例计提的工会经费。

（10）职工教育经费　是指按职工工资总额的规定比例计提，企业为职工进行专业技术和职业技能培训，专业技术人员继续教育、职工职业技能鉴定、职业资格认定以及根据需要对职工进行各类文化教育所发生的费用。

（11）财产保险费　是指施工管理用财产、车辆等的保险费用。

（12）财务费　是指企业为施工生产筹集资金或提供预付款担保、履约担保、职工工资支付担保等所发生的各种费用。

（13）税金　是指企业按规定缴纳的房产税、车船使用税、土地使用税、印花税等。

（14）其他　包括技术转让费、技术开发费、投标费、业务招待费、绿化费、广告费、公证费、法律顾问费、审计费、咨询费、保险费等。

1.4.5　利润

利率是指施工企业完成所承包工程获得的盈利。

1.4.6　规费

规费是指按国家法律、法规规定，由省级政府和省级有关权力部门规定必须缴纳或计取的费用。包括：

（1）社会保险费

1）养老保险费：是指企业按照规定标准为职工缴纳的基本养老保险费。

2）失业保险费：是指企业按照规定标准为职工缴纳的失业保险费。

3）医疗保险费：是指企业按照规定标准为职工缴纳的基本医疗保险费。

4）生育保险费：是指企业按照规定标准为职工缴纳的生育保险费。

5）工伤保险费：是指企业按照规定标准为职工缴纳的工伤保险费。

（2）住房公积金　是指企业按规定标准为职工缴纳的住房公积金。

（3）工程排污费　是指按规定缴纳的施工现场工程排污费。

其他应列而未列入的规费，按实际发生计取。

1.4.7　税金

税金是指国家税法规定的应计入建筑安装工程造价内的营业税、城市维护建设税、教育费附加以及地方教育附加。

1.5　建筑装饰工程计价模式

1.5.1　定额计价模式

（1）静态的定额计价模式　从中华人民共和国成立至20世纪90年代初，我国工程造价基本上沿用了传统的定额计价模式，即先根据工程量计算规则计算工程量，再根据费用标准计算出工程造价。这种计价模式有如下特点：一是没有反映出各施工企业的个性。项目中的人工、材料和机械的消耗量是按照社会平均水平给定的。二是没有反映出人工费、材料费、机械费单价的市场波动变化。所以说，这种模式是静态的，它在我国计划经济年代被广泛采用。

（2）动态的定额计价模式　随着我国计划经济向市场经济的转变、改革开放及商品经济的发展，我国建筑市场的人工单价、材料价格及机械台班单价等波动幅度及频率加快，按照传统的静态计价模式计算工程造价就显得不适应了。为适应社会主义市场经济发展的需要，我国对建筑装饰工程造价计算按照"量"和"价"分离的方式，即根据全国统一基础定额，国家对定额中的人工、材料、机械等消耗"量"统一控制，而它们的单"价"则由当地造价管理部门定期发布市场信息价作为计价的指导或参考，以确定装饰工程造价。

1.5.2 工程量清单计价模式

上述两种定额计价模式中所用的定额中的人工、材料、机械的消耗量是按社会平均水平测得的，价格是地区统一确定的，取费的费率是根据地区平均水平测算的，因此，这种计价不能真正反映承包人的实际成本及各项费用的实际开支，不利于公平竞争。而工程量清单计价模式是一种与市场经济相适应的计价模式，工程量清单计价是招标人公开提供工程量清单，投标人根据招标文件、工程量清单等内容，结合本企业的实际情况自主报价，并据此签订合同价款，进行工程结算的计价活动。在这个活动中，承包人作为工程项目的承建者，是工程造价的确定主体。在多变的市场条件下，项目的造价应以承建人在项目建造中的合理成本费用为基础，并考虑适当的利润、税金和可能的可变因素确定。

项目的承包人编制自己企业的消耗量定额是确定项目建造成本的基础。首先，企业消耗量定额应能与当时当地的社会平均消耗水平相适应；其次，企业消耗量定额应能反映本企业的技术水平、管理水平，它是企业生产产品与生产消耗之间数量关系的体现；第三，针对具体的不同类型的工程项目，运用企业消耗量定额确定建造成本时，应考虑施工方法和具体施工条件的影响。不同的施工环境、施工方案和技术、组织措施或多或少地改变着劳动效率和资源要素的消耗数量。

定额的资源要素消耗量用货币形式反映，需要依资源要素的市场价格。企业的资源要素价格也是企业参与市场竞争的内容之一。企业应建立自己的资源要素市场价格获得（询价）体系和供应体系。通过询价体系获得的要素价格应能真实地反映市场价格水平，同时应和可实现的合理的供应渠道相对应，否则过高的供应渠道成本会使资源要素价格失去优势。企业的消耗量定额和资源要素价格相结合反映了项目建造过程中的直接生产成本。因此项目的管理费用和其他一些费用可以采用费用标准或费用定额的形式进行确定。

因此，建造成本计算依据的编制、修订、管理及应用都由企业自己当家做主。

在建造成本的基础上，考虑适当的利润、应缴税金、风险费用和竞争策略，承包人可以自主地确定能参与市场竞争的工程造价，对准备承揽的工程项目进行自主地报价，并为自己报出的工程造价承担相应的风险。

与市场相适应的工程量清单计价模式也赋予了业主自主择优选择承建人的权力。

市场经济条件下，国家不再是建设项目唯一的投资主体，集体、个体等多种投资主体的比例增大。业主在国家的宏观调控下，按市场需求投资建设。为了使建设项目投资发挥更大的效益，客观上要求业主按市场规律择优选择承建人，并为自己的认可选择权承担相应的责任和风险。因此承包人的报价权和发包人的认可选择权是双向性的市场制衡权力。

工程量清单计价的整个操作过程可以分成两个阶段，第一阶段是编制工程量清单，第二阶段是根据工程量清单填报单价或者说根据工程量清单对工程进行计价。

广义地说，工程量清单计价方式适用于所有建设工程的计价活动，但就建设工程的发包与承包程序和结果而言，主要用于建设工程招标投标的清单计价活动中。当工程招标采用工程量清单计价时又称清单招标。

本 章 小 结

为了便于对体积庞大的装饰工程项目产品进行计价，将建设项目的整体依据其组成进行科学的分解，依次划分为若干个单项工程、单位工程、分部工程和分项工程。

按项目所处的建设阶段不同，造价有不同的表现形式。主要包括投资估算、设计概算、施工图预算、招标控制价、投标报价、承包合同价、工程结算价、竣工决算等。

建筑安装工程费按费用构成要素划分：由人工费、材料费、施工机具使用费、企业管理费、利润、规费和税金组成。

建筑装饰工程的计价模式主要有定额计价模式及工程量清单计价模式。

复习思考题

1. 建设项目依据其组成内容不同，可分解为哪五个层次？
2. 按项目所处的建设阶段不同，工程造价有哪些表现形式，它们之间有什么关系？
3. 按费用构成要素划分，建筑安装工程费主要由哪些费用组成？
4. 建筑装饰工程有哪些计价模式？它们之间有什么异同点？

第2章 建筑装饰工程定额

学习目标：

1. 了解定额的含义，掌握工程建设定额的分类。
2. 掌握劳动定额、材料消耗定额、机械台班消耗定额的概念及消耗指标的测定方法。
3. 掌握建筑装饰装修工程消耗量定额的概念、作用、编制依据、编制原则、熟悉本地区建筑装饰工程定额组成及其内容。
4. 掌握人工工日单价、材料单价、机械台班单价的确定方法。
5. 掌握地区建筑装饰装修预算定额的应用，能够正确套用和换算本地区装饰工程消耗量定额。

学习重点：

1. 工程建设定额的分类。
2. 劳动定额、材料消耗定额、机械台班消耗定额消耗指标的测定方法。
3. 人工工日单价、材料预算单价、机械台班单价的确定方法。
4. 地区建筑装饰装修预算定额的应用。

学习建议：

1. 学习工程建设定额的不同分类，注意全国消耗量定额、地区消耗量定额、企业消耗量定额的不同。
2. 通过本章的学习，熟悉本地区建筑装饰装修预算定额的各分部组成及内容，具有正确套用和换算本地区装饰装修消耗量定额的能力。

2.1 工程建设定额

2.1.1 工程建设定额的概念

定额是指人为规定的标准额度。就生产而言，定额反映生产成果与和生产要素之间的数量关系。是指在一定生产力水平条件下，完成单位合格产品所必需消耗的人工、材料、机械及资金的数量标准，它反映了一定的社会生产力水平条件下的产品生产和生产消耗之间的数量关系。

工程建设定额是指在正常的施工条件和合理劳动组织，合理使用材料及机械的条件下，完成单位合格产品所必须消耗资源的数量标准。

"正常施工条件"是界定定额研究对象的前提条件，因此，一般在定额的总说明、章节说明和定额子目的说明中均对定额编制的依据、工作内容、使用条件、调整方法等作了详细的规定和说明，了解具体工程建设的施工条件是正常使用定额的基础。

"合理劳动组织、合理使用材料和机械"是指应该按照定额规定的劳动组织条件来组织生产（包括人员、设备的配置和质量标准），施工过程中应当遵守国家现行的施工规范、规程和标准等。

"合格产品"是指施工生产所完成的产品或半成品必须符合国家或行业现行的施工验收规范和质量评定标准的要求。

"资源"主要包括在建设生产过程中所投入的人工、机械、材料和资金等生产要素。

从以上可以看出，建设工程定额不仅规定了建设工程投入产出的数量标准，同时还规定了具体的工作内容、质量标准和安全要求。

2.1.2　工程建设定额的分类

工程建设定额是工程造价计算的基本依据，各类工程建设定额之间相互联系，相互制约，形成完整的工程建设定额体系，逐步建立起规范、有序的工程建设定额体系。

按照统一归口、全面规划、分级管理的原则，并充分发挥国务院各有关部门、各省市有关职能部门的作用，按照定额的通用程度、适用范围以及适应工程项目决策和实施各阶段计价的不同需要，整个定额体系划分为施工定额、预算定额、概算定额和概算指标四个纵向层次。按照定额的适用范围及管理分工，又可划分为全国统一定额、行业统一定额和地区统一定额、企业定额四列横向结构。

由于工程建设定额的种类繁多，根据不同的划分方式有不同的名称，其分类主要包括：按生产要素分类、按专业分类、按编制单位及使用范围分类等。

1. 按生产要素分类

生产过程是劳动者利用劳动手段，对劳动对象进行加工的过程。显然生产活动包括劳动者、劳动手段、劳动对象三个不可缺少的要素。劳动者是指生产活动中各专业工种的工人，劳动手段是指劳动者使用的生产工具和机械设备，劳动对象是指原材料、半成品和构配件。按此三要素分类可分为劳动定额、材料消耗定额、机械台班消耗定额。

（1）劳动定额　劳动定额又称人工定额，它反映生产工人劳动生产率的平均水平。根据其表示形式可分为时间定额和产量定额。

1）时间定额又称工时定额，是指在合理的劳动组织与合理使用材料的条件下，完成质量合格的单位产品所必须消耗的劳动时间。时间定额以"工日/（m^3 或 m^2、m、t、座、组等）"为单位。一工日工作时间按现行制度规定为 8 小时。

2）产量定额又称每工产量，是指在合理的劳动组织与合理使用材料的条件下，规定某工种某技术等级的工人（或人工班组）在单位时间里必须完成质量合格的产品数量。

（2）材料消耗定额　材料消耗定额简称材料定额。它是指在节约与合理使用材料条件下，生产质量合格的单位工程产品所必须消耗的一定规格的质量合格的材料、成品、半成品、构配件、动力与燃料的数量标准。

（3）机械台班消耗定额　机械台班消耗定额又称机械台班使用定额，简称机械定额。它是指在正常施工条件下，施工机械运转状态正常，并合理地、均衡地组织施工和使用机械时，机械在单位时间内的生产效率。按其表示形式的不同也可分为机械时间定额和机械产量定额。

1）机械时间定额是指在合理组织施工和合理使用机械的条件下，某种类型的机械为完成符合质量要求的单位产品所必须消耗的机械工作时间，单位以"台班"或"台时"表示。1台班是指施工机械工作 8 小时。

2）机械产量定额是指在合理组织施工和合理使用机械的条件下，某种类型的机械在单位机械工作时间内，应完成符合质量要求的产品数量。

2. 按专业分类

（1）建筑工程消耗量定额 建筑工程消耗量定额是指建筑工程人工、材料及机械的消耗量标准。

（2）装饰工程消耗量定额 装饰工程是指房屋建筑的装饰装修工程。装饰工程消耗量定额是指建筑装饰装修工程人工、材料及机械的消耗量标准。

（3）安装工程消耗量定额 安装工程是指各种管线、设备等的安装工程。安装工程消耗量定额是指安装工程人工、材料及机械的消耗量标准。

（4）市政工程消耗量定额 市政工程是指城市的道路、桥梁等公共设施及公用设施的建设工程。市政工程消耗量定额是指市政工程人工、材料及机械的消耗量标准。

（5）仿古园林工程消耗量定额 仿古园林工程消耗量定额是指仿古园林工程人工、材料及机械的消耗量标准。

3. 按编制单位及使用范围分类

建筑工程消耗量定额按编制单位及使用范围分类有：全国消耗量定额、地区消耗量定额及企业消耗量定额。

（1）全国消耗量定额 全国消耗量定额是指由国家主管部门编制，作为各地区编制地区消耗量定额依据的消耗量定额。如《全国统一建筑工程基础定额》和《全国统一建筑装饰装修工程消耗量定额》。

（2）地区消耗量定额 地区消耗量定额是指由本地区建设行政主管部门根据合理的施工组织设计，按照正常施工条件下制定的，生产一个规定计量单位工程合格产品所需人工、材料、机械台班的社会平均消耗量定额。作为编制标底依据，施工企业在没有本企业定额的情况下也可作为投标的参考依据。

（3）企业消耗量定额 企业消耗量定额是指施工企业根据本企业的施工技术和管理水平，以及有关工程造价资料制定的，并供本企业使用的人工、材料和机械消耗量定额。

全国消耗量定额、地区消耗量定额和企业消耗量定额三者的异同见表2-1。

表 2-1　消耗量定额比较表

定额名称 异同点	全国消耗量定额	地区消耗量定额	企业消耗量定额
编制内容相同	确定分项工程的人工、材料和机械台班消耗量标准		
定额水平不同	全国社会平均水平	本地区社会平均水平	本企业个别水平
编制单位不同	主管部门	各省、市、区	施工企业
使用范围不同	全国	本地区	本企业
定额作用不同	作为各地区编制本地区消耗量定额等的依据	作为本地区编制标底，或供施工企业参考	本企业内部管理及投标使用

建筑工程定额分类汇总如图 2-1 ~ 图 2-5 所示。

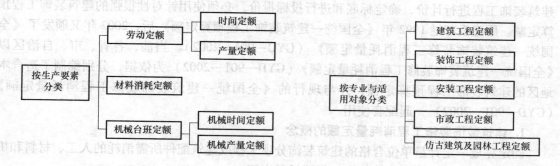

图 2-1 建筑工程定额按生产要素分类   图 2-2 建筑工程定额按专业与适用对象分类

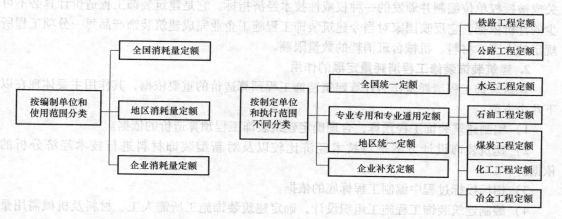

图 2-3 建筑工程定额按编制   图 2-4 建筑工程定额按制定
　　　　单位和使用范围分类   　　　　单位和执行范围不同分类

图 2-5 建筑工程定额按费用性质分类

2.2 建筑装饰装修工程消耗量定额

2.2.1 建筑装饰装修工程消耗量定额概述

从装饰装修专业角度来看，建筑装饰工程已经发展成为一个独立的专业化工程，因此，建筑装饰工程计价也发展成为一门独立的技术经济学科。为了正确地、独立地、专业化地对建筑装饰工程进行计价，确定标底和进行投标报价，必须使用针对性很强的建筑装饰工程预算定额。原建设部继1992年《全国统一建筑装饰工程预算定额》后，2002年又颁发了《全国统一建筑装饰装修工程消耗量定额》（GYD—901—2002）。当前，各省、市、自治区以《全国统一建筑装饰装修工程消耗量定额》（GYD—901—2002）为依据，分别编制了适合本地区的建筑装饰工程预算定额，并与现行的《全国统一建筑装饰装修工程消耗量定额》（GYD—901—2002）一起配套使用。

1. 建筑装饰装修工程消耗量定额的概念

确定完成一定计量单位合格的建筑装饰分项工程或建筑配件所需消耗的人工、材料和机械台班的数量标准，称为建筑装饰工程消耗量定额。

建筑装饰工程消耗量定额是建筑装饰行业政策性很强的技术经济文件，是由国家主管机关或被授权单位编制并颁发的一种权威性技术经济指标。它是建筑装饰工程造价计算必不可少的计价依据，它反映国家对当今建筑装饰工程施工企业完成建筑装饰产品每一分项工程所规定的人工、材料、机械台班消耗的数量限额。

2. 建筑装饰装修工程消耗量定额的作用

建筑装饰工程消耗量作为计算建筑装饰工程预算造价的重要依据，其作用主要体现在以下几个方面：

1）编制建筑装饰工程预算，合理确定建筑装饰工程预算造价的依据。

2）建筑装饰设计方案进行技术经济比较以及对新型装饰材料进行技术经济分析的依据。

3）招标投标过程中编制工程标底的依据。

4）编制建筑装饰工程施工组织设计，确定建筑装饰施工所需人工、材料及机械需用量的依据。

5）编制装饰工程竣工结算的依据。

6）建筑装饰施工企业考核工程成本，进行经济核算的依据。

7）编制建筑装饰工程单位估价表的基础。

8）编制建筑装饰工程概算定额（指标）和估算指标的基础。

9）编制企业定额、进行投标报价的参考。

3. 建筑装饰装修工程消耗量定额的编制依据

1）现行的全国统一劳动定额、材料消耗量定额及施工机械台班使用定额。

2）现行的设计规范、施工验收规范、质量评定标准和安全操作规程。

3）通用的标准图集、定型设计图样、有代表性的设计图样或图集。

4）有关科学试验资料、技术测定资料和可靠的统计资料。

5）已推广的新技术、新材料、新结构、新工艺的资料。

4. 建筑装饰装修工程消耗量定额的编制原则

（1）按社会平均必要劳动量确定定额水平　在商品生产和商品交换的条件下，确定消耗量定额的消耗量指标，应遵循价格规律的要求，按照产品生产中所消耗的社会平均必要劳动时间确定其定额水平。即在正常施工条件下，以平均的劳动强度、平均的劳动熟练程度、平均的技术装备水平来确定完成每一单位分项工程所需的劳动消耗，作为确定预算定额水平的主要原则。

（2）简明适用 消耗量定额的内容和形式，既要满足各方面使用的需要（如编制预算、办理结算、编制各种计划和进行成本核算等），具有多方面的适用性，同时又要简明扼要，层次分明，使用方便。预算定额的项目应尽量齐全完整，要把已成熟和推广的新技术、新结构、新材料、新机具和新工艺等项目编入定额。对缺漏项目，要积累资料，尽快补齐。简明适用的核心是定额项目划分要粗细恰当，步距合理。这里的步距是指同类型产品（或同类工程内容）相邻项目之间的定额水平的差距。步距大小同定额的简明适用程度关系极大。步距大，定额项目就会减少，而定额水平的准确度则会降低，不利于提高劳动生产率；步距小，定额项目就会增多，定额水平的准确度则会提高，但使用和管理都不方便。因此定额步距的大小必须适中、合理。

贯彻简明适用的原则，还体现在预算定额计量单位的选择，要考虑简化工程量计算的问题。如抹灰定额中的"m²"就比用"m"作为定额的计量单位方便。

5. 建筑装饰装修工程消耗量定额的计量单位的确定

建筑装饰装修工程消耗量定额的计量单位的确定见表2-2、表2-3。

表2-2 消耗量定额计量单位的选择

序号	构件形体特征及变化规律	计量单位	实 例
1	长、宽、高（厚）三个度量均变化	立方米（m³）	土方、砌体、钢筋混凝土构件等
2	长、宽两个度量变化，高（厚）一定	平方米（m²）	楼地面、门窗、抹灰、油漆等
3	截面形状、大小固定，长度变化	米（m）	楼梯木扶手、装饰线等
4	设备和材料重量变化大	吨或千克（t或kg）	金属构件、设备制作安装
5	形状没有规律且难以度量	套、台、座、件（个或组）	铸铁头子、弯头、卫生洁具安装等

表2-3 消耗量定额计量单位选择方法

序号	项 目	计量单位	小数位数
1	人工	工日	两位小数
2	机械	台班	两位小数
3	钢材	t	三位小数
4	木材	m³	三位小数
5	水泥	kg	零位小数（取整数）
6	其他材料	与产品计量单位基本一致	两位小数

6. 建筑装饰装修工程消耗量定额的组成及其内容

装饰工程消耗量定额的结构按其组成顺序分为总说明，分部、分项章节和附录。

（1）定额说明部分 包括定额总说明、各章节（分部）说明和定额表说明。

（2）工程量计算规则 工程量计算规则是定额的重要组成部分，它与定额表格配套使用，才能正确计算分项工程的人工、材料、机械台班消耗量。

（3）定额表 定额表是定额的主体内容，用表格的形式表示出来。

（4）附录 装饰工程消耗量定额的结构如图2-6所示。

定额表是装饰工程消耗量定额的核心，包括四个方面的内容，即分项工程项目的工作内容、工程量计量单位、定额表格和必要的附注。

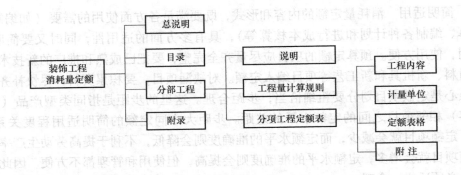

图 2-6　装饰工程消耗量定额结构框图

2.2.2　建筑装饰装修工程消耗量定额的消耗指标的确定

1. 人工消耗量指标的确定

人工消耗量指标是指完成一定计量单位分项工程或结构构件所必需的各种用工量，包括基本工和其他工两部分内容。

基本工是指完成单位合格产品所必需消耗的技术工种用工，以不同工种列出定额工日。其他工是指技术工种劳动定额内不包括，而计价定额内又必须考虑的工时，其内容包括辅助用工、超运距用工、人工幅度差。

（1）辅助用工　是指材料加工的用工和施工配合的用工，如筛沙子、洗石子、整理模板、机械土方配合用工等。

（2）超运距用工　是指超距离运输所增加的用工。

（3）人工幅度差　是指在劳动定额中未包括，而在计价定额中又必须考虑的用工，其内容包括：

1）各工种间的工序搭接及交叉作业相互配合所发生的停歇用工。

2）施工机械的转移及临时水、电线路移动所造成的停工。

3）质量检查和隐蔽工程验收工作的影响。

4）班组操作地点转移用工。

5）工序交接时对前一工序不可避免的修正用工。

6）施工中不可避免的其他零星用工。

人工消耗量指标的计算公式：

$$基本工 = \sum(工序工程量 \times 时间定额)$$

$$超运距 = 定额规定的运距 - 劳动定额已包括的运距$$

$$超运距用工 = \sum(超运距材料数量 \times 时间定额)$$

$$辅助用工 = \sum(加工材料数量 \times 时间定额)$$

$$人工幅度差 = (基本工 + 超运距用工 + 辅助用工) \times 人工幅度差系数$$

【例 2-1】　计算贴 100m² 彩釉砖楼地面的人工消耗量。其中，块料、水泥砂浆、中砂运距分别为 230m、150m、100m。

【解】　100m² 彩釉砖楼地面的人工消耗量计算见表 2-4 所示。

表 2-4　100m² 彩釉砖楼地面的人工消耗量

	项目名称	计算量	单位	劳动定额编号	时间定额	工日/10m²
基本工 + 辅助用工	贴彩釉地面	10	10m²	§5-7-212（一）	2.78	27.8
	室内面积 8m² 以内	3	10m²	2.78 × 0.25	0.695	2.085
	刷素水泥浆	10	10m²	§5-7-212（二）	0.100	1.000
	锯口磨边	2.8	10m²		0.45	1.260
超运距用工	块料超运 180m	10.2	10m²	§5-8-259（三）换	0.069	0.704
	水泥砂浆超运 100m	10	10m²	§5-8-258（一）	0.083	0.830
	中砂超运 50m	1.073	m²	§5-8-256（八）	0.103	0.111
人工幅度差		(27.8 + 2.085 + 1.0 + 1.26 + 0.704 + 0.83 + 0.111) × 10%				3.379
合计						37.17

2. 材料消耗量指标的确定

（1）材料消耗量定额的构成　材料消耗量包括：

1）直接耗用于建筑安装工程上的构成工程实体的材料。

2）不可避免产生的施工废料。

3）不可避免的材料施工操作损耗。

材料消耗净用量与损耗量的划分：

直接构成工程实体的材料，称为材料消耗净用量。

不可避免的施工废料和施工操作损耗，称为材料损耗量。

净用量与损耗量之间的关系：

材料消耗量 = 材料消耗净用量 + 材料损耗量

$$损耗率 = \frac{损耗量}{净用量}$$

材料消耗量 = 材料净用量 + （材料净用量 × 损耗率）

因此：　　　　　　　　　 = 材料净用量 × （1 + 损耗率）

（2）编制材料消耗定额的基本方法

1）现场技术测定法：它是指在施工现场对施工项目进行实际观察，称量和测算所完成的产品数量以及实际使用的材料数量，并经整理计算确定其材料消耗量的一种方法。

用该方法可以取得编制材料定额的全部资料。

一般来说，材料消耗量定额中的净用量比较容易确定，损耗比较难确定。可以通过现场技术测定法来确定材料的损耗量。

2）试验法：它是在实验室内采用专门的仪器设备，通过试验的方法来确定材料消耗定额的一种方法。用这种方法提供的数据，虽然精确度较高，但容易脱离现场实际情况。一般适用于测定那些对强度、硬度和其他规定指标有一定要求的施工材料。如确定砂浆和混凝土单位体积的材料消耗量。

3）统计法：它是通过对现场用料的大量统计资料进行分析计算的一种方法。用该方法可以获得材料消耗定额的数据。

虽然统计法比较简单，但不能准确区分材料消耗的性质，因而不能区分材料净用量和损耗量，只能笼统地确定材料消耗定额。

4）理论计算法：它是运用一定的计算公式确定材料消耗定额的方法。该方法较适合计算块状、板状、卷材状的材料消耗量计算。

计价定额中，材料消耗量指标是指完成一定计量单位分项工程或结构构件所必需的各种材料用量，包括净用量和损耗量两部分。净用量是直接用于工程的材料数量，损耗量则由材料损耗率计算。材料损耗率见表 2-5 所示。

① 砂浆用量计算

一般抹灰砂浆分为水泥砂浆、石灰砂浆、混合砂浆、素水泥浆及其他砂浆。抹灰砂浆配合比以体积比计算，其材料用量计算公式为：

$$砂浆用量(m^3/100m^2) = 100(m^2/100m^2) \times 层厚(m) \times (1 + 损耗率)$$

$$贴块料面层灰缝或勾缝砂浆用量(m^3/100m^2) = (实贴面砖面积 - 面砖净面积)$$
$$(m^2/100m^2) \times 灰缝深(m) \times (1 + 损耗率)$$

$$砂子用量(m^3) = \frac{砂子比例数}{配合比总比例数 - 砂子比例数 \times 砂子空隙率}$$

$$水泥用量(kg) = \frac{水泥比例数 \times 水泥堆密度(kg/m^3)}{砂子比例数} \times 砂子用量(m^3)$$

$$石灰膏用量(m^3) = \frac{石灰膏比例数}{砂子比例数} \times 砂子用量(m^3)$$

当砂用量计算超过 $1m^3$ 时，因其空隙容积已大于灰浆数量，均按 $1m^3$ 计算。

表 2-5　材料、成品、半成品损耗率

名　称	工　程　项　目	损耗率（%）
标准砖、八五砖	砖墙、地面、屋面空花墙	1
标准砖、八五砖	基础	0.4
标准砖、八五砖	方、矩形砖柱	3
多孔砖、三孔砖	墙	1
硅酸盐砌块、陶粒砌块		2
加气混凝土砌块	砌筑、干铺	7
平瓦、小青瓦	包括脊瓦	2.5
石棉瓦		4
石棉脊瓦		2
硬质 PVC 雨水管、檐沟接头		1
彩色花瓷砖		2
白瓷砖		1.5
陶瓷锦砖（马赛克）	墙面	3
陶瓷锦砖（马赛克）	地面	1
拼花陶瓷锦砖（马赛克）	地面	2
玻璃锦砖（马赛克）	墙面	3
水泥花砖		1.5
面砖		1.5
泰山砖		1.5
劈裂砖墙地砖		1.5

（续）

名称	工程项目	损耗率(%)
波形瓦砖		1
陶瓷质墙地砖	楼地面、踢脚线、楼梯、台阶	1.5
陶瓷质墙地砖	其他	0.8
缸砖	地面	1
水泥		2
天然砂		1.5
砂	混凝土工程	2
碎石、豆石(绿豆砂)	（石子）	2
白石子	（白云石）	4
石膏		2
生石灰		1

【例2-2】 计算贴100m² 外墙面面砖水泥砂浆的消耗量。其中，黏结层为5mm 厚1:2 水泥砂浆，底层为15mm 厚1:3 水泥砂浆，砂浆损耗率为2%。

【解】

$$底层砂浆消耗量 = 100m² \times 0.015m \times (1 + 2\%) = 1.53m³$$

$$黏结层砂浆消耗量 = 100m² \times 0.005m \times (1 + 2\%) = 0.51m³$$

② 砂浆配合比计算

一般抹灰砂浆分为水泥砂浆、石灰砂浆、混合砂浆、素水泥浆及其他砂浆。抹灰砂浆配合比以体积比计算，其材料用量计算公式为：

【例2-3】 水泥石灰砂浆配合比为1:1:6，水泥堆密度为1200kg/m³，砂堆密度为1550kg/m³、密度为2650kg/m³。淋制1m³ 石灰膏需用生石灰600kg。求水泥石灰砂浆配合的材料用量。

【解】

$$砂空隙率 = \left(1 - \frac{1550kg/m³}{2650kg/m³}\right) \times 100\% = 41\%$$

$$砂用量 = \frac{6}{(1 + 1 + 6) - 6 \times 0.41} = 1.083m³ > 1m³ 取1m³$$

$$水泥用量 = \frac{1 \times 1200kg/m³}{6} \times 1m³ = 200kg$$

$$石灰膏用量 = \frac{1}{6} \times 1m³ = 0.167m³$$

$$生石灰 = \frac{0.167m³ \times 600kg}{1m³} = 100.20kg$$

③ 装饰块料（板材）用量计算（每100m²）

$$装饰面层块料净用量(块) = \frac{100(m²)}{[块料长(m) + 灰缝(m)][块料宽(m) + 灰缝(m)]}$$

$$装饰面层块料消耗量(块) = 面层净用量(块) \times (1 + 损耗率)$$

$$结合层砂浆净用量(m³) = 100(m²) \times 结合层厚度(m)$$

$$灰缝砂浆净用量(m³) = [100(m²) - 块料长(m) \times 块料宽(m) \times 块料净用量(块)] \times 灰缝深(m)$$

砂浆总消耗量(m³) = [结合层砂浆净用量(m³) + 灰缝砂浆净用量(m³)] × (1 + 损耗率)

【例 2-4】 地砖规格为 500mm × 500mm，结合层 20mm，灰缝宽 1mm，地砖损耗率 2%，砂浆损耗率 1.5%，试计算每 100m² 地面地砖和砂浆的材料消耗量。

【解】

$$地砖净用量(块) = \frac{100(m²)}{(0.5m + 0.001m)(0.5m + 0.001m)} = 399 块$$

$$地砖消耗量(块) = 399 块 × (1 + 2\%) = 407 块$$

计算砂浆消耗量：

$$结合层砂浆净用量(m³) = 100m² × 0.02m = 2m³$$

$$灰缝砂浆净用量(m³) = (100m² - 0.5m × 0.5m × 399 块) × 0.02m$$
$$= 0.005m³$$

$$砂浆总消耗量(m³) = (2 m³ + 0.005 m³)(1 + 1.5\%)$$
$$= 2.04m³$$

【例 2-5】 规格为 3000mm × 1200mm 的纸面石膏板，拼缝为 2mm，损耗率为 1%，计算 100m² 纸面石膏板饰面的消耗量。

【解】

$$石膏板消耗量(块) = \frac{100(m²)}{(3m + 0.002m)(1.2m + 0.002m)} × (1 + 1\%)$$
$$= 28 块$$

【例 2-6】 铝合金装饰压型条板，规格 800mm × 600mm，损耗率为 1%，求 100m² 铝合金装饰板消耗量。

【解】

$$铝合金装饰板消耗量(块) = \frac{100m²}{[块长(m)] × [块宽(m)]} × (1 + 损耗率)$$
$$= \frac{100m²}{0.8m × 0.6m} × (1 + 1\%)$$
$$= 210 块$$

④ 油漆涂料用量计算

$$涂料用量(kg) = \frac{涂刷面积(m²) × 遮盖力(g/m²)}{1000}$$

【例 2-7】 某练歌城涂刷黄色厚漆 200m²，遮盖力为 150g/m²，试计算涂刷一遍黄色厚漆的用量。

【解】

$$涂料用量(kg) = \frac{200m² × 150g/m²}{1000}$$
$$= 30kg$$

⑤ 铝合金门窗主材用量计算

铝合金门窗主材用量计算公式为：

$$\begin{matrix} 100m² 铝合金门窗 \\ 铝合金消耗量(kg) \end{matrix} = 门窗框长度(m) × 含樘量(樘/100m²) × 型材线密度(kg/m) × (1 + 损耗率)$$

$100m^2$ 铝合金门窗
玻璃消耗量(m^2) = 门窗扇(亮子)面积(m^2) × 含樘量(樘/$100m^2$) × (1 + 损耗率)

【例2-8】 计算图2-7所示铝合金门的主材消耗量。已知该铝合金型材线密度为1.4877kg/m，铝合金型材的损耗率为7%，玻璃损耗率为3%。

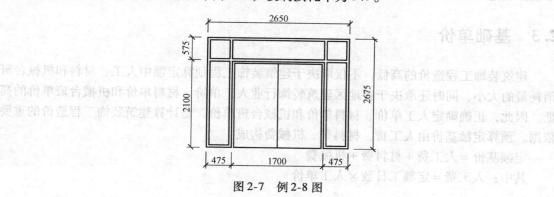

图2-7 例2-8图

【解】

图示门洞面积为：2.7m × 2.7m = 7.29m^2

含樘量(樘/$100m^2$) = $100m^2$/7.29m^2 = 13.7174(樘/$100m^2$)

框料总长(m) = 外侧框长 + 里侧框长 + 上中框长 + 下框长

= [2.675m + (2.675m − 0.089m) + 2.65m + 0.475m] × 2

= 16.772m

铝合金型材消耗量(kg/$100m^2$) = 16.772m × 13.7174(樘/$100m^2$) × 1.4877 kg/m × (1 + 7%)

= 366.23(kg/$100m^2$)

玻璃消耗量 = $100m^2$ × (1 + 损耗率) = 103(m^2/$100m^2$)

其中

门扇玻璃消耗量 = 门窗扇面积 × 含樘量 × (1 + 损耗率)

= 2.1 m × 1.7m × 13.7174(樘/$100m^2$) × (1 + 3%) = 50.44(m^2/$100m^2$)

亮子玻璃消耗量 = 亮子面积 × 含樘量 × (1 + 损耗率)

= [(2.7 m − 1.7 m) × 2.1m + (2.7m − 2.1m) × 2.7m] × 13.7174(樘/$100m^2$) × (1 + 3%)

= 52.56(m^2/$100m^2$)

⑥ 隔墙木龙骨定额用量

隔墙木龙骨由上槛、下槛、纵横木筋构成，木断面尺寸视房间高度而定，一般为40mm×50mm、50mm×70mm 和 50mm×100mm，间距一般为 300 ~ 600mm。

木龙骨材积含量(m^3/$100m^2$) = $\dfrac{(竖龙骨长 × 根数 + 横龙骨长 × 根数) × 断面面积}{100}$ × (1 + 损耗率)

3. 机械台班消耗量指标的确定

施工机械台班定额是施工机械生产率的反映。编制高质量的机械台班定额是合理组织机械施工，有效利用施工机械，进一步提高机械生产率的必备条件。

机械台班消耗量指标是指完成一定计量单位分项工程或结构构件所必需的各种机械用

量，它是以台班为单位计算的，每台班为 8 小时。

定额的机械化水平是以多数施工企业采用和已推广的先进方法为标准。

确定机械台班消耗量是以统一劳动定额中机械施工项目的台班产量为基础进行计算，考虑在合理施工组织条件下机械的停歇时间、机械幅度差等因素。

2.3 基础单价

建筑装饰工程造价的高低，不仅取决于建筑装饰工程预算定额中人工、材料和机械台班消耗量的大小，同时还取决于各地区建筑装饰行业人工单价、材料单价和机械台班单价的高低。因此，正确确定人工单价、材料单价和机械台班单价，是计算建筑装饰工程造价的重要依据。预算定额基价由人工费、材料费、机械费构成。

定额基价 = 人工费 + 材料费 + 机械费

其中：人工费 = 定额工日数 × 人工单价

$$材料费 = \sum_{i=1}^{n}（定额材料用量 \times 材料单价）i$$

$$材料费 = \sum_{i=1}^{n}（定额机械台班用量 \times 机械台班单价）i$$

2.3.1 人工工日单价

1. 人工单价的概念

人工单价又称人工工日单价。它是指一个建筑工人一个工作日在预算中应计入的全部人工费用。它基本上反映了建筑安装工人的工资水平和一个建筑安装工人在一个工作日中可以得到的报酬。

2. 人工单价的构成及组成内容

人工单价的构成在各地区、各部门不完全相同，其基本构成为：

（1）基本工资 指发放给生产工人的基本工资，包括岗位工资、技能工资和年终工资。它与工人的技术等级有关，一般来说，技术等级越高，工资就越高。

（2）工资性补贴 是指为了补偿工人额外或特殊的劳动消耗及为了保证工人的工资水平不受特殊条件影响而以补贴形式发放给工人的劳动报酬，它包括按规定标准发放的物价补贴、煤和燃气补贴、交通费补贴、住房补贴、工资附加、流动施工津贴及地区津贴等。

（3）生产工人辅助工资 是指生产工人年有效施工天数以外非作业天数的工资，包括职工学习、培训期间的工资，调动工作、探亲、休假期间的工资，因气候影响的停工工资，女工哺乳的工资，病假在 6 个月以内的工资及产、婚、丧假期的工资。

（4）职工福利费 是指按规定标准从工资中计提的职工福利费。

（5）生产工人劳动保护费 是指按规定标准发放的劳动保护用品的购置费及修理费，徒工服装补贴，防暑降温费，在有碍身体健康的环境中施工的保健费用等。

现阶段企业的人工单价大多由企业自己制定，但其中每一项内容都是根据有关法规、政策文件的精神，结合本部门、本地区和本企业的特点，通过反复测算最终确定的。

3. 人工单价的确定方法

人工单价即日工资单价，其计算公式如下：

$$日工资单价(G) = \sum_1^5 G$$

（1）基本工资（G_1）计算

$$G_1 = \frac{生产工人平均月工资}{年平均每月法定工作日}$$

式中

1）年平均每月法定工作日 $= \dfrac{全年日历日 - 法定假日}{12 个月}$

$$= \frac{365 天 - 52 天 \times 2 - 11 天}{12 个月} = 20.83 天$$

2）生产工人平均月工资。生产工人平均月工资水平按市场需求确定。

（2）工资性补贴（G_2）计算

$$G_2 = \frac{\sum 年发放标准}{全年日历日 - 法定假日} + \frac{\sum 月发放标准}{年平均每月法定工作日} + 每工作日发放标准$$

（3）生产工人辅助工资（G_3）计算

$$G_3 = \frac{全年无效工作日 \times (G_1 + G_2)}{全年日历日 - 法定假日}$$

（4）职工福利费（G_4）计算

$$G_4 = (G_1 + G_2 + G_3) \times 福利费计提比例(\%)$$

（5）生产工人劳动保护费（G_5）计算

$$G_5 = \frac{生产工人年平均支出劳动保护费}{全年日历日 - 法定假日}$$

【例2-9】 已知某油漆小组的平均月基本工资标准为 310.00 元/月，平均月工资性补贴为 260 元/月，平均月保险费（医疗保险、失业保险）为 62 元/月。问油漆小组平均日工资单价为多少？

【解】

$$油漆小组平均日工资单价 = \frac{310 元/月 + 260 元/月 + 62 元/月}{20.83 天/月} = 30 元/日$$

4. 影响人工单价的因素

影响建筑安装工人人工单价的因素很多，归纳起来有以下几方面：

（1）**社会平均工资水平** 建筑安装工人人工单价必然和社会平均工资水平趋同。社会平均工资水平取决于社会经济发展水平。由于我国改革开放以来经济迅速增长，社会平均工资水平也有大幅度增长，从而影响到人工单价的大幅提高。

（2）**生活消费指数** 生活消费指数的提高会带动人工单价的提高以减少生活水平的下降，或维持原来的生活水平。生活消费指数的变动取决于物价的变动，尤其取决于生活消费品物价的变动。

（3）**人工单价的组成内容** 例如住房消费、养老保险、医疗保险、失业保险费等列入人工单价，会使人工单价提高。

（4）**劳动力市场供需变化** 劳动力市场如果需求大于供给，人工单价就会提高；供给大于需求，市场竞争激烈，人工单价就会下降。

（5）国家政策的变化　如政府推行社会保障和福利政策，会影响人工单价的变动。

2.3.2　材料单价

1. 材料单价的概念

材料单价是指建筑装饰材料由其来源地（或交货地点）运至工地仓库（或施工现场材料存放点）后的出库价格。材料从采购、运输到保管全过程所发生的费用，构成了材料单价。

2. 材料单价的构成及组成内容

一般地，材料单价由以下费用所构成：

（1）材料原价（或供应价格）　即材料的进价，是指材料的出厂价、交货地价格、市场批发价以及进口材料货价。一般包括供销部门手续费和包装费在内。

（2）材料运杂费　是指材料自来源地（或交货地）运至工地仓库（或存放地点）所发生的全部费用。

（3）运输损耗费　是指材料在装卸、运输过程中发生的不可避免的合理损耗。

（4）采购保管费　是指材料部门在组织采购、供应和保管材料过程中所发生的各种费用。它包括采购费、仓储费、工地保管费和仓储损耗。

（5）检验试验费　是指对建筑材料、构件和建筑安装物进行一般鉴定、检查所发生的费用，包括自设实验室进行试验所耗用的材料和化学药品等费用。不包括新结构、新材料的试验费和建设单位对具有出厂合格证明的材料进行检验，对构件做破坏性试验及其他特殊要求检验试验的费用。

3. 材料单价的确定方法

（1）材料原价（或供应价格）的确定　在确定材料原价时，同一种材料，因产地或供应单位的不同而有几种原价时，应根据不同来源地的供应数量及不同的单价计算出加权平均原价。

（2）材料运杂费的确定　材料运杂费主要包括：车（船）运输费、调车（驳船）费、装卸费和附加工作费等，是指车（船）到专用线（专用装货码头）或非公用地点装货时发生的往返运费；装卸费是给火车、轮船、汽车上下货物时发生的费用；附加工作费是指货物从货源地运至工地仓库期间所发生的材料搬运、分类堆放及整理费用。

材料运杂费应按照国家有关部门及地方政府交通运输部门的规定计算，同一品种的材料如有若干个来源地时，可根据材料来源地、运输方式、运输里程以及国家或地方规定的运价标准按加权平均的方法计算。

建筑材料的运输流程如图2-8所示。

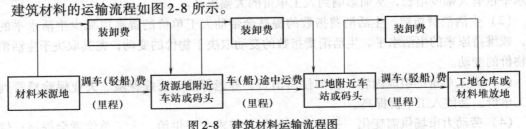

图2-8　建筑材料运输流程图

（3）运输损耗费的确定 材料运输损耗费可计入材料运输费，也可以单独计算。

$$材料运输损耗费 = （加权平均原价 + 加权平均运杂费）×材料运输损耗率$$

材料运输损耗率按照国家有关部门和地方政府交通运输部门的规定计算，若无规定可参照表2-6计取。

表2-6 各类建筑材料运输损耗率

材料类别	损耗率
机砖、空心砖、砂、水泥、陶粒、水泥地面砖、白瓷砖、卫生洁具、玻璃灯罩	1%
机制瓦、脊瓦、水泥瓦	3%
石棉瓦、石子、黄土、耐火砖、玻璃、大理石板、水磨石板、混凝土管、缸瓦管	0.5%
砌块	1.5%

（4）采购保管费的确定 由于建筑材料的种类、规格繁多，采购保管费不可能按每种材料在采购保管过程中所发生的实际费用计算，只能规定几种费率。目前由国家经委规定的综合采购保管费率为2.5%（其中采购费率为1%，保管费率1.5%）。由建设单位供应材料到现场仓库，施工企业只收保管费。

$$采购保管费 = （供应价格 + 运杂费 + 运输损耗费）×采购保管费率$$

以上四项费用相加的总和为材料基价，计算公式为：

$$材料基价 = [（供应价格 + 运杂费）×（1 + 材料运输损耗率）]×（1 + 采购保管费率）$$

综合以上四项费用即为材料单价，计算公式为：

$$材料单价 = [（供应价格 + 运杂费）×（1 + 材料运输损耗率）]×（1 + 采购保管费率）$$

上述是主要建筑材料单价的计算方法。次要材料的材料单价，可以采用简化计算的方法确定，一般在材料原价确定之后，其他费用可按各地区规定的综合费率计算。

【例2-10】 根据以下资料，计算白石子的材料单价。

白石子系地方材料，经货源调查后确定甲厂可供货30%，原价为82.50元/t；乙厂可供货25%，原价为81.60元/t；丙厂可供货20%，原价为83.20元/t；其余由丁厂供应，原价为80.80元/t。甲、丙两地为水路运输，运费0.35元/t·km，装卸费2.8元/t，驳船费1.3元/t·km，途中损耗2.5%，甲厂运距为60km，丙厂运距为67km。乙、丁两地为汽车运输，运距分别为50km和58km，运费为0.4元/t·km，调车费1.35元/t，装卸费2.30元/t，途中损耗3%，采购保管费率为2.5%（注：原价中已包含包装费。地方材料直接从厂家采购，不计供销部门手续费）。

【解】

（1）加权平均原价计算

原价 = 82.5元/t×30% + 81.6元/t×25% + 83.2元/t×20% + 80.80元/t×25%

= 81.99 元/t

（2）加权平均运杂费计算

① 加权平均运距：

60km×30% + 60km×25% + 67km×20% + 58km×25% = 58.4km

② 加权平均调车（驳船）费：

1.30元/t×（30% + 20%） + 1.35元/t×（25% + 25%） = 1.33元/t

③ 加权平均装卸费：

$$2.80元/t×(30\%+20\%)+2.30元/t×(25\%+25\%)=2.55元/t$$

④ 加权平均运输费：

$$[0.35元/t·km×(30\%+20\%)+0.40元/t·km×(25\%+25\%)]×58.4km$$

$$=0.375元/t·km×58.4km=21.90元/t$$

综合以上费用，加权平均运杂费 $=1.33$ 元/t $+2.55$ 元/t $+21.90$ 元/t $=25.78$ 元/t

（3）加权平均运输损耗费率计算

$$2.5\%×(30\%+20\%)+3.0\%×(25\%+25\%)=2.75\%$$

（4）白石子平均单价计算

白石子平均单价 $=(81.99元/t+25.78元/t)×(1+2.75\%)×(1+2.5\%)=113.50元/t$

2.3.3 机械台班单价的确定

1. 机械台班单价的概念

机械台班单价是指对于一台施工机械，在一个台班内为使机械正常运转所支出和分摊的各项费用之和。

施工机械台班费的比重将随着建筑施工机械化水平的提高而增加。所以正确确定机械台班单价具有重要的意义。

2. 机械台班单价的构成及组成内容

施工机械台班单价由以下七项费用构成，这些费用按其性质分类，划分为第一类费用和第二类费用。

第一类费用也称为不变费用，属于分摊费用性质，它包括折旧费、大修理费、经常维修费、安拆费及场外运输费。

第二类费用也称为可变费用，属于支出费用性质，它包括人工费、燃料动力费、养路费及车船使用税。

（1）折旧费 是指施工机械在规定使用期（即耐用总台班）内，每台班应分的机械原值及支付贷款利息的费用。

（2）大修理费 是指施工机械按规定达到大修理间隔台班时，必须进行大修理以恢复其正常运转而发生的各项费用。

（3）经常维修费 是指施工机械在寿命期内除大修理以外的各级保养（包括一、二、三级保养），以及临时故障排除和机械停置期间的维护等所需的各项费用，以及为保障机械正常运转所需的替换设备、工具器具摊销费以及机械日常保养所需的润滑及擦拭材料费等。

机械临时故障排除费和机械停置期间维护保养费，是指机械除规定的大修理及各级保养以外的临时故障排除所需费用以及机械在工作日以外的保养维护所需润滑擦拭材料费。

替换设备及工具附具费，是指为保证机械正常运转所需的消耗性设备及随机使用的工具和器具消耗的费用，如蓄电池、变压器、车轮胎、传动皮带、钢丝绳等。

润滑及擦拭材料费，是指为保证机械正常运转及日常保养所需的材料费用，如润滑油脂、擦拭用布、棉纱等。

（4）安拆费及场外运输费

1）安拆费：是指施工机械在施工现场进行安装、拆卸所需的人工、材料、机械和试运转费用以及安装所需的机械辅助设施（如安装机械的基础、底座、固定锚桩、行走轨道、枕木等）的折旧、搭设、拆除等费用。

2）场外运输费：是指机械整体或分件从停放场地运至施工现场或由一个工地运至另一个工地的机械进出场运输及转移费用，包括机械的装卸、运输、辅助材料及架线等费用。

应当注意：大型机械的安拆费和场外运输费不包括机械台班单价内，发生时另行计算。

（5）人工费　是指机上司机或副司机、司炉及其他操作人员的基本工资、工资性补贴等费用，其中包括施工机械规定的年工作台班以外的上述人员的基本工资、工资性补贴等费用。

（6）燃料动力费　是指机械在运转作业中所消耗的固体燃料（煤、木炭）、液体燃料（汽油、柴油）及水、电等资源费用。

（7）养路费及车船使用税　是指施工机械按照国家规定和有关部门规定应缴纳的养路费、车船使用税、保险费及年检费等。

3. 机械台班单价的确定方法

（1）折旧费的确定　折旧费的计算依据

1）机械预算价格：即机械设备购置费，它由机械设备原价和机械设备运杂费等构成。

2）机械残值率：是指机械报废时回收的残余价值占机械预算价格的比率。机械残值率一般为：运输机械2%，特大型机械3%，中小型机械4%，掘进机械5%。

3）时间价值系数：企业贷款购置机械设备所发生的利息应分摊计入机械台班折旧费中，其分摊计算的方法是通过计算时间价值系数来计取。

时间价值系数计算公式如下：

$$时间价值系数 = 1 + \frac{n+1}{2} \times i$$

式中　n——国家有关文件规定的此类机械设备折旧年限；

　　　i——当年银行的贷款利息。

4）耐用总台班：是指施工机械在正常施工作业条件下，从投入使用到报废为止，按规定应该达到的使用总台班数。

$$耐用总台班 = 折旧年限 \times 年工作台班$$
$$= 大修理间隔台班 \times 大修理周期数$$

折旧年限主要依据国家有关固定资产折旧年限的规定确定。

年工作台班是根据有关部门对各类主要施工机械近三年的统计资料分析确定。

大修理间隔台班是指机械自投入使用起至第一次大修理为止（或自一次大修理后投入使用起至下一次大修理为止），机械应达到的使用台班数。

大修理周期数是指施工机械在正常施工作业条件下，将其寿命期（即耐用总台班）按规定的大修理次数划分为若干个周期。其计算公式为：

$$大修理周期数 = 寿命期大修理次数 + 1$$

寿命期大修理次数是指为恢复原机械功能按规定的全寿命周期内需要进行的大修理次数。

5）折旧费的计算公式

$$机械台班折旧费 = \frac{机械预算价格 \times (1 - 机械残值率) \times 时间价值系数}{耐用总台班}$$

$$机械预算价格 = 原价(1 + 购置附加费率) + 手续费 + 运杂费$$

（2）大修理费的确定　大修理费的计算公式为：

$$机械台班大修理费 = \frac{一次大修理费 \times 寿命期大修理次数}{耐用总台班}$$

一次大修理费是指按机械设备规定的大修理范围和工作内容，对机械设备进行一次全面修理所支出的全部费用（如工时费、配件、辅助材料、油燃料及送修运输费等）。

（3）经常修理费的确定

经常修理费的计算公式为：

$$机械台班经常修理费 = \frac{\sum [(各级保养一次费用) \times 寿命期内各级保养总次数] +}{耐用总台班}$$

$$\frac{临时故障排除费和机械停置期间维护保养费}{耐用总台班} +$$

$$替换设备台班摊销费 + 工具附具台班摊销费 + 例保辅料费$$

式中　各级保养一次费用——分别指机械在各个使用周期内为保证机械处于完好状态，必须按规定进行的间隔周期各级保养、定期保养所发生的全部费用（如工时费、配件、辅助材料、油燃料等）。

寿命期内各级保养总次数——分别指机械一、二、三级保养或定期保养在寿命期内的各个使用周期中的保养次数之和。

临时故障排除费和机械停置期间维护保养费可按各级保养（不包括例保辅料等）费用之和的3%计算，即

$$机械临时故障排除费和机械停置期间维护保养费 = \sum(各级保养一次费用 \times 寿命期内各级保养总次数) \times 3\%$$

$$替换设备、工具、附具台班摊销费 = \sum \frac{替换设备、工具附具使用数量 \times 相应单价}{耐用总台班}$$

例保辅料费，即机械日常保养所需的润滑擦拭材料费。

为了简化计算，机械台班经常修理费可按以下方法确定：

$$机械台班经常修理费 = 机械台班大修正费 \times k$$

$$k = \frac{机械台班经常修理费}{机械台班大修理费}$$

如载重汽车 k 值为1.46，自卸汽车 k 值为1.52，塔式起重机 k 值为1.69等。

（4）安拆费及场外运输费的确定

1）计算依据：分别按不同机械型号、重量、外形体积以及不同的安拆和运输方式测算机械一次安拆费和一次场外运输费以及机械年平均安拆次数和年平均运输次数。

2）计算公式：

$$机械台班安拆费 = \frac{机械一次安拆费 \times 机械年平均安拆次数}{年工作台班} + 机械台班辅助设施摊销费$$

$$机械台班辅助设施摊销费 = \frac{(机械一次运输及装卸费 + 辅助材料一次摊销费 + 一次架线费) \times 年运输次数}{年工作台班}$$

（5）人工费的确定　其计算公式为：

$$机械台班人工费 = 定额机上人工工日 \times 日工资单价$$

$$定额机上人工工日 = 机上定员工日 × (1 + 增加工日系数)$$

$$增加工日系数 = \frac{年日历天数 - 规定节假公休日 - 辅助工资中年非工作日 - 机械年工作台班}{机械年工作台班}$$

增加工日系数取定为 25% 。

（6）燃料动力费的确定　其计算公式为

$$机械台班燃料动力费 = 台班燃料动力消耗量 × 相应单价$$

台班燃料动力消耗量应以实测消耗量（仪表测量加合理消耗）为主，以现行定额消耗量和调查消耗量为辅的方法综合确定。

$$台班燃料动力消耗量 = (实测数 × 4 + 定额平均值 + 调查平均值)/6$$

（7）养路费及车船使用税的确定　其计算公式为

$$养路费及车船使用税 = \frac{载重量 × (养路费标准 × 12 + 车船使用税标准)}{年工作台班}$$

养路费单位为元/t·月，车船使用税单位为元/t·年。

综合以上七项费用即为机械台班单价，其计算公式为

$$机械台班单价 = 机械台班折旧费 + 机械台班大修理费 + 机械台班经常修理费 +$$
$$机械台班安拆费及场外运输费 + 机械台班人工费 + 机械台班$$
$$燃料动力费 + 机械台班养路费及车船使用税$$

【例 2-11】 某 10t 载重汽车有关资料如下：购买价格（辆）1250000 元；残值率 6%；耐用总台班 960 台班；一次性修理费用 8600 元；修理周期 4 次；经常维修系数为 3.93；机上操作人员的工日数为 2.5 工日，每个工日单价为 30.00 元；年工作台班为 240；每月每吨养路费 60 元/月；每年应缴纳车船使用税为 36 元/t；每台班消耗量柴油 40.03kg，柴油每千克单价 3.25 元。试确定台班单价。

【解】

（1）折旧费 = 1250000 元 × (1 - 6%)/960 台班 = 122.40 元/台班

（2）大修理费 = 8600 元 × (4 - 1)/960 台班 = 26.88 元/台班

（3）经常维修 = 26.88 元/台班 × 3.93 = 105.62 元/台班

（4）机上人员工资 = 2.5 工日 × 30.00 元/工日 = 75 元/台班

（5）燃料及动力费 = 40.03 kg/台班 × 3.25 元/kg = 130.10 元/台班

（6）$\dfrac{台班养路费}{及车船使用税} = \dfrac{10t × [60元/(t·月) × 12月 + 36元/(t·月)]}{240台班/车} = 45元/台班$

（7）保险费：设定为 3.67 元/台班

故该 10t 载重汽车台班单价 = 122.40 元/台班 + 26.88 元/台班 + 105.62 元/台班 +

75 元/台班 + 130.10 元/台班 + 45 元/台班 + 3.67 元/台班

= 508.67 元/台班

4. 影响机械台班单价的因素

1）施工机械的价格：施工机械价格直接影响施工机械台班折旧费从而也直接影响施工机械台班单价。

2）施工机械使用年限：它不仅影响施工机械台班折旧费，也影响施工机械的大修理费和经常修理费。

3）施工机械的使用效率、管理水平和维护水平。

4）国家及地方政府征收税费的规定等。

2.4 地区建筑装饰装修预算定额

2.4.1 地区建筑装饰装修预算定额组成及其内容

建筑装饰工程预算定额手册由文字说明、定额项目表和附录所组成。

（1）文字说明 文字说明由目录、总说明、分部说明以及工程量计算规则所组成。

总说明，主要阐述了建筑装饰工程预算定额的编制原则、适用范围、用途、定额中已考虑的因素和未考虑的因素、使用中应注意的事项和有关问题的规定及说明。

分部说明和工程量计算规则，是建筑装饰工程预算定额手册的重要组成部分，它主要阐述了本分部工程所包括的主要项目、定额换算的有关规定、定额应用时的具体规定和处理方法以及分部工程工程量计算规则等。

（2）定额项目表 定额项目表是建筑装饰工程预算定额的核心内容。它由表头（分节定额名称）、工程内容（定额项目所包含各主要工作过程的说明）、定额计量单位、定额编号、定额项目名称以及人工、材料、施工机械代码所组成。

（3）附录 附录中规定了定额项目表中材料、半成品以及成品的损耗率，是定额应用的补充资料。

2.4.2 地区建筑装饰装修预算定额的应用

地区建筑装饰装修预算定额的应用有定额的直接套用、定额的换算、定额的补充。地区建筑装饰装修预算定额的应用应该从以下几个方面着手：

（1）准确查找定额编号 在编制施工图预算时，对工程项目均须填写定额编号，其目的是便于检查使用定额时，项目套用是否正确合理，以起到减少差错、提高管理水平的作用。

为了查阅方便，建筑工程预算定额手册目录的项目编制排序为：

分部工程号，用阿拉伯数字1，2，3，4……

分项工程号，用阿拉伯数字1，2，3，4……

目录中都注明各分项工程的所在页数。项目表中的项目号按分部工程各自独立顺序编排，用阿拉伯字码书写。在编制工程预算书套用定额时，应注明所属分部工程的编号和项目编号。

（2）预算定额的查阅方法 定额表查阅目的是在定额表中找出所需的项目名称、人工、材料、机械名称及它们所对应的数值，一般查阅分三步进行。

第一步：按分部→定额节→定额表→项目的顺序找至所需项目名称，并从上向下目视。

第二步：在定额表中找出所需的人工、材料、机构名称，并从左向右目视。

第三步：两视线交点的数值，就是所找数值。

（3）预算定额的表 预算定额表是定额最基本表现形式。看懂定额表，是学习预算的重要一步，一张完整的定额表必须列有工作内容、计量单位、项目名称、定额编号、定额基价等。

1. 定额的直接套用

当设计要求与消耗量定额项目的内容一致时，可直接套用定额的工料机消耗量，并可以根据消耗量定额及参考价目表或当时当地人材机的市场价格，计算该分项工程的直接工程费以及工料机所需量。在套用时应注意以下几点：

1）根据施工图样，对分项工程施工方法、设计要求等了解清楚后进行消耗量定额项目的选择，分项工程的实施做法和工作内容必须与定额项目的规定完全相符时才能直接套用，否则，必须根据有关规定进行换算或补充。

2）分项工程名称和计量单位要与消耗量定额相一致。

【例 2-12】 某工程水泥砂浆楼地面厚20mm，工程量为1200m²，试求该分项工程人工、材料、机械台班消耗量。

分析：以查浙江省2003版定额为例，从定额目录中，查得水泥砂浆楼地面厚20mm为定额编号10-3。

【解】

100m² 水泥砂浆楼地面厚20mm，分项定额工、料、机消耗量

综合人工：8.6 工日

塑料薄膜：105m²

水：4m³

灰浆搅拌机：200L 0.3 台班

1 ：2 水泥砂浆：2.2m³

纯水泥浆：0.101m³

则1200m² 水泥砂浆楼地面厚20mm 的工、料、机消耗量为：

综合人工：8.6 工日 ×1200m²/100m² = 103.2 工日

塑料薄膜：105m² ×1200m²/100m² = 1260m²

水：4m³ ×1200m²/100m² = 48m³

灰浆搅拌机200L：0.3 台班 ×1200m²/100m² = 3.6 台班

1:2 水泥砂浆：2.2m³ ×1200m²/100m² = 26.4m³

纯水泥浆：0.101m³ ×1200m²/100m² = 1.212m³

2. 定额的换算

每一个消耗量定额项目，都是针对完成一定的工作内容、使用某种建筑材料及某种建筑机械的情况下所确定的完成一定计量单位的分项工程或结构构件所需消耗的人工、材料、机械数量。当施工图设计要求与消耗量定额中的工程内容、材料规格、施工方法等条件不完全相符时，则不可以直接套用，应按照消耗量定额规定的换算方法对项目进行调整换算。换算种类：

1）混凝土换算：当设计要求构件采用的混凝土强度等级，在预算定额中没有相符合的项目时，就产生了混凝土强度等级或石子粒径的换算。

换算后定额基价 = 原定额基价 + 定额混凝土用量 ×（换入混凝土基价 – 换出混凝土基价）

2）砂浆换算：当设计图样要求的抹灰砂浆配合比与预算定额的抹灰砂浆配合比不同时，就要进行抹灰砂交换算。

换算后定额基价 = 原定额基价 + 定额砂浆用量 × (换入砂浆基价 – 换出砂浆基价)

【例 2-13】 1:1.5 水泥白石子浆本色水磨石楼地面（带嵌条），求基价。

【解】

查定额 10-7　基价为 25.61 元/m²

换算后基价 = 25.61 元/m² + (305.19 元/m³ – 287.09 元/m³) × 0.043 m³/m² = 26.39 元/m²

3）定额增减及说明系数换算：定额增减换算是指砂浆及混凝土设计厚度或宽度与定额不同时，则按一定步距调整。常见定额增减换算有：整体面层砂浆设计厚度与定额不同时，按每增减 5mm 调整。砂浆、混凝土等的配合比，设计与定额不同时可以按设计调整。块料面层的黏结砂浆厚度及配合比，设计与定额不同时，允许调整。

系数换算是指在使用某些预算项目时，定额的一部分或全部乘以规定系数。

例如某地区定额规定：

硬木长条地板采用平口地板时，套企口地板项目，人工乘以系数 0.9。

广场砖铺贴环形、菱形者，其人工乘以系数 1.2，如采用干硬性水泥砂浆铺贴时，除砂浆单价换算外，人工乘以系数 0.8。

【例 2-14】 干硬性水泥砂浆铺贴广场砖（不拼图案），求基价。

【解】

查定额 10-56　基价为 55.95 元/m²

换算后基价 = 55.95 元/m² + (173.53 元/m³ – 173.92 元/m³) × 0.0303 m³/m² – 0.2 ×

9.735 元/m²

= 53.99 元/m²

式中：0.0303 为定额砂浆含量，9.735 为定额人工费。

螺旋形楼梯的装饰，套用相应定额子目，人工与机械乘以系数 1.1，块料用量乘以系数 1.2，栏杆、扶手等其他材料用量乘以系数 1.05。

【例 2-15】 螺旋形楼梯水泥砂浆贴花岗石面层，求基价。

【解】

查定额 10-105　基价为 248.31 元/m²

换算后基价 = 248.31 元/m² + (25.5363 元/m² + 0.2681 元/m²) × 0.1 + 1.5402 m²/m² ×

0.2 × 136 元/m² + (222.5104 元/m² – 1.5402 m²/m² × 136 元/m²) × 0.05

= 293.44 元/m²

式中：1.5402 为花岗石定额用量，136 为定额花岗石材料单价，222.5104 为定额材料费。

4）通用换算：定额的通用换算，也是最常用到的换算，直接在定额中调整市场价和消耗量，增加工料机、替换工料机、删除工料机以及系数调整。

3. 定额的补充

施工图样中的某些工程项目，由于采用了新结构、新材料和新工艺等原因，没有类似定额项目可供套用，就必须编制补充定额项目。

编制补充工程计价定额的方法通常有两种：一种是按照本章中所述消耗量定额的编制方法计算人工、材料、机械台班消耗数量；另一种是参照同类工序、同类型产品消耗定额计算人工、机械台班指标，而材料消耗量，则按施工图样进行计算或实际测定。

本 章 小 结

学习建筑装饰装修预算定额是编制装饰工程预算的重要环节。应正确理解工程建设定额的分类，重点熟悉本地区建筑装饰装修预算定额，熟悉装修预算定额各分部组成及其内容，能够正确套用和换算本地区装饰工程消耗量定额。理解劳动消耗定额、材料消耗定额、机械台班消耗定额的概念及消耗指标的测定方法。掌握人工工日单价、材料预算单价、机械台班单价的确定方法。

复习思考题

1. 工程建设定额如何分类？

2. 什么是劳动消耗定额？有几种表现形式？

3. 试述编制劳动消耗定额的基本方法？

4. 什么是材料消耗定额？它有几种制定方法？

5. 什么是机械台班消耗定额？有几种表现形式？

6. 什么是人工工日单价？人工工日单价由哪些内容组成？调查本地区建筑装饰工人的人工单价。

7. 什么是材料单价？材料单价由哪些内容组成？

8. 什么是机械台班单价？机械台班单价是如何确定的？机械台班使用费由哪些费用组成？

9. 查找本地区装饰定额，完成下表。

定额编号	分项工程名称	单位	基价
	水泥砂浆找平层 厚 25mm		
	40mm 厚细石混凝土楼面找平层		
	金属复合地板楼面		
	不锈钢钢管扶手、12mm 厚玻璃板(全玻)		
	圆柱面不锈钢板包面		
	瓷砖水泥砂浆粘贴(周长 1200mm 以内)		
	U 形轻钢龙骨上装石膏板(平面)		
	不带纱有亮全玻门		
	抹灰面 803 涂料三遍		
	铝合金窗帘轨(双轨)		
	木扶手硝基清漆(五遍)		
	收银台		
	楼地面块料面层打蜡		
	水泥砂浆楼梯饰面		
	现浇本色水磨石楼梯面		
	零星水泥砂浆楼地面		
	砖墙、砌块墙面水泥砂浆抹灰		

（续）

定额编号	分项工程名称	单位	基价
	砖柱、混凝土柱、梁水泥砂浆一般抹灰		
	水泥砂浆湿挂大理石墙面		
	零星水泥砂浆墙柱面		
	阳台、雨篷抹水泥砂浆		
	现浇混凝土天棚 水泥砂浆抹灰		
	单层木楞顶棚龙骨		
	有亮镶板门		
	铝合金平开门安装		
	木门 聚酯清漆 三遍		
	木门 底油一遍、刮腻子、调合漆二遍		

10. 已知某房间墙裙为硬木板条饰面，工程量为 $252m^2$。首先请根据下面的定额项目表（表 2-7）计算出完成该房间木墙裙所需的工日数、硬木板以及机械台班的数量。

表 2-7

工作内容：1. 铺定面层、钉压条、清理等全面操作过程。
　　　　　2. 硬木条包括踢脚线部分

（计量单位：m^2）

项 目				硬木条吸音墙面	硬木板条墙面	石膏板墙面	竹片内墙面
名 称		单位	代码	定额消耗量			
人工	综合工日	工日	000001	0.3519	0.2576	0.0978	0.2500
材料	石膏板（饰面）	m^2	AG0521			1.0500	
	镀锌半圆头螺钉	kg	AN0100				0.0727
	铁钉（圆钉）	kg	AN0580	0.0839	0.0428	0.0508	
	镀锌钢丝 22#	kg	AN2420				0.1306
	钢板网	m^2	AN2612	1.0500			
	硬木锯条	m^3	CB0030	0.0234	0.0245		
	半圆竹片 $\Phi20$	m^2	CE0130				1.0500
	超细玻璃棉	kg	HB0720	1.0526			
	嵌缝膏	kg	JA2410			0.0195	
	电化铝装饰板宽100mm	m^2	AG0820				
	镀锌螺钉	个	AM9241				
	铝拉铆钉	个	AN0620				
	铝合金条板宽100mm	m^2	DB0091				
	铝收口条压条	m	DB0370				
	电化角铝 25.4mm×2mm	m	DB0450				
	SY-19 胶	kg	JB1140				
机械	木工圆锯机 $\Phi500$	台班	TM0310	0.0117	0.0173		
	木工压刨床	台班	TM0322	0.0178	0.0232		

注：本表摘自 2002 年《全国统一建筑装饰装修工程消耗量定额》。

第3章　建筑装饰工程工程量计算

学习目标：

　　1. 了解工程量的含义，掌握工程量计算的注意事项。
　　2. 掌握建筑面积的计算规则，能准确计算建筑面积。
　　3. 掌握建筑装饰工程各分部工程工程量计算规则，能准确计算建筑装饰工程各分部工程工程量。

学习重点：

　　1. 工程量计算的注意事项。
　　2. 建筑面积的计算规则。
　　3. 建筑装饰工程楼地面分部工程、墙柱面分部工程、天棚工程分部工程、门窗工程分部工程、油漆工程分部工程和其他工程分部工程工程量计算规则。

学习建议：

　　1. 学习建筑面积计算规则时注意区别计算建筑面积的范围和不计算建筑面积的范围。
　　2. 学习建筑装饰工程各分部工程工程量计算规则时要注意各规则中扣减和增加部分的规则，按一定的顺序在工程量计算表中进行计算，防止错算、漏算、重算。

3.1　概述

3.1.1　工程量的含义

　　工程量是以物理计量单位或自然计量单位表示的各分项工程或结构构件的数量。

　　物理计量单位是以物体的物理属性为计量单位，一般是指以公制度量表示的长度、面积、体积、质量等的单位。如天棚裱糊墙纸工程量以"m²"为计量单位；装饰线和栏杆扶手则是以"m"为计量单位。

　　自然计量单位是以物体自身的计量单位来表示工程完成的数量。如灯具的安装以"套"为计量单位，而卫生器具的安装则以"组"为计量单位。

3.1.2　工程量计算时的注意事项

　　工程量计算是计算装饰工程计价的重要环节，约占全部预算工作的2/3以上，直接影响整个装饰工程预算书的编制质量和速度。准确、熟练地计算工程量是每个造价编制人员应具备的基本功。为了准确计算工程量，防止错算、漏算和重算，通常应注意以下事项：

1. 计算口径要一致，避免重复列项

计算口径是指根据装饰工程施工图列出的分项工程所包括的工作内容和范围应与相应定额中的对应分项工程的工作内容和范围要一致。例如：块料面层饰面工程，广东省综合定额中规定包括了扫水泥浆一道的工序，在计算时不应另列项目重复计算。

2. 工程量计算规则要一致，避免错算

按施工图计算工程量时的计算规则，必须与本地区现行的定额计算规则相一致。如《全国统一建筑装饰装修工程消耗量定额》规定，楼地面装饰面积按饰面的净面积计算，不扣除 $0.1m^2$ 以内的孔洞所占面积。而根据《房屋建筑与装饰工程工程量计算规范》（GB 50854—2013）则按设计图示尺寸以面积计算。扣除凸出地面构筑物、设备基础、室内铁道、地沟等所占面积，不扣除间壁墙及 $\leq 0.3m^2$ 柱、垛、附墙烟囱及孔洞所占面积。门洞、空圈、暖气包槽、壁龛的开口部分不增加面积，计算时要注意区分。

3. 计算尺寸的取定要一致

首先，要核对施工图样尺寸的标准；其次，计算工程量时，要根据所列项目和标注的轴线编号查取尺寸，可先取横轴方向尺寸或纵轴方向尺寸，但整个计算过程中要一致。

4. 计量单位要一致

按施工图样计算工程量时，所列出的各分项工程的计量单位必须与相应定额中对应项目的计量单位一致。如预算定额中，金属门窗工程量是以"m^2"为计量单位，《房屋建筑与装饰工程工程量计算规范》（GB 50854—2013）中以"樘"为计量单位，在计算时应注意分清，以免由于计量单位出错而影响工程量计算的准确性。

5. 要遵循一定的顺序计算

计算工程量时要遵循一定的计算顺序，依次进行计算，避免漏算或重算。

（1）一般按施工顺序计算装饰工程的工程量　按图样的顺时针方向计算工程量，适用于外墙面装饰抹灰、镶贴块料面层、外墙身、楼地面、天棚、挑檐等装饰工程量计算。

（2）按先横后竖、先上后下、先左后右的顺序计算工程量　按先横后竖、先上后下、先左后右的顺序计算工程量，适用于内墙面、内墙裙装饰及间壁墙面层装饰等。

（3）按图样上注明的编号顺序计算工程量　按图样编号顺序计算工程量，适用于钢筋混凝土构件如柱、板等的装饰面层和铝合金推拉窗等。

6. 工程量计算的精确度要一致

工程量的计算结果，以"t"为单位，应保留小数点后面三位数字，第四位四舍五入；以"m^3""m^2"和"m"为单位，应保留小数点后面二位数字，第三位四舍五入；以"个""项"和"樘"为单位，应取整数。

3.2　建筑面积的计算

3.2.1　建筑面积的概念

建筑面积又称建筑展开面积，是建筑物各层面积的总和。

建筑面积包括使用面积、辅助面积和结构面积三部分。

（1）使用面积　使用面积是指建筑物各层平面中直接为生产或生活使用的净面积之和。

例如，住宅建筑中的居室、客厅、书房等。

（2）辅助面积　辅助面积是指建筑物各层平面中为辅助生产或辅助生活所占净面积之和。例如，住宅建筑中的楼梯、走道、电梯井、卫生间、厨房等。

使用面积与辅助面积之和称为有效面积。

（3）结构面积　结构面积是指建筑物各层平面中的墙、柱、通风道等结构所占面积之和。

3.2.2 建筑面积的作用

（1）重要管理指标　建筑面积是建设投资、建设项目可行性研究、建设项目勘察设计、建设项目评估、建设项目招标投标、建筑工程施工和竣工验收、建筑工程造价控制等一系列工作的重要计算指标。

（2）重要技术指标　建筑面积是计算开工面积、竣工面积、优良工程率、建筑装饰规模等重要的技术指标。

（3）重要经济指标　建筑面积是计算建筑、装饰等单位工程或单项工程的单位面积工程造价、人工消耗指标、机械台班消耗指标、工程量消耗指标的重要经济指标。

各经济指标的计算公式如下：

$$每平方米工程造价 = \frac{工程造价}{建筑面积}(元/m^2)$$

$$每平方米工人消耗 = \frac{单位工程用工量}{建筑面积}(工日/m^2)$$

$$每平方米材料消耗 = \frac{单位工程某材料用量}{建筑面积}(kg/m^2、m^3/m^2 等)$$

$$每平方米机械台班消耗 = \frac{单位工程某台班用量}{建筑面积}(台班/m^2)$$

$$每平方米工程量 = \frac{单位工程某工程量}{建筑面积}(m^2/m^2、m/m^2 等)$$

（4）重要计算依据　建筑面积是计算有关工程量的重要依据。例如，装饰用满堂脚手架工程量等。

综上所述，建筑面积是重要的技术经济指标，在全国控制建筑、装饰工程造价和建设过程中起着重要作用。

3.2.3 建筑面积的计算规则

由于建筑面积是计算各种技术经济指标的重要依据，这些指标又起着衡量和评价建设规模、投资效益、工程成本等方面重要尺度的作用。因此，原中华人民共和国建设部颁发了《建筑工程建筑面积计算规范》（GB/T 50353—2005），2013年中华人民共和国住房和城乡建设部又颁布了《建筑工程建筑面积计算规范》（GB/T 50353—2013），规定了建筑面积的计算方法。

《建筑工程建筑面积计算规范》（GB/T 50353—2013）主要规定了三个方面的内容：①计算建筑面积的范围和规定；②不计算建筑面积的范围和规定。③其他。

1. 计算建筑面积的范围

1）建筑物的建筑面积应按自然层外墙结构外围水平面积之和计算。结构层高在2.20m及以上的，应计算全面积；结构层高在2.20m以下的，应计算1/2面积。

说明：建筑面积计算，在主体结构内形成的建筑空间，满足计算面积结构层高要求的均应按《建筑工程建筑面积计算规范》（GB/T 50353—2013）第3.0.1条规定计算建筑面积。主体结构外的室外阳台、雨篷、檐廊、室外走廊、室外楼梯等按相应条款计算建筑面积。当外墙结构本身在一个层高范围内不等厚时，以楼地面结构标高处的外围水平面积计算。如图3-1所示，其建筑面积为

$$S = a \times b \text{(外墙外边尺寸,不含勒脚厚度)}$$

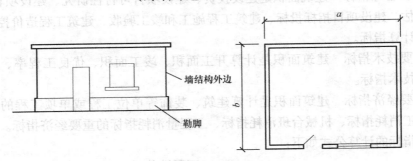

图3-1 单层建筑物的建筑面积

2）建筑物内设有局部楼层时，对于局部楼层的二层及以上楼层，有围护结构的应按其围护结构外围水平面积计算，无围护结构的应按其结构底板水平面积计算。结构层高在2.20m及以上的，应计算全面积；结构层高在2.20m以下的，应计算1/2面积。

说明：建筑物内的局部楼层如图3-2所示。这时，局部楼层的墙厚应包括在楼层面积内。

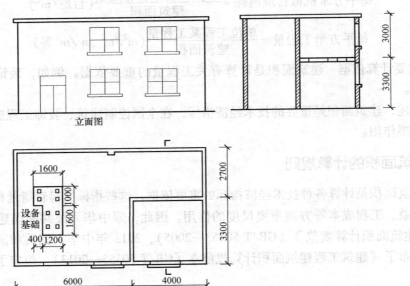

立面图

平面图

图3-2 建筑面积计算示意图

【例3-1】 根据图 3-2 计算建筑物的建筑面积（墙厚均为 240mm）。

【解】 底层建筑面积 $= (6\text{m} + 4.0\text{m} + 0.24\text{m}) \times (3.30\text{m} + 2.70\text{m} + 0.24\text{m}) = 10.24\text{m} \times 6.24\text{m}$

$$= 63.90\text{m}^2$$

楼隔层建筑面积 $= (4.0\text{m} + 0.24\text{m}) \times (3.30\text{m} + 0.24\text{m})$

$$= 4.24\text{m} \times 3.54\text{m}$$

$$= 15.01\text{m}^2$$

全部建筑面积 $= 63.90\text{m} + 15.01\text{m}$

$$= 78.91\text{m}^2$$

3）对于形成建筑空间的坡屋顶，结构净高在 2.10m 及以上的部位应计算全面积；结构净高在 1.20m 及以上至 2.10m 以下的部位应计算 1/2 面积；结构净高在 1.20m 以下的部位不应计算建筑面积。

说明：利用坡屋顶内空间时净高计算建筑面积。如图 3-3 所示。

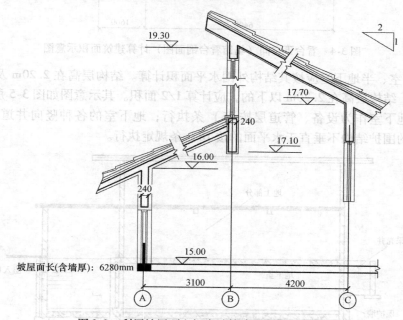

图 3-3 利用坡屋顶空间应计算建筑面积示意图

[符合 1.2m 高的宽]　　[坡屋面长]

Ⓐ~Ⓑ轴，应计算 1/2 面积：$(3.10 - 0.40)\text{m} \times 6.28\text{m} \times 0.5 = 9.61\text{m}^2$

Ⓑ~Ⓒ轴，应计算全部面积：$4.20\text{m} \times 6.28\text{m} = 26.38\text{m}^2$

合计：

$$9.61\text{m}^2 + 26.38\text{m}^2 = 35.99\text{m}^2$$

4）对于场馆看台下的建筑空间，结构净高在 2.10m 及以上的部位应计算全面积；结构净高在 1.20m 及以上至 2.10m 以下的部位应计算 1/2 面积；结构净高在 1.20m 以下的部位不应计算建筑面积。室内单独设置的有围护设施的悬挑看台，应按看台结构底板水平投影面积计算建筑面积。有顶盖无围护结构的场馆看台应按其顶盖水平投影面积的 1/2 计算面积。

说明：场馆看台下的建筑空间因其上部结构多为斜板，所以采用净高的尺寸划定建筑面积的计算范围和对应规则。室内单独设置的有围护设施的悬挑看台，因其看台上部设有顶盖且可供人使用，所以按看台板的结构底板水平投影计算建筑面积。"有顶盖无围护结构的场馆看台"中所称的"场馆"为专业术语，指各种"场"类建筑，如：体育场、足球场、网球场、带看台的风雨操场等。其示意图如图3-4所示。

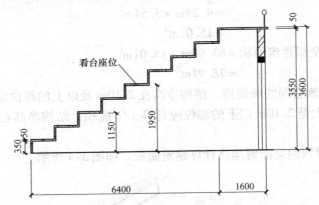

图3-4　看台下空间（场馆看台剖面图）计算建筑面积示意图

5）地下室、半地下室应按其结构外围水平面积计算。结构层高在2.20m及以上的，应计算全面积；结构层高在2.20m以下的，应计算1/2面积。其示意图如图3-5所示。

说明：地下室作为设备、管道层按26）条执行；地下室的各种竖向井道按19）条执行；地下室的围护结构不垂直于水平面的按18）条规定执行。

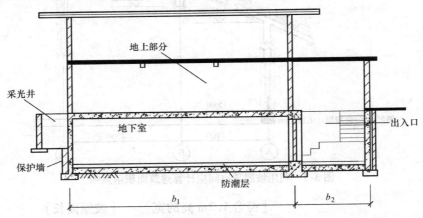

图3-5　地下室建筑面积计算示意图

6）出入口外墙外侧坡道有顶盖的部位，应按其外墙结构外围水平面积的1/2计算面积。

说明：出入口坡道分有顶盖出入口坡道和无顶盖出入口坡道，出入口坡道顶盖的挑出长度，为顶盖结构外边线至外墙结构外边线的长度；顶盖以设计图样为准，对后增加及建设单位自行增加的顶盖等，不计算建筑面积。顶盖不分材料种类（如钢筋混凝土顶盖、彩钢板顶盖、阳光板顶盖等）。

7）建筑物架空层及坡地建筑物吊脚架空层，应按其顶板水平投影计算建筑面积。结构层高在2.20m及以上的，应计算全面积；结构层高在2.20m以下的，应计算1/2面积。

说明：本条既适用于建筑物吊脚架空层、深基础架空层建筑面积的计算，也适用于目前部分住宅、学校教学楼等工程在底层架空或在二楼或以上某个甚至多个楼层架空，作为公共活动、停车、绿化等空间的建筑面积的计算。架空层中有围护结构的建筑空间按相关规定计算。坡地建筑物吊脚架空层示意图如图3-6所示。

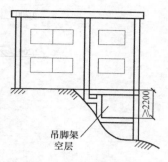

图3-6　坡地建筑物吊脚架空层示意图

8）建筑物的门厅、大厅应按一层计算建筑面积，门厅、大厅内设置的走廊应按走廊结构底板水平投影面积计算建筑面积。结构层高在2.20m及以上的，应计算全面积；结构层高在2.20m以下的，应计算1/2面积。

说明："门厅、大厅内设有走廊"，通常是指建筑物大厅、门厅的上部（一般该大厅、门厅占两个或两个以上建筑物层高）四周向大厅、门厅中间挑出的回廊。如图3-7所示。

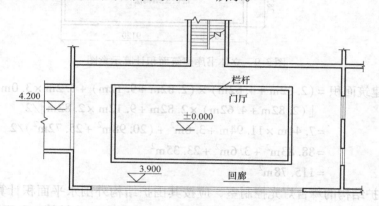

图3-7　大厅、门厅内设有回廊示意图

9）对于建筑物间的架空走廊，有顶盖和围护设施的，应按其围护结构外围水平面积计算全面积；无围护结构、有围护设施的，应按其结构底板水平投影面积计算1/2面积。

说明：无围护结构的有永久性顶盖的架空走廊如图3-8所示。

10）对于立体书库、立体仓库、立体车库，有围护结构的，应按其围护结构外围水平面积计算建筑面积；无围护结构、有围护设施的，应按其结构底板水平投影面积计算建筑面积。无结构层的应按一层计算，有结构层的应按其结构层面积分别计算。结构层高在2.20m及以上的，应计算全面积；结构层高在2.20m以下的，应计算1/2面积。

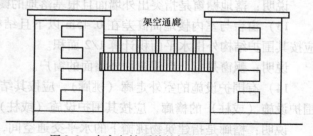

图3-8　有永久性顶盖的架空走廊示意图

说明：本条主要规定了图书馆中的立体书库、仓储中心的立体仓库、大型停车场的立体车库等建筑的建筑面积计算规定。起局部分隔、存储等作用的书架层、货架层或可升降的立体钢结构停车层均不属于结构层，故该部分分层不计算建筑面积。立体书库建筑面积计算实例如图3-9所示。

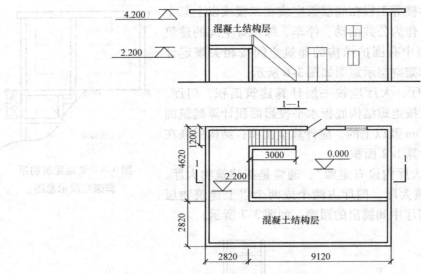

图 3-9　立体书库建筑面积计算示意图

$$建筑面积 = (2.82m + 4.62m) \times (2.82m + 9.12m) + 1.2m \times 3.0m +$$
$$[(2.82m + 4.62m) \times 2.82m + 9.12m \times 2.82m]/2$$
$$= 7.44m \times 11.94m + 3.6m^2 + (20.98m^2 + 25.72m^2)/2$$
$$= 88.83m^2 + 3.6m^2 + 23.35m^2$$
$$= 115.78m^2$$

11）有围护结构的舞台灯光控制室，应按其围护结构外围水平面积计算。结构层高在2.20m 及以上的，应计算全面积；结构层高在 2.20m 以下的，应计算 1/2 面积。

说明：如果舞台灯光控制室有围护结构且只有一层，那么就不能另外计算面积。因为整个舞台的面积计算已经包含了该灯光控制室的面积。

12）附属在建筑物外墙的落地橱窗，应按其围护结构外围水平面积计算。结构层高在2.20m 及以上的，应计算全面积；结构层高在 2.20m 以下的，应计算 1/2 面积。

说明：落地橱窗是指突出外墙面且根基落地的橱窗。

13）窗台与室内楼地面高差在 0.45m 以下且结构净高在 2.10m 及以上的凸（飘）窗，应按其围护结构外围水平面积计算 1/2 面积。

说明：飘窗是指凸出建筑物外墙面的窗户。

14）有围护设施的室外走廊（挑廊），应按其结构底板水平投影面积计算 1/2 面积；有围护设施（或柱）的檐廊，应按其围护设施（或柱）外围水平面积计算 1/2 面积。

说明：檐廊是指建筑物挑檐下的水平交通空间，如图 3-10 所示。挑廊挑出建筑物外墙的水平交通空间，如图 3-11 所示。

15）门斗应按其围护结构外围水平面积计算建筑面积，且结构层高在 2.20m 及以上的，应计算全面积；结构层高在 2.20m 以下的，应计算 1/2 面积。

说明：门斗是指建筑物入口处两道门之间的空间。如图 3-12 所示。

16）门廊应按其顶板水平投影面积的 1/2 计算建筑面积；有柱雨篷应按其结构板水平投影面积的 1/2 计算建筑面积；无柱雨篷的结构外边线至外墙结构外边线的宽度在 2.10m 及

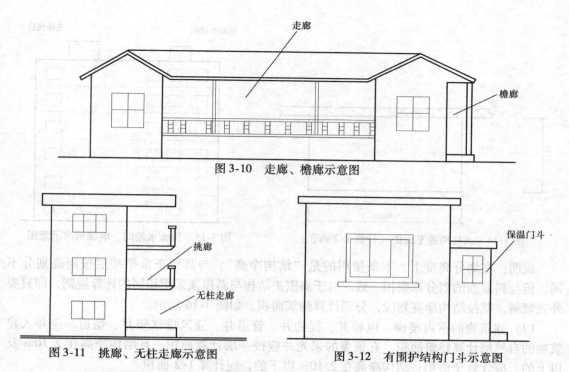

图 3-10　走廊、檐廊示意图

图 3-11　挑廊、无柱走廊示意图　　　　图 3-12　有围护结构门斗示意图

以上的，应按雨篷结构板的水平投影面积的 1/2 计算建筑面积。

说明：雨篷分为有柱雨篷和无柱雨篷。有柱雨篷，没有出挑宽度的限制，也不受跨越层数的限制，均计算建筑面积。无柱雨篷，其结构板不能跨层，并受出挑宽度的限制，设计出挑宽度大于或等于 2.10m 时才计算建筑面积。出挑宽度，系指雨篷结构外边线至外墙结构外边线的宽度，弧形或异形时，取最大宽度。有柱的雨篷、无柱的雨篷、独立柱的雨篷如图 3-13、图 3-14 所示。

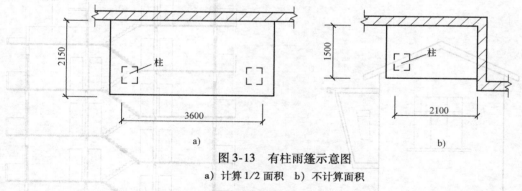

图 3-13　有柱雨篷示意图
a）计算 1/2 面积　b）不计算面积

17）设在建筑物顶部的、有围护结构的楼梯间、水箱间、电梯机房等，结构层高在 2.20m 及以上的应计算全面积；结构层高在 2.20m 以下的，应计算 1/2 面积。

说明：建筑物屋顶水箱间、电梯机房如图 3-15 所示。

18）围护结构不垂直于水平面的楼层，应按其底板面的外墙外围水平面积计算。结构净高在 2.10m 及以上的部位，应计算全面积；结构净高在 1.20m 及以上至 2.10m 以下的部位，应计算 1/2 面积；结构净高在 1.20m 以下的部位，不应计算建筑面积。

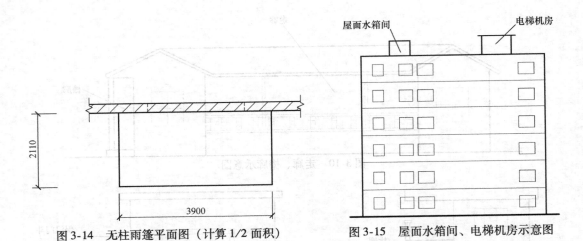

图 3-14　无柱雨篷平面图（计算 1/2 面积）　　　图 3-15　屋面水箱间、电梯机房示意图

说明：在划分高度上，本条使用的是"结构净高"，与其他正常平楼层按层高划分不同，但与斜屋面的划分原则相一致。对于斜围护结构与斜屋顶采用相同的计算规则，即只要外壳倾斜，就按结构净高划段，分别计算建筑面积。如图 3-16 所示。

19）建筑物的室内楼梯、电梯井、提物井、管道井、通风排气竖井、烟道，应并入建筑物的自然层计算建筑面积。有顶盖的采光井应按一层计算面积，且结构净高在 2.10m 及以上的，应计算全面积；结构净高在 2.10m 以下的，应计算 1/2 面积。

说明：

① 建筑物的楼梯间层数按建筑物的层数计算。若遇跃层建筑，其共用的室内楼梯应按自然层计算面积；上下两错层户室共用的室内楼梯，应选上一层的自然层计算面积，如图 3-17 所示。

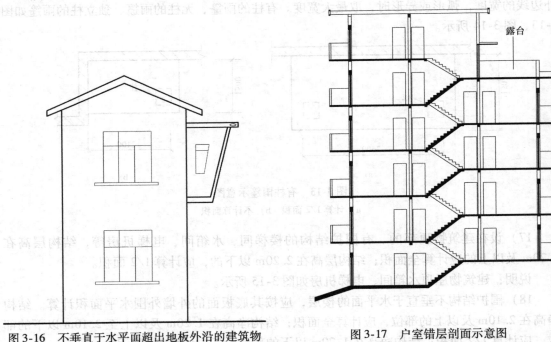

图 3-16　不垂直于水平面超出地板外沿的建筑物　　　图 3-17　户室错层剖面示意图

② 有顶盖的采光井包括建筑物中的采光井和地下室采光井。地下室采光井如图 3-5 所示。

③ 电梯井是指安装电梯用的垂直通道，如图 3-18 所示。

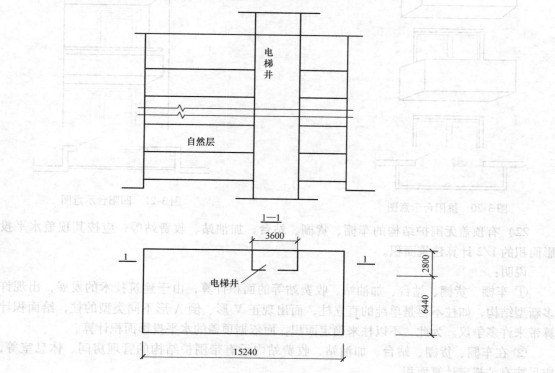

图 3-18　电梯井示意图

④ 提物井是指图书馆提升书籍、酒店提升食物的垂直通道。

⑤ 垃圾道是指写字楼等大楼内每层设垃圾倾倒口的垂直通道。

⑥ 管道井是指宾馆或写字楼内集中安装给水排水、采暖、消防、电线管道用的垂直通道。

【例 3-2】　某建筑物共 12 层，电梯井尺寸（含壁厚）如图 3-18 所示，求电梯井面积。

【解】
$$S = 2.80\text{m} \times 3.60\text{m} \times 12 \text{ 层}$$
$$= 120.96\text{m}^2$$

20）室外楼梯应并入所依附建筑物自然层，并应按其水平投影面积的 1/2 计算建筑面积。

说明：层数为室外楼梯所依附的楼层数，即梯段部分投影到建筑物范围的层数。利用室外楼梯下部的建筑空间不得重复计算建筑面积；利用地势砌筑的为室外踏步，不计算建筑面积。如图 3-19 所示。

21）在主体结构内的阳台，应按其结构外围水平面积计算全面积；在主体结构外的阳台，应按其结构底板水平投影面积计算 1/2 面积。

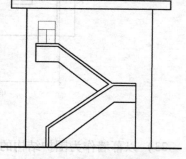

图 3-19　室外楼梯示意图

说明：建筑物的阳台，不论其形式如何，均以建筑物主体结构为界分别计算建筑面积。凹阳台、挑阳台示意图如图3-20、图3-21所示。

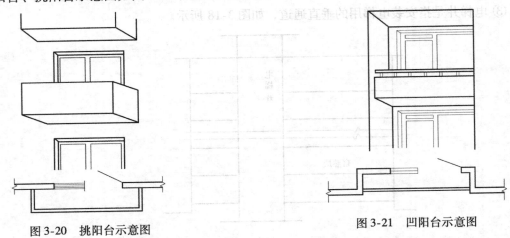

图3-20 挑阳台示意图

图3-21 凹阳台示意图

22）有顶盖无围护结构的车棚、货棚、站台、加油站、收费站等，应按其顶盖水平投影面积的1/2计算建筑面积。

说明：

① 车棚、货棚、站台、加油站、收费站等的面积计算，由于建筑技术的发展，出现许多新型结构，如柱不再是单纯的直立柱，而出现正V形、倒Λ形不同类型的柱，给面积计算带来许多争议。为此，不以柱来确定面积，而依据顶盖的水平投影面积计算。

② 在车棚、货棚、站台、加油站、收费站内设有带围护结构的管理房间、休息室等，应另按有关规定计算面积。

③ 建筑面积计算示例。

【例3-3】 站台示意图如图3-22所示。其面积为多少？

【解】
$$S = 2.0m \times 5.50m \times 1/2$$
$$= 5.50m^2$$

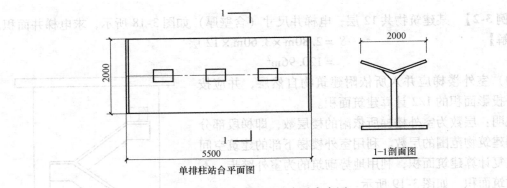

单排柱站台平面图

1—1剖面图

图3-22 单排柱站台示意图

23）以幕墙作为围护结构的建筑物，应按幕墙外边线计算建筑面积。

说明：幕墙以其在建筑物中所起的作用和功能来区分，直接作为外墙起围护作用的幕墙，按其外边线计算建筑面积；设置在建筑物墙体外起装饰作用的幕墙，不计算建筑面积。

24）建筑物的外墙外保温层，应按其保温材料的水平截面积计算，并计入自然层建筑面积。

说明：为贯彻国家节能要求，鼓励建筑外墙采取保温措施，《建筑工程建筑面积计算规范》（GB/T 50353—2013）将保温材料的厚度计入建筑面积，但计算方法较 2005 年规范有一定变化。建筑物外墙外侧有保温隔热层的，保温隔热层以保温材料的净厚度乘以外墙结构外边线长度按建筑物的自然层计算建筑面积，其外墙外边线长度不扣除门窗和建筑物外已计算建筑面积构件（如阳台、室外走廊、门斗、落地橱窗等部件）所占长度。当建筑物外已计算建筑面积的构件（如阳台、室外走廊、门斗、落地橱窗等部件）有保温隔热层时，其保温隔热层也不再计算建筑面积。外墙是斜面者按楼面楼板处的外墙外边线长度乘以保温材料的净厚度计算。外墙外保温以沿高度方向满铺为准，某层外墙外保温铺设高度未达到全部高度时（不包括阳台、室外走廊、门斗、落地橱窗、雨篷、飘窗等），不计算建筑面积。保温隔热层的建筑面积是以保温隔热材料的厚度来计算的，不包含抹灰层、防潮层、保护层（墙）的厚度。建筑外墙外保温如图 3-23 所示。

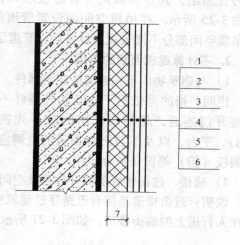

图 3-23 建筑外墙外保温
1—墙体 2—黏结胶浆 3—保温材料 4—标准网
5—加强网 6—抹面胶浆 7—计算建筑面积部位

25）与室内相通的变形缝，应按其自然层合并在建筑物建筑面积内计算。对于高低联跨的建筑物，当高低跨内部连通时，其变形缝应计算在低跨面积内。

说明：所指的与室内相通的变形缝，是指暴露在建筑物内，在建筑物内可以看得见的变形缝。室内看得见的变形缝示意图如图 3-24 所示。

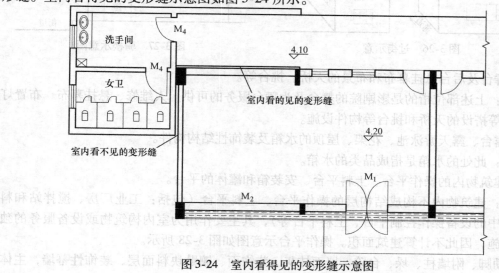

图 3-24 室内看得见的变形缝示意图

26）对于建筑物内的设备层、管道层、避难层等有结构层的楼层，结构层高在2.20m及以上的，应计算全面积；结构层高在2.20m以下的，应计算1/2面积。

说明：设备层、管道层虽然其具体功能与普通楼层不同，但在结构上及施工消耗上并无本质区别，且规范定义自然层为"按楼地面结构分层的楼层"，因此设备、管道楼层归为自然层，其计算规则与普通楼层相同，如图3-25所示。在吊顶空间内设置管道的，则吊顶空间部分不能被视为设备层、管道层。

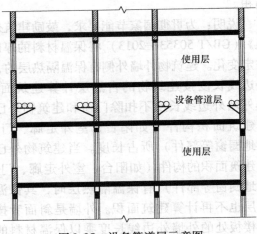

图3-25　设备管道层示意图

2. 不计算建筑面积的范围

1）与建筑物内不相连通的建筑部件。

说明：指的是依附于建筑物外墙外不与户室开门连通，起装饰作用的敞开式挑台（廊）、平台，以及不与阳台相通的空调室外机搁板（箱）等设备平台部件。

2）骑楼、过街楼底层的开放公共空间和建筑物通道。

说明：过街楼道是指有道路穿过建筑空间的楼房。如图3-26所示。骑楼是指楼层部分跨在人行道上的临街楼房，如图3-27所示。

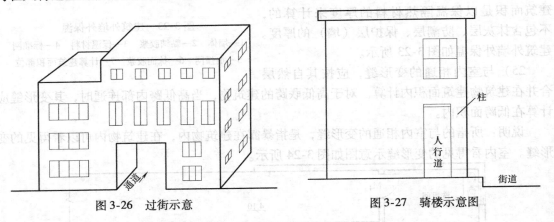

图3-26　过街示意　　　　　　　图3-27　骑楼示意图

3）舞台及后台悬挂幕布和布景的天桥、挑台等。

说明：上述部位指的是影剧院的舞台及为舞台服务的可供上人维修、悬挂幕布、布置灯光及布景等搭设的天桥和挑台等构件设施。

4）露台、露天游泳池、花架、屋顶的水箱及装饰性结构构件。

说明：此处的水箱是指成品类的水箱。

5）建筑物内的操作平台、上料平台、安装箱和罐体的平台。

说明：建筑物内不构成结构层的操作平台、上料平台（包括：工业厂房、搅拌站和料仓等建筑中的设备操作控制平台、上料平台等），其主要作用为室内构筑物或设备服务的独立上人设施，因此不计算建筑面积。操作平台示意图如图3-28所示。

6）勒脚、附墙柱、垛、台阶、墙面抹灰、装饰面、镶贴块料面层、装饰性幕墙，主体结构外的空调室外机搁板（箱）、构件、配件，挑出宽度在 2.10m 以下的无柱雨篷和顶盖高度达到或超过两个楼层的无柱雨篷。

说明：附墙柱是指非结构性装饰柱，附墙柱、垛示意图如图 3-29 所示。

7）窗台与室内地面高差在 0.45m 以下且结构净高在 2.10m 以下的凸（飘）窗，窗台与室内地面高差在 0.45m 及以上的凸（飘）窗。

说明：飘窗是指为房间采光和美化造型而设置的突出外墙的窗，如图 3-30 所示。

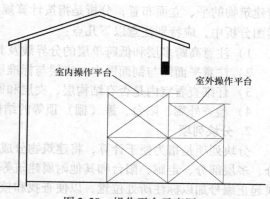

图 3-28　操作平台示意图

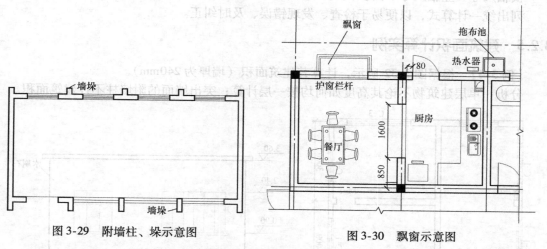

图 3-29　附墙柱、垛示意图

图 3-30　飘窗示意图

8）室外爬梯、室外专用消防钢楼梯。

说明：室外钢楼梯需要区分具体用途，如专用于消防楼梯，则不计算建筑面积，如果是建筑物唯一通道，兼用于消防，则需要按上述的第 20）条计算建筑面积。室外检修钢爬梯如图 3-31 所示。

9）无围护结构的观光电梯。

10）建筑物以外的地下人防通道，独立的烟囱、烟道、地沟、油（水）罐、气柜、水塔、贮油（水）池、贮仓、栈桥等构筑物。

3.2.4　建筑面积计算步骤

建筑面积的计算可以按：读图分析、分块列项、取尺计算等步骤进行。

1. 读图分析

读图分析是计算建筑面积的重要环节，读图是指看

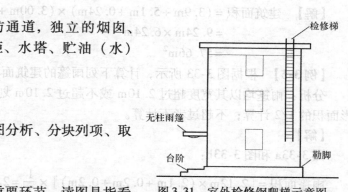

图 3-31　室外检修钢爬梯示意图

清建筑物的平、立面布置；分析是指按计算规则可以将建筑物分成几类来计算建筑面积。在读图分析中，应特别注意以下几点：

1）注意高跨多层和低跨单层的分界线及其尺寸，以便分开计算建筑面积。

2）注意平面图与剖面图中，底层与标准层的外墙有否变化，以便正确取定尺寸。

3）仔细查看室内是否有结构层、夹层和回廊，以便确定是否需要增算建筑面积。

4）检查外廊、阳台、篷（棚）顶等的结构布置情况，以便按规则要求列取计算项目。

2. 分块列项

分块列项是指为便于计算，将建筑物分成几块结构布置相同的若干块小面积，如单层部分、多层部分、走廊、阳台和其他附属建筑等进行列立项目名称，并用这些小块的横、竖轴线起止编号加以标注所处位置，以便查找和核对。

3. 取尺计算

取尺寸计算是指根据所列项目和标注的轴线编号查取尺寸，按：

横轴尺寸×竖轴尺寸＝面积　或　竖轴尺寸×横轴尺寸＝面积

列出统一计算式，以便易于检查、发现错误、及时纠正。

3.2.5　建筑面积计算实例

【例 3-4】　根据图 3-32 所示，计算其建筑面积（墙厚为 240mm）。

分析：单层建筑物不论其高度如何均按一层计算；突出墙面的附墙柱不计建筑面积。

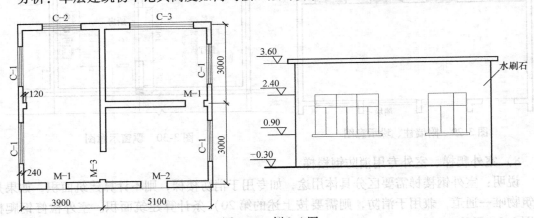

图 3-32　例 3-4 图

【解】　建筑面积 ＝（3.9m＋5.1m＋0.24m）×（3.00m＋3.00m＋0.24m）
$$＝9.24m×6.24m$$
$$＝57.66m^2$$

【例 3-5】　根据图 3-33 所示，计算下列雨篷的建筑面积。

分析：雨篷均以其宽度超过 2.10m 或不超过 2.10m 划分，超过者按雨篷结构板水平投影面积的 1/2 计算；不超过者不计。

【解】

图 3-33a 和图 3-33b：

雨篷面积 ＝ $[2.12m×(2.1m＋0.2m＋0.2m)]×\dfrac{1}{2}＝2.65m^2$

图 3-33c 和图 3-33d：雨篷宽度不超过 2.10m 不计建筑面积。

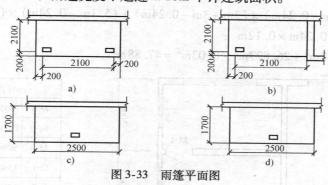

图 3-33　雨篷平面图

3.3　楼地面工程

楼地面是指楼面和地面，其主要构造层次一般为基层、垫层和面层，必要时可增设填充层、隔离层、结合层等。

在《全国统一建筑装饰装修工程消耗量定额》中楼地面工程分部包括整体面层、块料面层、橡塑面层、其他材料面层，踢脚线、楼梯装饰，扶手、栏杆、栏板装饰，台阶装饰及零星装饰等项目内容。

3.3.1　楼地面分部工程工程量计算规则

1）楼地面装饰面积按饰面的净面积计算，不扣除 0.1m² 以内的孔洞所占面积。拼花部分按实贴面积计算。

2）楼梯面积（包括踏步、休息平台，以及小于 50mm 宽的楼梯井）按水平投影面积计算。

3）台阶面层（包括踏步及最上层踏步边沿 300mm）按水平投影面积计算。

4）踢脚线按实贴长度乘以高以平方米计算，成品踢脚线按实贴延长米计算。楼梯踢脚线按相应定额乘以 1.15 系数。

5）点缀按个计算，计算主体铺贴地面面积时，不扣除点缀所占面积。

6）零星项目按实铺贴面积计算。

7）栏杆、栏板、扶手均按其中心线长度以延长米计算，计算扶手时不扣除弯头所占长度。

8）弯头按个计算。

9）石材底面刷养护液按底面面积加 4 个侧面面积，以平方米计算。

3.3.2　楼地面工程量计算实例

【例 3-6】　某建筑平面图如图 3-34 所示，墙厚 240mm，室内铺设 500mm × 500mm 中国红大理石（门洞处另做），试计算大理石地面的工程量。

分析：楼地面装饰面积按饰面的净面积计算，不扣除 0.1m² 以内的孔洞所占面积。拼花部分按实贴面积计算。按饰面的净面积计算可理解为实铺面积，扣除墙体面积但不扣除 0.1m² 以内的孔洞所占面积。

【解】
$$工程量 = (3.9m - 0.24m) \times (3m + 3m - 0.24m) + (5.1m - 0.24m) \times (3m - 0.24m)$$
$$\times 2 - 0.24m \times 0.12m$$
$$= 21.082m^2 + 26.827m^2 - 0.03m^2 = 47.88m^2$$

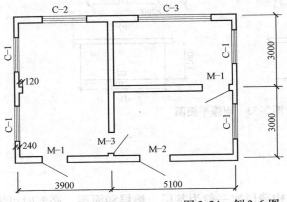

门窗表	
M—1	1000mm×2000mm
M—2	1200mm×2000mm
M—3	900mm×2400mm
C—1	1500mm×1500mm
C—2	1800mm×1500mm
C—3	3000mm×1500mm

图 3-34 例 3-6 图

【例 3-7】 在例 3-6 中，若室内铺设 600mm×75mm×18mm 实木地板，柚木 UV 漆板、四面企口，木龙骨 50mm×30mm@500mm，门洞处做法与室内一致。试计算木地板地面的工程量。

分析：门洞开口部分并入相应的工程量内。

【解】 木地板地面的工程量
$$= 地面工程量 + 门洞口部分的工程量$$
$$= 47.88m^2 + (1m \times 2 + 1.2m + 0.9m) \times 0.24m$$
$$= 47.88m^2 + 0.984m^2 = 48.86m^2$$

【例 3-8】 某建筑物内一楼梯如图 3-35 所示，同走廊连接，采用直线双跑形式，墙厚 240mm，梯井 300mm 宽，楼梯满铺芝麻白大理石，试计算其工程量。

分析：楼梯面层：包括踏步、休息平台，以及小于 50mm 宽的楼梯井，按水平投影面积计算。不包括楼梯踢脚线、底面侧面抹灰。

楼梯井是由梯段、楼梯平台围合而成的井状空间。

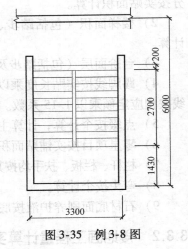

图 3-35 例 3-8 图

【解】 楼梯工程量 $= (3.3m - 0.24m) \times (1.43m$
$$+ 2.7m + 0.2m - 0.12m)$$
$$- 2.7m \times 0.3m(楼梯井面积)$$
$$= 3.06m^2 \times 4.21m^2 - 0.81m^2$$
$$= 12.07m^2$$

【例 3-9】 计算图 3-34 所示室内贴 150mm 高中国红大理石踢脚线的工程量。

分析：踢脚线按实贴长度乘以高以平方米计算，成品踢脚线按实贴延长米计算。

【解】
$$踢脚线工程量 = (3.9m - 0.24m + 3m \times 2m - 0.24m) \times 2 + (5.1m - 0.24m + 3m - 0.24m)$$

$$\times 2 \times 2 - (0.9m + 1m) \times 2 - (1.2m + 1m) + 0.24m \times 4 + 0.12m \times 2$$
$$= 9.42m \times 2 + 7.62m \times 4 - 1.9m \times 2 - 2.2m + 0.96m + 0.24m$$
$$= 44.52m$$

【例 3-10】 某学院办公楼入口台阶如图 3-36 所示，花岗石贴面，试计算其台阶工程量。

分析：台阶装饰按设计图示尺寸以台阶（包括最上层踏步边沿加 300mm）水平投影面积计算。

台阶面层与平台的面层使用同一材料时，平台计算面层后，台阶不再计算最上一层踏步面积；如台阶计算最上一层踏步（加 300mm），平台面层中必须扣除该面积。

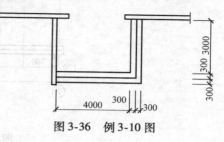

图 3-36 例 3-10 图

【解】

$$工程量 = 4.6m \times 3.6m - 3.7m \times 2.7m$$
$$= 6.57m^2$$

【例 3-11】 某楼梯如图 3-37 所示，试计算栏杆的工程量。

分析：扶手、栏杆、栏板装饰按设计图示尺寸以扶手中心线长度计算。计算时，弯头的长度不予扣除。

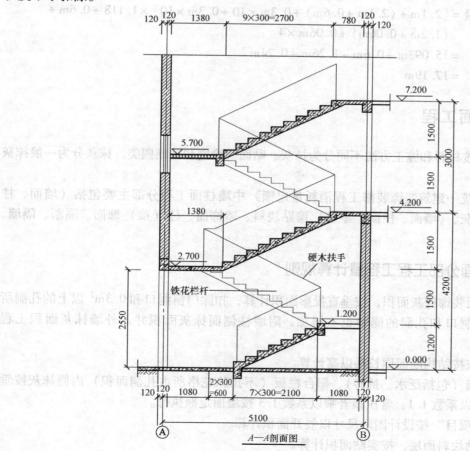

图 3-37 例 3-11 图

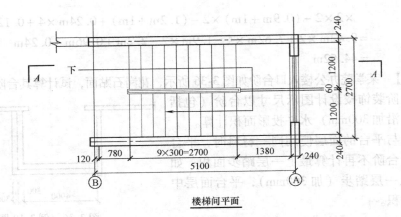

楼梯间平面

图 3-37 例 3-11 图（续）

栏杆长度 = 第一、二、三、四、五跑斜长 + 第三、五跑水平长 + 弯头水平长

$$楼梯踏步斜长系数 = \frac{\sqrt{(0.15m^2) + (0.30m)^2}}{0.3m} = 1.118$$

【解】

$$
\begin{aligned}
栏杆工程量 &= [2.1m + (2.1m + 0.6m) + 0.3m \times 10 + 0.3m \times 10] \times 1.118 + 0.6m + \\
&\quad (1.2m + 0.06m) + 0.06m \times 4 \\
&= 15.093m + 0.6m + 1.26m + 0.24m \\
&= 17.19m
\end{aligned}
$$

3.4 墙柱面工程

墙面装修按材料和施工方法不同分为抹灰、贴面、涂刷和裱糊四类。抹灰分为一般抹灰和装饰抹灰。

在《全国统一建筑装饰装修工程消耗量定额》中墙柱面工程分部主要包括（墙面、柱面、零星）抹灰、（墙面、柱面、零星）镶贴块料、墙饰面、柱（梁）饰面、隔断、隔墙、幕墙等工程。

3.4.1 墙柱面分部工程工程量计算规则

1）外墙面装饰抹灰面积，按垂直投影面积计算，扣除门窗洞口和 $0.3m^2$ 以上的孔洞所占面积，门窗洞口和孔洞的侧壁也不增加。附墙柱侧面抹灰面积并入外墙抹灰面积工程量内。

2）柱抹灰按结构断面周长乘以高计算。

3）女儿墙（包括泛水、挑砖）、阳台栏板（不扣除花格所占孔洞面积）内侧抹灰按垂直投影面积乘以系数 1.1，常压顶者乘以系数 1.3 按墙面定额执行。

4）"零星项目"按设计图示尺寸以展开面积计算。

5）墙面贴块料面层，按实贴面积计算。

6）墙面贴块料、饰面高度在 300mm 以内者，按踢脚线定额执行。

7）柱饰面面积按外围饰面尺寸乘以高度计算。

8）挂贴大理石、花岗石中其他零星项目的花岗石、大理石是按成品考虑的，花岗石、大理石柱墩、柱帽按最大外径周长计算。

9）除定额已列有柱帽、柱墩的项目外，其他项目的柱帽、柱墩工程量按设计图样尺寸以展开面积计算，并入相应柱面积内，每个柱帽或柱墩另增人工：抹灰 0.25 工日，块料 0.38 工日，饰面 0.5 工日。

10）隔断按墙的净长乘以净高计算，扣除门窗洞口及 0.3m² 以上的孔洞所占面积。

11）全玻隔断的不锈钢边框工程量按边框展开面积计算。

12）全玻隔断、全玻璃幕如有加强肋者，工程量按其展开面积计算；玻璃幕墙、铝板幕墙以框外围面积计算。

13）装饰抹灰分格、嵌缝按装饰抹灰面积计算。

3.4.2 墙柱面工程量计算实例

【例3-12】 如图 3-32 所示，内墙面为 1:2 水泥砂浆，外墙面为普通水泥白石子水刷石，门窗尺寸分别为：M—1：900mm × 2000mm；M—2：1200mm × 2000mm；M—3：1000mm × 2000mm；C—1：1500mm × 1500mm；C—2：1800mm × 1500mm，C—3：3000mm ×1500mm。试计算外墙面抹灰工程量。

分析：墙面抹灰按设计图示尺寸以平方米计算。计算时，扣除墙裙、门窗洞口及单个 0.3m² 以上的孔洞面积；门窗洞口和孔洞的侧壁及顶面不增加面积，附墙柱、梁、柱、烟囱侧壁并入相应的墙面面积内。

外墙抹灰面积按外墙垂直投影面积计算。

【解】

外墙抹灰工程量 = 墙面工程量 – 门洞口工程量

$$= (3.9m + 5.1m + 0.24m + 3m \times 2 + 0.24m) \times 2 \times (3.6m + 0.3m)$$
$$- (1.5m \times 1.5m \times 4 + 1.8m \times 1.5m + 3m \times 1.5m + 0.9m \times 2m + 1.2m \times 2m)$$
$$= 15.48m \times 2 \times 3.9m - (9m² + 2.7m² + 4.5m² + 1.8m² + 2.4m²)$$
$$= 100.34m²$$

【例3-13】 某建筑平面图如图 3-38 所示，墙厚 240mm，室内净高 3.9m，门 1500mm × 2700mm，内墙中级抹灰。试计算南立面内墙抹灰工程量。

分析：计算内墙面抹灰工程量时，应扣除墙裙、门窗洞口及 0.3m² 以上的孔洞面积，不扣除踢脚线、挂镜线和墙与构件交接处的面积，门窗洞口和孔洞的侧壁及顶面不增加面积，附墙柱、梁、垛、烟囱侧壁并入相应的墙面面积内。墙面抹灰不扣除与构件交接处的面积，是指墙与梁的交接处所占面积，不包括墙与楼板的交接。

内墙面的长度以主墙间的图示净长计算，高度按室内地面至天棚底面净高计算。

【解】

南立面内墙面抹灰工程量 = 墙面工程量 + 柱侧面工程量 – 门洞口工程量

内墙面净长 $= 5.1m \times 3 - 0.24m = 15.06m$

柱侧面工程量 $= 0.16m \times 3.9m \times 6 = 3.744m²$

门洞口工程量 $= 1.5m \times 2.7m \times 2 = 8.1m²$

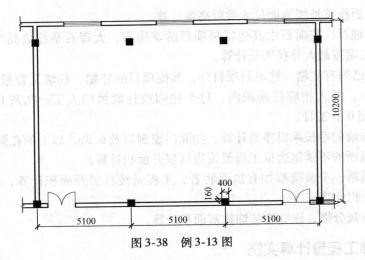

图 3-38　例 3-13 图

墙面抹灰工程量 $= 15.06\text{m} \times 3.9\text{m} + 3.744\text{m}^2 - 8.1\text{m}^2$

$\qquad\qquad\qquad = 58.734\text{m}^2 + 3.744\text{m}^2 - 8.1\text{m}^2$

$\qquad\qquad\qquad = 54.38\text{m}^2$

【例 3-14】　某建筑物钢筋混凝土柱的构造如图 3-39 所示，柱面挂贴花岗石面层，试计算工程量。

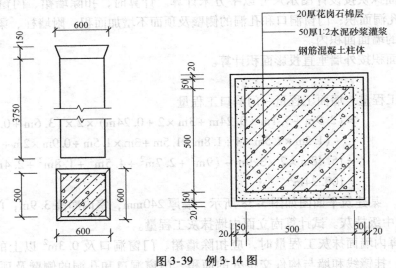

图 3-39　例 3-14 图

分析：柱面镶贴块料按设计图示尺寸以面积计算，柱帽、柱墩工程量并入相应柱面内计算。

【解】

所求工程量 = 柱身工程量 + 柱帽工程量

柱身工程量 $= 0.64\text{m} \times 4 \times 3.75\text{m} = 9.6\text{m}^2$

柱帽工程量 $= (0.64\text{m} + 0.74\text{m}) \times \dfrac{\sqrt{(0.05\text{m})^2 + (0.15\text{m})^2}}{2} \times 4$

$\qquad\qquad\qquad = 1.38\text{m} \times 0.158\text{m} \times 2$

$$= 0.44m^2$$

柱面挂贴花岗石的工程量 $= 7.5m^2 + 0.44m^2 = 7.94m^2$

【例3-15】 某厕所平面图、立面图如图3-40所示，隔断及门采用某品牌80系列塑钢门窗材料制作。试计算厕所塑钢隔断工程量。

分析： 隔断按设计图示框外围尺寸以平方米计算。计算时，扣除单个面积在 $0.3m^2$ 以上的孔洞所占面积；浴厕门的材质与隔断相同时，门的面积并入隔断面积内计算。

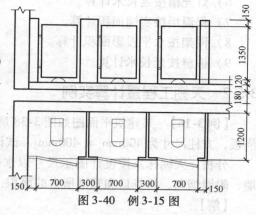

图3-40 例3-15图

【解】

厕所隔间隔断工程量 $= (1.35m + 0.15m + 0.12m) \times (0.3m \times 2 + 0.15m \times 2 + 1.2m \times 3)$
$= 1.62m \times 4.5m = 7.29m^2$

厕所隔间门的工程量 $= 1.35m \times 0.7m \times 3 = 2.835m^2$

厕所隔断工程量 = 隔间隔断工程量 + 隔间门的工程量
$= 7.29m^2 + 2.835m^2 = 10.13m^2$

3.5 天棚工程

天棚按构造形式不同分为直接式天棚和悬吊式天棚（吊顶）。天棚按造型不同分为平面、跌级天棚，锯齿形、阶梯形、吊挂式、藻井式天棚。跌级天棚是指形状比较简单，不带灯槽，一个空间内有一个凹形或凸形的天棚。锯齿形、阶梯形、吊挂式、藻井式天棚的断面如图3-41所示。

天棚工程分部主要包括天棚抹灰、天棚吊顶、天棚其他装饰等工程。

3.5.1 天棚分部工程工程量计算规则

1）各种吊顶天棚龙骨按主墙间净空面积计算，不扣除间壁墙、检查洞、附墙烟囱、柱、垛和管道所占的面积。

2）天棚基层按展开面积计算。

3）天棚装饰面层，按主墙间实钉（胶）面积以平方米计算，不扣除间壁墙、检查口、附墙烟囱、垛和管道所占面积，但应扣除 $0.3m^2$ 以上的孔洞、独立柱、灯槽及与天棚相连的窗帘盒所占的面积。

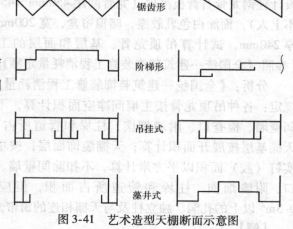

图3-41 艺术造型天棚断面示意图

4）本章定额中龙骨、基层、面层合并列项的子目，工程量计算规则同第一条。

5）板式楼梯底面的装饰工程量按水平投影面积乘以 1.15 系数计算，梁式楼梯底面按展开面积计算。

6）灯光槽按延长米计算。

7）保温层按实铺面积计算。

8）网架按水平投影面积计算。

9）嵌缝按延长米计算。

3.5.2 天棚工程量计算实例

【例3-16】 某建筑平面图如图3-38所示，墙厚240mm，天棚基层类型为钢筋混凝土现浇板，方柱尺寸为400mm × 400mm。试计算天棚抹灰的工程量。

分析：天棚抹灰按设计图示尺寸以水平投影面积计算。计算时，不扣除柱、垛、间壁墙、附墙烟囱、检查口和管道所占的面积，带梁两侧抹灰面积并入天棚面积内。

【解】

$$天棚抹灰工程量 = (5.1m \times 3 - 0.24m) \times (10.2m - 0.24m)$$
$$= 15.06m \times 9.96m$$
$$= 150.00m^2$$

【例3-17】 在上例中，若装潢为天棚吊顶，试计算天棚的工程量。

分析：天棚吊顶按设计图示尺寸以水平投影面积计算。计算时，天棚面中的灯槽及跌级、锯齿形、吊挂式、藻井式天棚面积不展开计算；不扣除间壁墙、检查口、附墙烟囱、垛和管道所占面积；扣除单个0.3m² 以上的孔洞、独立柱及与天棚相连的窗帘盒所占的面积。

垛是指与墙体相连的柱而突出墙体的部分。

【解】

$$吊顶天棚工程量 = 天棚抹灰工程量 - 独立柱的工程量$$
$$= 150.00m^2 - 0.4m \times 0.4m \times 2$$
$$= 149.68m^2$$

【例3-18】 某酒店包厢顶棚平面如图3-42所示，设计轻钢龙骨石膏板吊顶（龙骨间距450mm ×450mm，不上人），面涂白色乳胶漆，暗窗帘盒，宽200mm，墙厚240mm，试计算吊顶龙骨、基层和面层的工程量（参照《全国统一建筑装饰装修工程消耗量定额》）。

分析：《全国统一建筑装饰装修工程消耗量定额》规定：各种吊顶龙骨按主墙间净空面积计算，不扣除间壁墙、检查口、附墙烟囱、柱垛和管道所占面积；天棚基层按展开面积计算；天棚装饰面层，按主墙间实钉（胶）面积以平方米计算，不扣除间壁墙、检查口、附墙烟囱、柱垛和管道所占面积，但应扣除0.3m² 以上的孔洞、独立柱及与天棚相连的窗帘盒所占的面积。

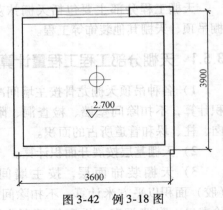

图3-42　例3-18图

【解】

$$轻钢龙骨的工程量 = (3.6m - 0.24m) \times (3.9m - 0.24m)$$
$$= 3.36m \times 3.66m$$
$$= 12.30m^2$$

石膏板基层的工程量 = 主墙间的面积 - 窗帘盒的工程量

$$= (3.6m - 0.24m) \times (3.9m - 0.24m) - (3.6m - 0.24m) \times 0.2m$$
$$= 3.36m \times 3.66m - 3.36m \times 0.2m$$
$$= 11.63m^2$$

天棚装饰面层 $= 11.63m^2$

【例3-19】 某客厅天棚尺寸，如图3-43所示，为不上人轻钢龙骨石膏板吊顶，试计算吊顶龙骨、基层的工程量（参照《全国统一建筑装饰装修工程消耗量定额》）。

分析：由图可知，客厅天棚属跌级形式。根据《全国统一建筑装饰装修工程消耗量定额》，龙骨按主墙间净空面积计算，天棚的基层工程量按展开面积计算。

【解】

龙骨的工程量 $= (0.8m \times 2 + 5m) \times (0.8m \times 2 + 4.4m)$
$$= 39.6m^2$$

石膏板基层的工程量 $= (0.8m \times 2 + 5m) \times (0.8m \times 2 + 4.4m) + (4.4m + 5m) \times 2 \times 0.15m$
$$= 6.6m \times 6m + 9.4m \times 2 \times 0.15m$$
$$= 42.42m^2$$

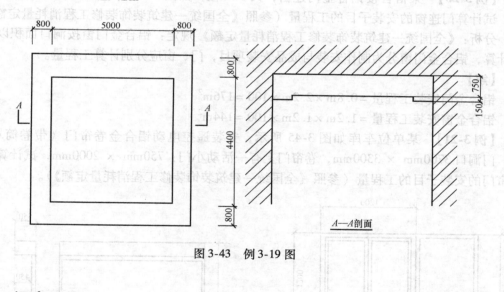

图3-43 例3-19图

3.6 门窗工程

门窗工程分部主要包括木门、金属门、金属卷帘门、其他门等，木窗、金属窗、门窗套，窗帘盒、窗帘轨、窗台板等，适用于门窗工程。

3.6.1 门窗分部工程工程量计算规则

1）铝合金门窗、彩板组角钢门窗、塑钢门窗安装均按洞口面积以平方米计算。纱扇制作安装按扇外围面积计算。

2）卷帘门安装按其安装高度乘以门的实际宽度以平方米计算。安装高度算至滚筒顶点为准。带卷筒罩的按展开面积增加。电动装置安装以套计算，小门安装另以个计算，小门面积不扣除。

3）防盗门防盗窗、不锈钢隔栅门按框外围面积以平方米计算。

4）成品防火门以框外围面积计算，防火卷帘门从地（楼）面算至端板顶点乘以设计宽度。

5）实木门框制作安装以延长米计算。实木门扇制作安装及装饰门扇制作按扇外围面积计算。装饰门扇及成品门扇安装按扇计算。

6）木门扇皮制隔声面层和装饰板隔声面层，按单面面积计算。

7）不锈钢板包门框、门窗套、花岗石门套、门窗筒子板按展开面积计算。门窗贴脸、窗帘盒、窗帘轨按延长米计算。

8）窗台板按实铺面积计算。

9）电子感应门及转门按定额尺寸以樘计算。

10）不锈钢电动伸缩门以樘计算。

3.6.2 门窗工程量计算案例

【例3-20】 某宿舍楼铝合金门连窗，共100樘，如图3-44所示，图示尺寸为洞口尺寸。试计算门连窗的安装子目的工程量（参照《全国统一建筑装饰装修工程消耗量定额》）。

分析：《全国统一建筑装饰装修工程消耗量定额》规定：铝合金门窗按洞口面积以平方米计算，铝合金门窗分为制作安装与成品安装项目，门、窗应分别计算工程量。

【解】

铝合金门安装工程量 = 0.8m × 2.2m × 100 = 176m²

铝合金窗安装工程量 = 1.2m × 1.2m × 100 = 144m²

【例3-21】 某单位车库如图3-45所示，安装遥控电动铝合金卷帘门（带卷筒罩）3樘。门洞口3700mm × 3300mm，卷帘门上有一活动小门：750mm × 2000mm，试计算车库卷帘门的安装子目的工程量（参照《全国统一建筑装饰装修工程消耗量定额》）。

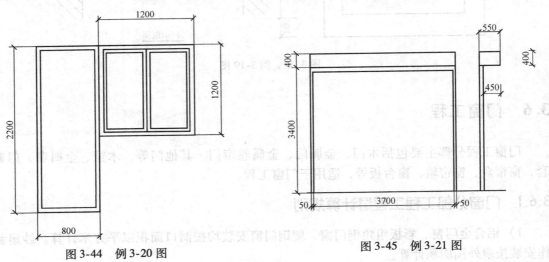

图3-44 例3-20图   图3-45 例3-21图

分析：《全国统一建筑装饰装修工程消耗量定额》规定：卷帘门安装按其安装高度乘以卷帘门的实际宽度以平方米计算。安装高度算至滚筒顶点为准。如图样无安装尺寸，按门洞宽加 100mm 乘以门洞高加 600mm 计算。卷筒罩按其展开面积增加。电动装置安装以套计算，小门安装以个计算，小门面积不扣除。

【解】 铝合金卷帘门安装工程量 = 门帘工程量 + 卷筒罩工程量

$$卷帘门安装工程量 = (3.3m + 0.5m) \times (3.7m + 0.05m \times 2) +$$
$$(0.55m + 0.4m + 0.45m) \times (3.7m + 0.05m \times 2)$$
$$= 3.8m \times 3.8m + 1.4m \times 3.8m$$
$$= 19.76m^2$$

电动装置安装工程量 = 1 套

小门安装工程量 = 1 扇

【例 3-22】 某家庭套房平面图，如图 3-46 所示。门 M—1 为防盗门（居中立樘），门 M—2、门 M—5 的门扇为实木镶板门扇（凸凹型），门 M—3、门 M—4 的门扇为实木全玻门扇（网格式）。M—1：800mm × 2000mm；M—2：800mm × 2000mm；M—5：750mm × 2000mm。实木门框断面尺寸为 50mm × 100mm。试计算防盗门的安装工程工程量，实木门 M—2、M—5 的制作安装工程工程量（参照《全国统一建筑装饰装修工程消耗量定额》）。

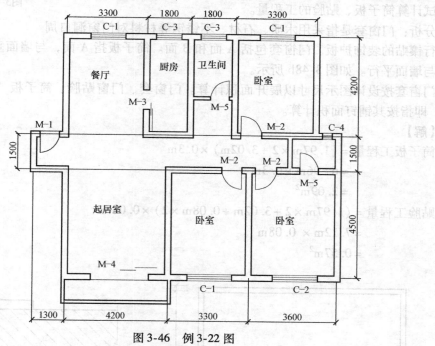

图 3-46 例 3-22 图

分析：《全国统一建筑装饰装修工程消耗量定额》规定：防盗门按框外围面积以平方米计算。实木门框制作安装以延长米计算。实木门扇制作及装饰门扇制作按扇外围面积以平方米计算。装饰门扇及成品门扇安装按扇计算。

【解】 防盗门安装工程量 = 0.8m × 2m = 1.6m²

M—2、M—5 实木门框制作安装工程量 = (0.8m + 2m × 2) × 3 + (0.75m + 2m × 2) × 2
$$= 4.8m \times 3 + 4.75m \times 2 = 23.9m$$

M—2、M—5 门扇制作安装工程量

$$= (2m - 0.05m) \times (0.8m - 0.05m) \times 3 + (2m - 0.05m)(0.75m - 0.05m) \times 2$$
$$= 1.95m \times 0.75m \times 3 + 1.95m \times 0.7m \times 2 = 7.12m^2$$

【例3-23】 某窗台板如图3-47所示。门洞1500mm×1800mm，塑钢窗居中立挺。试计算窗台板的铺贴工程量（参照《全国统一建筑装饰装修工程消耗量定额》）。

分析：《全国统一建筑装饰装修工程消耗量定额》规定：窗台板分不同材质按实铺面积以平方米计算。

【解】

窗台板铺贴工程量 = 窗台板面宽 × 进深
$$= 1.5m \times 0.1m$$
$$= 0.15m^2$$

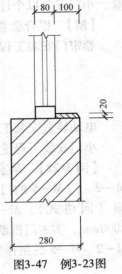

图3-47　例3-23图

【例3-24】 如图3-48a所示，起居室的门洞 M—4：3000mm×2000mm，设计做门套装饰。筒子板构造：细木工板基层，柚木装饰面层，厚30mm。筒子板宽300mm；贴脸构造：80mm宽柚木装饰线脚。试计算筒子板、贴脸的工程量。

分析：门窗套是指采用木质、石材、不锈钢等材料对门窗洞口周边进行镶贴的装饰护板。门窗套包括A面和B面。筒子板指A面，与墙面垂直。贴脸指B面，与墙面平行。如图3-48b所示。

门窗套按设计图示尺寸以展开面积计算。门窗套、门窗贴脸、筒子板"以展开面积计算"，即指按其铺钉面积计算。

【解】

筒子板工程量 $= (1.97m \times 2 + 3.02m) \times 0.3m$
$$= 6.96m \times 0.3m$$
$$= 2.09m^2$$

贴脸工程量 $= (1.97m \times 2 + 3.02m + 0.08m \times 2) \times 0.08m$
$$= 7.12m \times 0.08m$$
$$= 0.57m^2$$

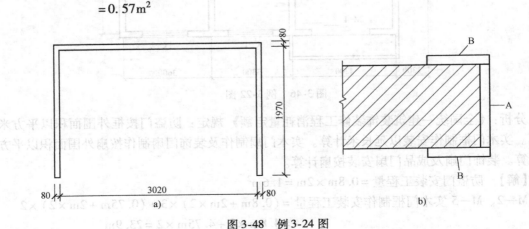

图3-48　例3-24图

【例3-25】 如图3-46所示，餐厅的窗户 C—1：1500mm×1500mm，安装铝合金窗帘

杆。试计算窗帘杆工程量。

分析：窗帘盒、窗帘道轨按图示尺寸以米计算。窗帘盒、窗台板为弧形时，按其长度以中心线计算；如设计无规定时，可按窗框外围宽度加300mm（每边加150mm）计算。

【解】

铝合金窗帘杆工程量 $= 1.5m + 0.15m \times 2 = 1.8m$

3.7 油漆、涂料、裱糊工程

油漆施工根据基层的不同，有木材面油漆、金属面油漆、抹灰面油漆等种类。涂料施工有刷涂、喷涂、滚涂、弹涂、抹涂等形式。油漆、涂料施工一般经过基层处理、打底子、刮腻子、磨光、涂刷等工序。裱糊有对花和不对花两种类型。

油漆、涂料、裱糊工程分部主要包括门油漆，窗油漆，扶手、板条面、线条面、木材面油漆，金属面油漆，抹灰面油漆，喷刷涂料，裱糊等工程。

3.7.1 油漆、涂料、裱糊分部工程量计算规则

1）楼地面、天棚面、墙、柱、梁面的喷（刷）涂料、抹灰面油漆及裱糊工程，均按附表相应的计算规则计算。

2）木材面的工程量分别按附表相应的计算规则计算。

3）金属构件油漆的工程量按构件重量计算。

4）定额中隔墙、护壁、柱、吊顶木龙骨及木地板中木龙骨带毛地板，刷防火涂料工程量计算规则如下：

① 隔墙、护壁木龙骨按其面层正立面投影面积计算。

② 柱木龙骨按其面层外围面积计算。

③ 吊顶木龙骨按其水平投影面积计算。

④ 木地板中木龙骨及木龙骨带毛地板按地板面积计算。

5）隔墙、护壁、柱、天棚面层及木地板刷防火涂料，执行其他木材面刷防火涂料相应子目。

6）木楼梯（不包括底面）油漆，按水平投影面积乘以 2.3 系数，执行木地板相应子目。

3.7.2 油漆、涂料、裱糊工程量计算实例

【例3-26】 某建筑如图 3-49 所示，外墙刷真石漆墙面，窗连门（图 3-44），全玻璃门、推拉窗，居中立樘，框厚80mm，墙厚240mm。试计算外墙真石漆工程量、门窗油漆工程量（参照《全国统一建筑装饰装修工程消耗量定额》）。

分析：抹灰面油漆按设计图示尺寸以面积计算。计算时，依据设计要求注意门窗洞口侧壁面积的增加；连窗门可按单面洞口面积计算，其油漆工程量按木门窗定额工程量系数表计算。

【解】

外墙面真石漆工程量 = 墙面工程量 + 洞口侧面工程量

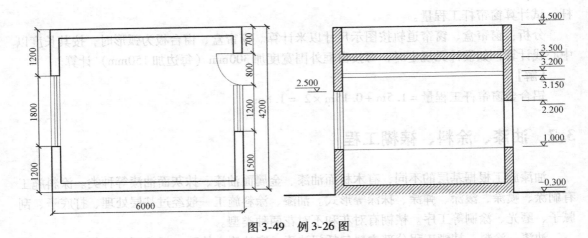

图 3-49　例 3-26 图

$$= (6m + 0.12m \times 2 + 4.2m + 0.12m \times 2) \times 2 \times (4.5m + 0.3m)$$
$$- (0.8m \times 2.2m + 1.2m \times 1.2m + 1.8m \times 1.5m) + (2.2m \times 2$$
$$+ 0.8m + 1.2m \times 2 + 1.8m \times 2 + 1.5m \times 2)(0.24m - 0.08m)/2$$
$$= (6.24m + 4.44m) \times 2 \times 4.8m - (1.76m^2 + 1.44m^2 + 2.7m^2)$$
$$+ (7.6m + 6.6m) \times 0.08m$$
$$= 102.53m^2 - 5.9m^2 + 1.14m^2$$
$$= 97.77m^2$$

门油漆工程量 $= 0.8m \times 2.2m \times 1 = 1.76m^2$

窗油漆工程量 $= 1.8m \times (2.5m - 1m) + 1.2m \times (2.2m - 1m)$
$$= 2.7m^2 + 1.44m^2 = 4.14m^2$$

【例 3-27】　上例图 3-49 中，木墙裙高 1000mm，上润油粉、刮腻子、油色、清漆四遍、磨退出亮；内墙抹灰面满刮腻子二遍，贴对花墙纸，挂镜线 25mm × 50mm，刷底油一遍、调合漆二遍，挂镜线以上及顶棚刷防瓷涂料二遍。试计算木墙裙油漆、墙纸裱糊、挂镜线油漆和防瓷涂料工程量（参照《全国统一建筑装饰装修工程消耗量定额》）。

分析：《全国统一建筑装饰装修工程消耗量定额》规定：木墙裙油漆按正立面投影面积以平方米计算；墙纸裱糊工程量按展开面积以平方米计算；挂镜线按延长米乘以 0.35 系数计算油漆工程量；顶棚防瓷涂料工程量按展开面积以平方米计算。

【解】

木墙裙油漆的工程量
= 内墙净长 × 木墙裙高度 - 门窗洞口面积 + 洞口侧面面积
$$= (6m - 0.12m \times 2 + 4.2m - 0.12m \times 2) \times 2 \times 1m - 0.8m \times 1.0m + 1.0m \times 2 \times (0.24m - 0.08m)$$
$$= (5.76m + 3.96m) \times 2 \times 1m - 0.8m^2 + 2m \times 0.16m$$
$$= 19.44m^2 - 0.8m^2 + 0.32m^2$$
$$= 18.96m^2$$

墙纸裱糊工程量 = 内墙净长 × 裱糊高度 - 门窗洞口面积 + 洞口侧面面积
$$= (6m - 0.12m \times 2 + 4.2m - 0.12m \times 2) \times 2 \times (3.15m - 1m)$$
$$- (0.8m + 1.2m) \times 1.2m - 1.8m \times 1.5m + (1.5m + 1.8m) \times 2$$

$$\times (0.24m - 0.08m)/2 + (1.2m \times 4 + 0.8m) \times (0.24m - 0.08m)/2$$
$$= (5.76m + 3.96m) \times 2 \times 2.15m - 2m \times 1.2m - 1.8m \times 1.5m + 6.6m$$
$$\times 0.08m + 5.6m \times 0.08m$$
$$= 41.796m^2 - 2.4m^2 - 2.7m^2 + 0.528m^2 + 0.448m^2$$
$$= 37.67m^2$$

挂镜线油漆工程量 $= (6m - 0.12m \times 2 + 4.2m - 0.12m \times 2) \times 2 \times 0.35$
$$= (5.76m + 3.96m) \times 2 \times 0.35$$
$$= 6.80m$$

防瓷涂料工程量 = 天棚涂料工程量 + 墙面涂料工程量
$$= (6m - 0.12m \times 2) \times (4.2m - 0.12m \times 2) + (6m - 0.12m \times 2 + 4.2m$$
$$- 0.12m \times 2) \times 2 \times (3.5m - 3.2m)$$
$$= 5.76m \times 3.96m + (5.76m + 3.96m) \times 2 \times 0.3m$$
$$= 22.81m^2 + 9.72m \times 0.6m$$
$$= 28.64m^2$$

3.8 其他工程

其他工程分部主要包括柜类、货架、暖气罩、浴厕配件、压条、装饰线、雨盆、旗杆、招牌、灯箱、美术字等项目。

3.8.1 其他工程分部工程量计算规则

1）招牌、灯箱

① 平面招牌基层按设计图示正立面面积以平方米计算，复杂形的凹凸造型部分也不增减。

② 沿雨篷、檐口或阳台走向的立式招牌基层，按平面招牌复杂型执行时，应按展开面积以平方米计算。

③ 箱体招牌和竖式标箱的基层，按外围体积计算。突出箱外的灯饰、店徽及其他艺术装潢等均另行计算。

④ 灯箱的面层按展开面积以平方米计算。

⑤ 广告牌钢骨架以吨计算。

2）美术字安装按字的最大外围矩形面积以个计算。

3）压条、装饰线条均按延长米计算。

4）暖气罩（包括脚的高度在内）按边框外围尺寸垂直投影面积计算。

5）镜面玻璃安装、盥洗室木镜箱以正立面面积计算。

6）塑料镜箱、毛巾环、肥皂盒、金属帘子杆、浴缸拉手、毛巾杆安装以只或副计算。不锈钢旗杆以延长米计算。大理石洗漱台以台面投影面积计算（不扣除孔洞面积）。

7）货架、柜橱类均以正立面的高（包括脚的高度在内）乘以宽以平方米计算。

8）收银台、试衣间等以个计算，其他以延长米为单位计算。

9）拆除工程量按拆除面积或长度计算，试行相应子目。

3.8.2 其他工程分部工程工程量计算案例

【例3-28】 某店面墙面的钢结构箱式招牌，尺寸为12000mm×2000mm×200mm，五夹板衬板，铝塑板面层，钛金字1500mm×1500mm的6个，150mm×100mm的12个。试计算招牌的基层、面层和美术字安装子目的工程量（参照《全国统一建筑装饰装修工程消耗量定额》）。

分析：箱式招牌是指六面体固定在墙面上。它有矩形和异形之分。矩形招牌是指正立面平整无凸面；异形招牌是指正立面有凹凸造型。

《全国统一建筑装饰装修工程消耗量定额》规定：箱体招牌的基层按外围体积计算，其面层的工程量按展开面积计算。美术字安装按字的最大外围矩形面积以个计算。定额规定按字的面积0.2m² 以内、0.5m² 以内、1.0m² 以内和1.0m² 以外四类分别计算个数。

【解】

招牌钢结构基层工程量 $= 12m \times 2m \times 0.2m = 4.8m^3$

招牌五夹板、铝塑板面层的工程量 $= 12m \times 2m + 12m \times 0.2m \times 2 + 2m \times 0.2m \times 2$
$$= 29.6m^2$$

1500mm×1500mm 美术字工程量 $= 6$ 个

150mm×100mm 美术字工程量 $= 12$ 个

【例3-29】 某卫生间洗漱台平面图如图 3-50 所示，1500mm×1500mm 车边镜，20mm 厚孔雀绿大理石台饰。试计算大理石洗漱台及装饰线工程量。

分析：大理石洗漱台按台面投影面积计算（不扣除孔洞面积）。装饰线按设计图示尺寸以长度计算。

【解】

洗漱台的工程量 = 台面投影面积
$$= 2m \times 0.6m$$
$$= 1.2m^2$$

挂镜线工程量 $= 2m - 1.5m = 0.5m$

【例 3-30】 某房间有附墙矮柜
1600mm×450mm×850mm 3 个，1200mm×400mm×800mm 2 个。试计算附墙矮柜制安工程量（参照《全国统一建筑装饰装修工程消耗量定额》）。

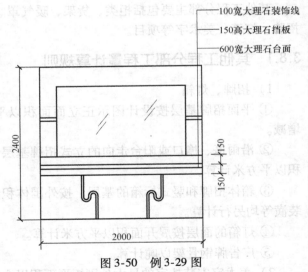

图 3-50 例 3-29 图

分析：《全国统一建筑装饰装修工程消耗量定额》规定：货架、柜橱类均以正立面的高（包括脚的高度在内）乘以宽以平方米计算。

【解】

1600mm×450mm×850mm 矮柜工程量 $= 1.6m \times 0.85m \times 3$
$$= 4.08m^2$$

1200mm×400mm×800mm 矮柜工程量 $= 1.2m \times 0.8m \times 2$

$$= 1.92 \text{m}^2$$

3.9 装饰装修脚手架及项目成品保护费

脚手架按用途分为砌筑脚手架、装修用脚手架、支撑用脚手架；按搭设位置分为外脚手架、内脚手架；按材料划分为木脚手架、竹脚手架和金属脚手架；按结构形式划分有多立杆式、框组式、碗扣式、桥式、挂式、挑式及其他工具式脚手架；按高度划分为高层脚手架、低层脚手架。

装饰装修脚手架工程分部主要包括满堂红脚手架、外脚手架、内墙面粉饰脚手架、安全过道、封闭式安全笆、斜挑式安全笆、满挂安全网。吊篮架由各省、市根据当地实际情况编制。

项目成品保护费是指项目所需材料在运输、保管中及制成成品后所需保护材料及人工费用。常见如大理石铺砌成品后，在上方铺垫草席麻袋等软织材料用于吸水，起到保护成品作用。

项目成品保护费分部主要包括楼地面、楼梯、台阶、独立柱、内墙面饰面面层。

3.9.1 装饰装修脚手架工程工程量的计算规则

1）满堂红脚手架按实际搭设的水平投影面积计算，不扣除附墙柱、柱所占的面积。其基本层高以 3.6m 以上至 5.2m 为准。凡超过 3.6m、在 5.2m 以内的天棚抹灰及装饰装修，应计算满堂红脚手架基本层；层高超过 5.2m，每增加 1.2m 计算一个增加层，增加层的层数 =（层高 − 5.2m）/1.2m，按四舍五入取整数。室内凡计算满堂红脚手架者，其内墙粉饰不再计算粉饰脚手架，只按 100m² 墙面垂直投影面积增加改架工 1.28 工日。

2）装饰装修外脚手架，按外墙的外边线长度乘以墙高以平方米计算，不扣除门窗洞口的面积。同一建筑物各面墙的高度不同，且不在同一定额步距内时，应分别计算工程量。定额中所指的檐口高度 5~45m 以内，是指建筑物自设计室外地坪面至外墙顶点或构筑物顶面的高度。

3）利用主体外脚手架改变其步高作外墙面装饰架时，按每 100m² 外墙面垂直投影面积，增加改架工 1.28 工日；独立柱按柱周长增加 3.6m 乘以柱高套用装饰装修外脚手架相应高度的定额。

4）内墙面粉饰脚手架，均按内墙面垂直投影面积计算，不扣除门窗洞口的面积。

5）安全过道按实际搭设的水平投影面积（架宽×架长）计算。

6）封闭式安全笆按实际封闭的垂直投影面积计算。实际用封闭材料与定额不符时，不作调整。

7）斜挑式安全笆按实际搭设的（长、宽）斜面面积计算。

8）满挂安全网按实际满挂的垂直投影面积计算。

3.9.2 装饰装修脚手架工程工程量的计算实例

【例 3-31】 某室内天棚装修面距设计室内地坪为 4.5m、室内进深为 7.2m，开间 8m，计算天棚装饰脚手架费用，如天棚装修面距设计室内地坪为 3.6m，楞木距天棚装饰面

1.6m，2.5m，又如何计算（参照《全国统一建筑装饰装修工程消耗量定额》）？

分析：满堂红脚手架按实际搭设的水平投影面积计算，不扣除附墙柱、柱所占的面积。其基本层高以3.6m以上至5.2m为准。

$$满堂红脚手架增加层 = \frac{室内净高度 - 5.2m}{1.2m} = 增加层$$

当天棚装饰面距设计室内地坪高度不大于3.6m（含3.6m）时，计算楞木施工高度为$3.6 + 1.6 \leqslant 5.2m$，故不用计算增加层；计算楞木施工高度为$3.6m + 2.5m = 6.1m > 5.2m$，满堂红脚手架增加层 $= \dfrac{6.1m - 5.2m}{1.2m} = \dfrac{0.9m}{1.2m} = 0.75$，按四舍五入取整数，故算一个增加层。

《全国统一建筑装饰装修工程消耗量定额》规定：满堂红脚手架按实际搭设的水平投影面积计算。

【解】

1）基本层：满堂红脚手架工程量 = 进深 × 开间

$$= 7.2m \times 8m = 57.6m^2$$

2）天棚装修面距设计室内地坪为3.6m，楞木距天棚装饰面1.6m时，不用计算增加层。而当天棚装修面距设计室内地坪为3.6m，楞木距天棚装饰面2.5m时，计算一个增加层。

【例3-32】 如图3-51所示，计算某建筑物外墙装饰外脚手架工程量。

分析：《全国统一建筑装饰装修工程消耗量定额》规定：装饰装修外脚手架，按外墙的外边线长度乘以墙高以平方米计算，不扣除门窗洞口的面积。同一建筑物各面墙的高度不同，且不在同一定额步距内时，应分别计算工程量。定额中所指的檐口高度在5~45m以内，是指建筑物自设计室外地坪面至外墙顶点或构筑物顶面的高度。

【解】

（1）15m高装饰外脚手架

$$S_{15} = (8m + 12m \times 2 + 26m) \times 15m$$
$$= 58m \times 15m$$
$$= 870m^2$$

（2）24m高装饰外脚手架

$$S_{24} = (18m \times 2 + 32m) \times 24m$$
$$= 68m \times 24m$$
$$= 1632m^2$$

（3）45m高装饰外脚手架

$$S_{45} = (18m + 24m \times 2 + 4m) \times 45m$$
$$= 70m \times 45m$$
$$= 3150m^2$$

（4）30m高装饰外脚手架

$$S_{30} = (26m - 8m) \times (45m - 15m)$$

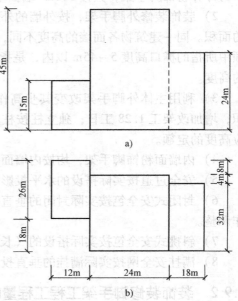

图3-51 例3-32图

a）建筑物立面图 b）建筑物平面图

$$= 18m \times 30m$$
$$= 540m^2$$

（5）21m 高装饰外脚手架

$$S_{21} = 32m \times (45m - 24m)$$
$$= 32m \times 21m$$
$$= 672m^2$$

【例 3-33】 如图 3-52 所示，某钢筋混凝土柱面贴大理石，柱断面尺寸为 600mm × 600mm，柱高 6.0m，试计算装饰柱脚手架工程量。

分析：《全国统一建筑装饰装修工程消耗量定额》规定：独立柱按柱周长增加 3.6m 乘以柱高，套用装饰装修外脚手架相应高度的定额。

【解】

柱装饰脚手架工程量 =（柱外围周长 + 3.6m）× 柱高
$$= (0.60m \times 4 + 3.60m) \times 6.0m$$
$$= 36.0m^2$$

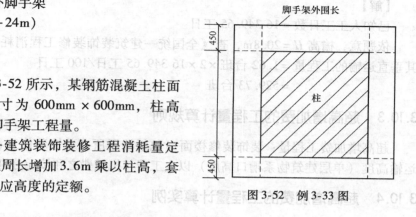

图 3-52 例 3-33 图

3.9.3 装饰装修项目成品保护工程工程量计算规则

项目成品保护工程量计算规则按各章节相应子目规则执行。

3.10 垂直运输及超高增加费

垂直运输的工作内容包括两个部分：一个是指各种材料的垂直运输，另一个是指施工上下班使用外用电梯。

塔式起重机的基础及轨道铺拆，机械的场外往返运输，一次安拆及路基铺垫等的费用应按"全国统一机械台班费用定额"的地区价格表计算。

垂直运输高度：设计室外地坪以上部分是指室外地坪至相应楼面的高度。设计室外地坪以下部分是指室外地坪至相应地（楼）面的高度。

3.10.1 垂直运输的工程量计算规则

垂直运输工程量：装饰装修楼层（包括楼层所有装饰装修工程量）区别不同垂直运输高度（单层建筑物系檐口高度）按定额工日分别计算。

地下层超过二层或层高超过 3.6m 时，计取垂直运输费，其工程量按地下层全面积计算。

3.10.2 垂直运输的工程量计算实例

【例 3-34】 某酒店主楼设计 9 层，层高 3m，群楼设计为三层，层高为 4.5m。设计室外地坪至天沟底的高度为 20.8m。施工的垂直运输采用单筒 5t 的卷扬机及单笼的施工电梯。根据施工图样计算该工程需人工工日数为 16 349.65（工日），试计算垂直运输的工程量。

分析：《全国统一建筑装饰装修工程消耗量定额》规定：装饰装修楼层（包括楼层所有装饰装修工程量）区别不同垂直运输高度（单层建筑物系檐口高度）按定额工日分别计算。

【解】

已知人工工日数 = 16 349.65 工日

依题意，檐高 $H = 20.8\text{m}$，查《全国统一建筑装饰装修工程消耗量定额》8—003 子目，其垂直运输的工程量 = 1.62 台班 × 2 × 16 349.65 工日/100 工日

$$= 529.73 \text{ 台班}$$

3.10.3　超高增加费的工程量计算规则

超高增加费工程量：装饰装修楼面（包括楼层所有装饰装修工程量）区别不同的垂直运输高度（单层建筑物系槽口高度）以人工费与机械费之和按元分别计算。

3.10.4　超高增加费的工程量计算实例

【例3-35】　某建筑物外墙干挂天然石材的施工，已知某檐口总高度为 23.8m，层高均小于 3.3m，建筑面积 3 218m²，算出其总的定额直接工程费为 4 370 477.54 元，其中人工费为 534 760.36 元，材料费为 3 601 555.23 元，机械费为 54 871.23 元，试计算其超高费。

分析：《全国统一建筑装饰装修工程消耗量定额》规定：装饰装修楼面（包括楼层所有装饰装修工程量）区别不同的垂直运输高度（单层建筑物系槽口高度）以人工费与机械费之和按元分别计算。

【解】　人工费 + 机械费 = 534 760.36 元 + 54 871.23 元

$$= 58\,9631.6 \text{ 元}$$

依题意，檐高 $H = 23.8\text{m}$，查《全国统一建筑装饰装修工程消耗量定额》8—024 子目，其超高增加费 = 9.35 元 × 589 631.6 元/100 元

$$= 55\,130.55 \text{ 元}$$

本 章 小 结

工程量计算是编制装饰工程预算的重要环节。应正确理解工程量的计算规则，按照一定的计算顺序和方法准确计算工程量，防止错算、漏算、重算。

建筑面积是指房屋建筑各层按规则要求计算的水平面积相加后的总面积，包括使用面积、辅助面积和结构面积三部分。要正确理解《建筑工程建筑面积计算规范》中计算建筑面积和不计算建筑面积的范围，能准确计算建筑面积。

建筑装饰工程各分部的工程量计算，是建筑装饰工程预算的前提和基础。要熟悉《全国统一建筑装饰装修工程消耗量定额》的分部分项项目划分，熟练掌握各分部的工程量计算规则，会准确计算装饰工程分部工程的工程量。

复习思考题

1. 简述工程量计算的注意事项。
2. 简述多层建筑物计算建筑面积的规则。
3. 建筑物阳台的建筑面积如何计算？

4. 简述不计算建筑面积的范围。

5. 简述楼地面面层的工程量计算规则。

6. 简述外墙面装饰抹灰工程量计算规则。

7. 柱抹灰和柱饰面的工程量计算规则有何不同？

8. 吊顶龙骨的工程量和天棚面层的工程量计算规则有何不同？

9. 简述门窗工程的工程量计算规则。

10. 简述油漆、涂料、裱糊工程的工程量计算规则。

11. 简述其他工程的工程量计算规则。

第4章 定额计价

学习目标:

　　1. 掌握建筑装饰工程费用的组成（按造价形成）及其内容。

　　2. 掌握建筑装饰工程费用计算程序的含义和地区计费程序表的形式，能按地区计费程序要求计算装饰工程总造价。

　　3. 掌握建筑装饰工程预算书的内容组成、编制依据和编制步骤，能结合工程实际编制装饰工程预算。

学习重点:

　　1. 建筑装饰工程费用的组成（按造价形成）及其内容的含义。

　　2. 地区计费程序表中的费用含义和费用计算顺序。

　　3. 建筑装饰工程预算书的内容组成、编制依据和编制步骤。

学习建议:

　　1. 注意对比分析按费用构成划分与按造价形成划分的建筑装饰工程费用的组成的实质。

　　2. 学习装饰工程费用和计算程序时应结合当地的计价办法进行。

　　3. 学习装饰工程预算编制时应结合当地的定额和工程实际进行。

4.1　建筑装饰工程费用的组成及其内容

4.1.1　建筑装饰工程费用的组成

　　根据中华人民共和国住房和城乡建设部及财政部联合颁发的建标〔2013〕44号文件《建筑安装工程费用项目组成》的规定，我国现行建筑安装工程费用项目按造价形成由分部分项工程费、措施项目费、其他项目费、规费和税金组成。分部分项工程费、措施项目费、其他项目费包含人工费、材料费、施工机具使用费、企业管理费和利润。建筑装饰工程费用按按造价形成也同样由上述五部分费用组成，具体费用项目组成如图4-1所示。

4.1.2　建筑装饰工程费用的内容

　　1. 分部分项工程费

　　分部分项工程费是指装饰工程的分部分项工程应予列支的各项费用。它包含人工费、材料费、施工机具使用费、企业管理费和利润。

　　2. 措施项目费

　　措施项目费是指为完成建设工程施工，发生于该工程施工前和施工过程中的技术、生

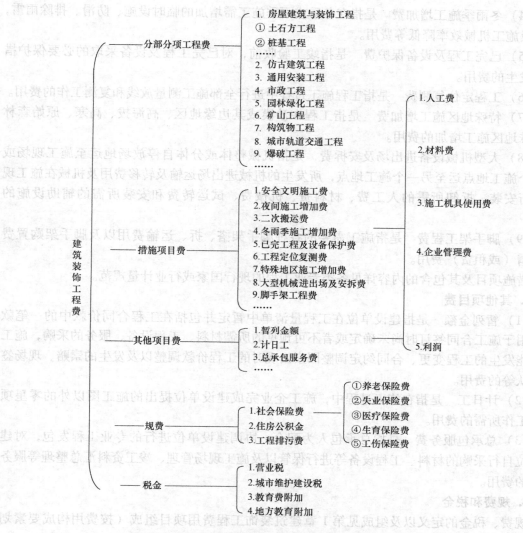

图 4-1 建筑装饰工程费用项目组成（按造价形成划分）

活、安全、环境保护等方面的费用。内容包括：

（1）安全文明施工费

1）环境保护费：是指施工现场为达到环保部门要求所需要的各项费用。

2）文明施工费：是指施工现场文明施工所需要的各项费用。

3）安全施工费：是指施工现场安全施工所需要的各项费用。

4）临时设施费：是指施工企业为进行建设工程施工所必须搭设的生活和生产用的临时建筑物、构筑物和其他临时设施费用。包括临时设施的搭设、维修、拆除、清理费或摊销费等。

（2）夜间施工增加费　是指因夜间施工所发生的夜班补助费、夜间施工降效、夜间施工照明设备摊销及照明用电等费用。

（3）二次搬运费　是指因施工场地条件限制而发生的材料、构配件、半成品等一次运输不能到达堆放地点，必须进行二次或多次搬运所发生的费用。

（4）冬雨季施工增加费　是指在冬季或雨季施工需增加的临时设施、防滑、排除雨雪，人工及施工机械效率降低等费用。

（5）已完工程及设备保护费　是指竣工验收前，对已完工程及设备采取的必要保护措施所发生的费用。

（6）工程定位复测费　是指工程施工过程中进行全部施工测量放线和复测工作的费用。

（7）特殊地区施工增加费　是指工程在沙漠或其边缘地区、高海拔、高寒、原始森林等特殊地区施工增加的费用。

（8）大型机械设备进出场及安拆费　是指机械整体或分体自停放场地运至施工现场或由一个施工地点运至另一个施工地点，所发生的机械进出场运输及转移费用及机械在施工现场进行安装、拆卸所需的人工费、材料费、机械费、试运转费和安装所需的辅助设施的费用。

（9）脚手架工程费　是指施工需要的各种脚手架搭、拆、运输费用以及脚手架购置费的摊销（或租赁）费用。

措施项目及其包含的内容详见各类专业工程的现行国家或行业计量规范。

3. 其他项目费

（1）暂列金额　是指建设单位在工程量清单中暂定并包括在工程合同价款中的一笔款项。用于施工合同签订时尚未确定或者不可预见的所需材料、工程设备、服务的采购，施工中可能发生的工程变更、合同约定调整因素出现时的工程价款调整以及发生的索赔、现场签证确认等的费用。

（2）计日工　是指在施工过程中，施工企业完成建设单位提出的施工图以外的零星项目或工作所需的费用。

（3）总承包服务费　是指总承包人为配合、协调建设单位进行的专业工程发包，对建设单位自行采购的材料、工程设备等进行保管以及施工现场管理、竣工资料汇总整理等服务所需的费用。

4. 规费和税金

规费、税金的定义以及组成见第 1 章建筑装饰工程费用项目组成（按费用构成要素划分）部分。

4.2　建筑装饰工程费用计算程序

4.2.1　建筑装饰工程费用计算程序

目前，我国各省、市、自治区在计算装饰工程造价时，一般都由各地工程造价主管部门结合本地区的实际情况，制定本地区的建筑装饰工程造价的费用组成、费用标准及计费程序。所谓建筑装饰工程计费程序是指确定建筑装饰工程各项费用的有规律的计算顺序。目前各地的计算装饰工程造价的方法和顺序各有差异，具体计价时应该按照工程所在地的计费程序进行。下面就广州市建筑装饰工程造价计算程序作一介绍。

根据《广东省建设工程计价通则（2010 年）》和《广东省建筑与装饰装修工程综合定额（2010 年）》的有关规定，广州市工程造价管理部门制定了广州地区装饰装修工程定额计价程序表，具体见表4-1。

4.2.2 建筑装饰工程费用计算说明

1. 注意事项

在应用广州地区装饰装修工程定额计价程序计算装饰工程造价时，应注意以下事项：

（1）适用范围 该计价程序只适用于在广州地区单独承包的装饰装修工程，应与《广东省建设工程计价依据（2010年)》、《广东省建筑与装饰装修工程综合定额（2010年)》一起配套使用。建筑企业承担连同主体一起施工的装饰任务时，不能使用该计价程序，而应随同建筑工程一起执行广州地区建筑工程定额计价程序。装饰工程中的水、电等安装执行广东省安装工程综合定额及相应的计价程序。

（2）费率标准确定的方法 计算管理费时要按《广东省建筑与装饰装修工程综合定额（2010年)》划分的地区类别取费。如广州就属于一类地区。其他费率按表4-1取定。

表4-1 广州地区装饰装修工程定额计价程序表

（适用于《广东省建筑与装饰工程综合定额（2010年)》，2010年4月1日起执行）

序号	费用名称	计算基础	费率
1	分部分项工程费	1.1 + 1.2 + 1.3	
1.1	定额分部分项工程费	Σ（工程量×子目基价）	
1.2	价差	人工、材料、机械	
1.3	利润	人工费（定额人工费 + 人工价差）	18%
2	措施项目费	2.1 + 2.2	
2.1	安全文明施工费	2.1.1 + 2.1.2	
2.1.1	按定额子目计算的安全文明施工费	2.1.1.1 + 2.1.1.2 + 2.1.1.3	
2.1.1.1	定额安全文明施工费		
2.1.1.2	价差	人工、材料、机械	
2.1.1.3	利润	人工费（定额人工费 + 人工价差）	18%
2.1.2	按系数计算的安全文明施工费	1	3.18%（单独承包装饰装修工程2.52%)
2.2	其他措施项目费	2.2.1 + 2.2.2	
2.2.1	按定额子目计算的其他措施项目费	2.2.1.1 + 2.2.1.2 + 2.2.1.3	
2.2.1.1	定额其他措施项目费		
2.2.1.2	价差	人工、材料、机械	
2.2.1.3	利润	人工费（定额人工费 + 人工价差）	18%
2.2.2	措施其他项目费	2.2.2.1 + 2.2.2.2 + ……2.2.2.5	
2.2.2.1	文明工地增加费	1	按照定额28.1规定计算
2.2.2.2	夜间施工增加费	夜间施工项目人工费	20%
2.2.2.3	赶工措施费	1	按照定额28.3规定计算
2.2.2.4	泥浆池（槽）砌筑及拆除		按照定额28.4规定计算
2.2.2.5	其他费用		按实际发生或经批准的施工组织设计方案计算
3	其他项目费	3.1 + 3.2 + …… + 3.8	

（续）

序号	费用名称	计算基础	费率
3.1	材料检验试验费	1	0.3%（单独承包土石方工程不计算）
3.2	工程优质费		按照定额 29.2 规定计算
3.3	暂列金额	1	10%～15%（结算按实际数额）
3.4	暂估价		按照定额 29.4 规定计算
3.5	计日工		按照定额 29.5 规定计算
3.6	总承包服务费		按照定额 29.6 规定计算
3.7	预算包干费	1	0～2%（具体内容见定额 29.8）
3.8	其他费用		按实际发生或经批准的施工 组织设计方案计算
4	规费	4.1 + 4.2 + 4.3	
4.1	工程排污费		按有关部门的规定计算
4.2	施工噪声排污费		按有关部门的规定计算
4.3	危险作业意外伤害保险费	1 + 2 + 3	0.10%
5	不含税工程造价	1 + 2 + 3 + 4	
6	防洪工程维护费及税金	5	按税务部门有关规定计算
7	含税工程造价	5 + 6	

注：1. 材料检验试验费，编制概算价、预算价和招标控制价时，按照广东省建筑与装饰工程综合定额相应规定计算；工程结算时，除合同另有约定外，按照实际发生的费用计算（对地基基础、主体结构、建筑幕墙、钢结构、消防、防雷等工程进行专项检测，其费用由发包人承担，并列入工程建设其他费用的研究试验费内）。
    2. 发包人供应到现场且由承包人负责保管的材料和设备，承包人承担合同约定的保管责任，并按照材料和设备价格的 1.5% 收取保管费。单价 5 万元以上的材料和设备保管费，按照合同双方协商约定计算。列入其他项目费，结算时，在税后工程造价中扣减甲供材料和设备价格。

（3）费用的含义　在表 4-1 中，"子目基价"是指为完成广东省装饰装修工程综合定额中的分部分项工程项目中所需的人工费、材料费、机械费、管理费之和。从中可以发现，广东省将直接工程费、管理费和利润合到一起纳入到分部分项工程费中，而没有出现直接费。表 4-1 中序号 3 其他项目费根据拟建工程具体情况列项计算。通常是由暂列金额、暂估价、总承包服务费、计日工等组成。广州地区的计价程序中出现其他项目费这一大费用，实际上是参考装饰工程清单计价模式下装饰工程费用的组成而列出的。暂列金额、暂估价、总承包服务费、计日工费计算方法在下章会有详细的介绍。

2. 建筑装饰工程费用计算实例

【例 4-1】　已知某办公楼装修工程的定额分部分项工程费为 800 000 元（其中定额人工费为 200 000 元），价差为 100 000 元（其中人工价差为 20 000 元）。综合脚手架等按定额子目计算的文明、安全施工措施费为 80 000 元（含该类项目的价差和利润），其他按定额子目计算的措施项目费为 20 000 元（含该类项目的价差和利润），无文明施工增加等费用。暂列金额 100 000 元（无计日工、总承包服务等其他费用）。利润率为 18%，堤围防护费费率为 0.10%，税金率为 3.477%。要求按广州地区定额计价程序计算该装饰工程的造价。

【解】　根据题意，按表 4-1 的计价顺序计算如下：

（1）分部分项工程费

分部分项工程费 = 定额分部分项工程费 + 价差 + 利润

$$= 800\ 000\ \text{元} + 100\ 000\ \text{元} + (200\ 000\ \text{元} + 20\ 000\ \text{元}) \times 18\%$$

$$= 93\ 9600\ \text{元}$$

（2）措施项目费

措施项目费 = 安全防护、文明施工措施费 + 其他措施项目费

其中：

安全防护文明施工措施费 = 按定额子目计算的措施项目费 + 价差 + 利润 + 按系数计算的措施项目费

$$= 80\ 000\ \text{元} + 93\ 9600\ \text{元} \times 2.52\%$$

$$= 103\ 677.92\ \text{元}$$

其他措施项目费 = 按定额子目计算的措施项目费 + 价差 + 利润 + 措施其他项目费

= 按定额子目计算的措施项目费 + 价差 + 利润 + 文明工程增加费 + 夜间施工增加费 + 赶工措施费 + 泥浆池（槽）砌筑及拆除 + 其他费用

$$= 20\ 000\ \text{元} + 0\ \text{元} + 0\ \text{元} + 0\ \text{元} + 0\ \text{元} + 0\ \text{元} + 0\ \text{元}$$

$$= 20\ 000\ \text{元}$$

那么：

措施项目费 = 安全防护、文明施工措施费 + 其他措施项目费

$$= 103\ 677.92\ \text{元} + 20\ 000\ \text{元}$$

$$= 123\ 677.92\ \text{元}$$

（3）其他项目费

其他项目费 = 材料检验试验费 + 暂列金额 + 总承包服务费 + 计日工 + 暂估价 + 预算包干费

$$= 93\ 9600\ \text{元} \times 0.3\% + 100\ 000\ \text{元} + 0\ \text{元} + 0\ \text{元} + 0\ \text{元} + 93\ 9600\ \text{元} \times 2\%$$

$$= 121\ 610.80\ \text{元}$$

（4）规费

规费 = 工程排污费 + 施工噪声排污费 + 危险作业意外伤害保险费

$$= 0 + 0 + (\text{分部分项工程费} + \text{措施项目费} + \text{其他项目费}) \times 0.1\%$$

$$= (93\ 9600\ \text{元} + 123\ 677.92\ \text{元} + 121\ 610.80\ \text{元}) \times 0.1\%$$

$$= 1\ 112\ 069.92\ \text{元} \times 0.1\%$$

$$= 1\ 184.89\ \text{元}$$

（5）不含税工程造价

不含税工程造价 = 分部分项工程费 + 措施费 + 其他项目费 + 规费

$$= 93\ 9600\ \text{元} + 123\ 677.92\ \text{元} + 121\ 610.80\ \text{元} + 1\ 184.89\ \text{元}$$

$$= 1\ 186\ 073.61\ \text{元}$$

（6）堤围防护费和税金

税金 = 不含税工程造价 × （堤围防护费费率 + 税金率）

$$= 1\ 186\ 073.\ 61\ 元 \times (0.\ 10\% + 3.\ 477\%)$$

$$= 42\ 425.\ 85\ 元$$

（7）含税工程造价

含税工程造价 = 不含税工程造价 + 税金

$$= 1\ 186\ 073.\ 61\ 元 + 42\ 425.\ 85\ 元$$

$$= 1\ 228\ 499.\ 46\ 元$$

4.3 建筑装饰工程预算编制

建筑装饰装修工程预算是根据建筑装饰施工图以及有关的标准图、现行装饰工程预算定额或单位估价表，以及招标文件或工程承包合同、施工组织设计或施工方案、有关的计价文件、当地当时的装饰材料单价等预先计算和编制确定装饰装修工程所需要的全部预算造价的经济文件。在装饰装修工程实践中，人们常将建筑装饰装修工程施工图预算称为建筑装饰装修工程预算。本节主要介绍定额计价模式下建筑装饰工程预算的编制。

4.3.1 建筑装饰工程预算书的组成内容

建筑装饰装修工程预算书一般由下列内容组成：

（1）封面　一般应有工程名称、建设单位名称、施工单位名称、工程造价、单方造价、编制单位、编制人、负责人、编制时间等内容，见表4-2。

（2）编制说明　主要说明所编预算在预算表中无法表达而又需要相关单位人员必须了解的内容。编制说明填写实例见表4-3。

（3）单位工程总价表　通常是指根据当地的装饰工程计价程序计算构成装饰工程造价的各项费用及装饰工程总造价，见表4-4。

（4）分部分项工程计价表　指定额分部分项工程费汇总表。其中包括定额编号、各分部分项工程名称、工程数量、单位基价、各分部分项工程合价等，见表4-5。

（5）措施项目费汇总表　主要反映措施项目费用的名称、数量、单价及合价，见表4-6。

（6）其他项目费汇总表　主要反映其他项目费的名称及合价，见表4-7。

（7）规费计算表　主要反映规费的名称、计算式、费率和金额，见表4-8。

（8）价差表　反映人工、材料、机械价差情况，见表4-9。

（9）补充子目单位估价表　针对定额中缺项，反映补充项目的基价以及人工、材料、机械消耗量及其单价等主要有关数据。

（10）工料机汇总表　反映装饰工程的人工、材料和机械台班的消耗总量，见表4-10。

（11）工程量计算表　该表格要根据工程具体情况和要求，纳入装饰工程预算书中，见表4-11。

4.3.2 建筑装饰工程预算的编制依据

（1）装饰工程施工图、会审记录等设计资料　建筑装饰工程施工图是经过有关方面批准认可的合法图样。施工图包括设计说明、平面图、立面图、剖面图和节点详图，有些项目还附有效果图以及施工图所涉及的标准图集等。图中对装饰工程施工内容、构造做法、材料品种及其颜色、质量要求等有明确表达。装饰施工图是装饰工程预算最根本的依据。

图样会审是由建设单位、设计单位、施工单位和监理单位等一起参与的将施工图中的错误、遗漏、矛盾等问题找出来，并解决这些问题的过程。图样会审记录是装饰施工图的补充，也是装饰工程预算的重要依据。

（2）建筑装饰工程施工组织设计　施工组织设计是确定单位工程施工方案、施工方法、主要技术组织措施，以及施工现场平面布置等内容的技术文件。在装饰工程预算中，它是确定措施项目费最重要的依据。

（3）预算定额或单位估价表　是编制装饰工程预算必不可少的基本依据之一。从划分装饰工程分部分项项目到计算工程量都必须以此为标准。

（4）当地的计价依据和取费标准　是合理确定装饰工程预算费用组成和计算程序的重要依据。

（5）建筑装饰材料价格信息　建筑装饰材料价格信息是准确计算材料费的依据。

（6）装饰工程施工合同　是确定工程价款支付方式、材料供应方式以及有关费用计算方法的依据。

4.3.3　建筑装饰工程预算的编制步骤

建筑装饰工程预算的编制步骤根据装饰预算编制方法的不同而有所不同。目前，装饰工程预算编制的方法有单价法和实物法。

1. 单价法

单价法是根据施工图样并结合当地的预算定额项目划分原则进行列项，然后计算出各分项工程量，再套用预算定额或单位估价表计算各分项工程定额的直接费，汇总为单位工程的直接费，然后以此为基数，按地区的费用定额计算间接费、利润、税金，最后汇总为该工程的预算造价。计算步骤如图4-2所示。

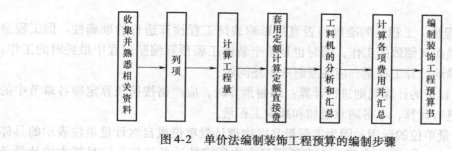

图4-2　单价法编制装饰工程预算的编制步骤

（1）收集并熟悉相关的基础资料　首先要收集上述六种编制装饰工程预算的编制依据。然后主要做好以下熟悉资料工作：

1）熟悉装饰施工图等与设计有关的资料：预算人员在编制预算之前，应充分、全面地熟悉施工图样等与设计有关的资料，了解设计意图，掌握工程全貌。只有在对设计全部图样非常熟悉的基础上，才能结合预算定额项目的划分准确无误地对工程项目进行划分，从而保证既不漏项，又不重复列项，继而保证预算计算的准确性。

熟悉施工图，要先面后点，先粗后细，先整体后局部。阅读施工图时也可以按楼地面、墙柱面、顶棚、门窗等各分部内容进行。要仔细了解各分项工程的构造、尺寸、规定的材料品种、规格。注意对照比较图样规定的分部分项工程项目与定额项目的内容是否一致，是否采用新材料、新工艺导致定额缺项需要补充定额等并及时做好记录，为精确计算工程量、正确套用定额项目奠定基础。

2）熟悉施工组织设计：在编制装饰工程预算前，一定要认真熟悉并注意施工组织设计中影响预算造价的内容，例如施工方法、施工机具、脚手架的搭设方式、材料垂直运输方式、安全、文明施工、环境保证措施等。要严格按施工组织设计所确定的施工方法和技术组织设计措施正确计算措施项目费，确保装饰工程预算的准确性。

3）熟悉现行预算定额和取费标准：熟悉定额时首先应浏览目录，从中了解定额分部分项工程项目的划分方法，定额编排的顺序。其次应认真阅读和理解定额的总说明、分部说明。通常在这些说明中会指出定额的适用范围、已经考虑和未考虑的因素以及定额换算的原则和方法等，是正确套用定额的先决条件。当然，最应熟悉的还有定额的项目表。要理解定额项目表各项目所包含的工作内容，定额子目基价的费用组成、适用条件，保证不遗漏、不重复计算分部分项工程费用。

由于各地区的取费标准有所不同，因此，编制装饰工程预算一定要熟悉当地的取费标准，严格按当地的计价程序和费率标准进行计算。

此外，还应及时掌握装饰工程材料的动态价格、工程合同的有关造价方面的规定等，这些均对装饰工程的造价有所影响。

（2）列项　准确列出分部分项工程项目。在熟悉编制依据的基础上，结合预算定额分项工程的划分准确无误地列出全部分项工程项目，是保证工程量计算中不出现漏项和重复计算的重要环节。在列项过程中，一般列出的分项工程有三类：其一为直接套用项目，即设计内容与预算定额内容吻合又无需换算的项目；其二为换算项目，即设计内容与定额内容不完全一致，按定额要求需进行换算的项目；其三为设计中采用了新材料、新工艺，定额中无相应的项目可用，即出现了定额缺项，此时就应该将这些项目单独列出来，以便编制补充定额。

（3）计算工程量　工程量的准确与否直接影响装饰工程预算造价的准确性。但工程量的计算是一项繁琐而又细致的工作，同时也是整个装饰工程预算编制过程中最耗时的工作。为了及时而又准确地计算工程量，应注意解决下述问题：

1）严格按工程量的计算规则进行计算：编制预算时，应严格按照预算定额各章节中的工程量计算规则进行计算，不得随意增加和减少工程量。

2）要注意计量单位的运用：因为工程量是以物理计量单位或自然计量单位表示的具体分项工程的数量，如 m^2、m、个等。而定额项目表中所定的计量单位往往是扩大的计量单位，如 $100m^2$、10m、10 个等。因此，工程量的计算结果还要按定额的计量单位进行调整，使计算出来的工程量的计量单位与预算定额的保持一致。如大理石地面的工程量为 $50m^2$，定额计量单位为 $100m^2$，则将工程量换算为 0.5（$100m^2$）。

3）具体计算工程量时可按照第 3 章介绍的合理顺序逐步进行，通常填在专用的工程量计算表中，以便加快计算速度和保证计算的准确性。

（4）套用预算定额，计算定额直接费　将上述工程量，按照定额编号逐一与定额表中的基价相乘求积，即为该分项工程项目的定额的直接费并汇总得到单位工程直接费。当然，套用时对于要换算的子目应先进行换算，要补充定额的项目也应事先补充编制后再套用。

（5）工料机分析和汇总　在计算定额直接费的同时，按同样的原理和方法可以分析出各个项目所需的人工、材料和机械台班消耗的数量，即进行工料机的分析，然后按不同类型和规格进行汇总。进行工料机分析和汇总的目的从预算角度来讲是为了进行价差的调整。

（6）计算组成预算造价的各项费用　单位工程直接费确定后就可以按照各地区的计费程序和合同规定的费率标准计算其他各项费用，包括价差的调整，最终确定装饰工程预算总造价。

（7）编制装饰工程预算书　主要完成工程预算封面，编写编制说明，将组成装饰工程预算书的相关内容按照一定顺序装订成册，形成一份完整的工程预算书，最后送有关部门审核。

2. 实物法

实物法是根据施工图样计算出各分项工程量，利用预算定额中人工、材料、机械台班消耗量计算各分项工程所需的工料机数量，汇总为单位工程所需的工料机数量，然后乘以当时当地的工料机单价，汇总即为该工程直接费；以此直接费为基数计算该工程间接费、利润、税金等，汇总即为该工程预算造价。计算步骤如图4-3所示。

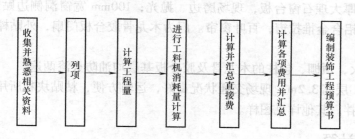

图4-3　实物法编制装饰工程预算的编制步骤

3. 实物法与单价法的不同之处

（1）计算直接费的方法不同　单价法是先用分项工程的工程量和预算基价计算分项工程的直接费，经汇总得到单位工程直接费。采用这种方法计算直接费较简便，便于不同工程之间进行比较。实物法是先计算单位工程所需的各种工料机数量，乘以工料机单价，汇总为直接费。单位工程所用的工种多、材料品种规格复杂、机械设备型号不一，因此采用实物法计算单位工程所需的各种工料机用量较烦琐，工料机单价为市场价格，因此其工程造价能动态地反映建筑产品价格，符合价值规律。

（2）进行工料分析的目的不同　单价法在直接费计算后进行工料分析，目的是为价差调整提供数据。有些地区或某些单位工程只对主要材料进行价差调整，因此工料分析也只分析主要材料的用量。实物法在计算直接费之前进行工料分析，主要是为了计算单位工程的直接费。为了保证单位工程直接费的准确、完整，工料分析必须计算单位工程所需的全部工料机用量。

4.4 建筑装饰工程预算编制实例

下面通过某市某公司经理办公室的装饰装修工程预算编制实例来说明在定额计价方式下采用单价法计算装饰工程预算造价的过程。

4.4.1 工程概况

1. 经理办公室装修施工图

经理办公室装修施工图如图 4-4 ~ 图 4-8 所示。

2. 经理办公室装修工程设计说明

1）本工程为土建初步完成后的室内二次装修，不包括室外装修。土建交工时地面已做找平层，墙体已砌筑，墙柱面已抹完底灰；除 B 立面墙为 180mm 砖墙外，其他间隔墙均为 120mm 砖墙。

2）顶棚为木骨架 9mm 胶合板基层及轻钢龙骨 9mm 石膏板基层，面层白色乳胶漆（底油两遍面层两遍）。其他造型要求详见图样。

3）墙面贴装饰墙纸，Z_1 柱、Z_2 柱为木龙骨 9mm 胶合板基层，榉木胶合板饰面，面油硝基清漆。

4）B 立面的窗帘盒为 300mm 宽，300mm 高内藏式胶合板窗帘盒，盒内油乳胶漆；130mm 宽 20mm 厚大理石窗台板，现场磨边、抛光；100mm 宽窗洞侧边贴装饰墙纸，90mm 系列双扇带上亮铝合金推拉窗，百叶窗帘。门为木龙骨胶合板门扇，外贴榉木胶合板油硝基清漆。

5）为了防火，顶棚、包柱的木龙骨及胶合板基层均油防火漆两遍。

6）共一层，层高 3.2m。现场交通状况良好，运输方便，粘贴块料所用 1∶2 水泥砂浆均为现场搅拌机搅拌。其他详见图样。

4.4.2 工程量计算

工程量计算按某地区综合定额的计算规则进行计算。具体计算过程详见表 4-11。

4.4.3 建筑装饰工程预算书

本实例装饰工程预算书由以下几部分组成：

1）装饰工程预算书封面见表 4-2。

2）编制说明见表 4-3。

3）单位工程总价表见表 4-4。

4）定额分部分项工程费汇总表见表 4-5。

5）措施项目费汇总表见表 4-6。

6）其他项目费汇总表见表 4-7。

7）规费计算表见表 4-8。

8）人工材料机械价差表见表 4-9。

9）工料机汇总表见表 4-10。

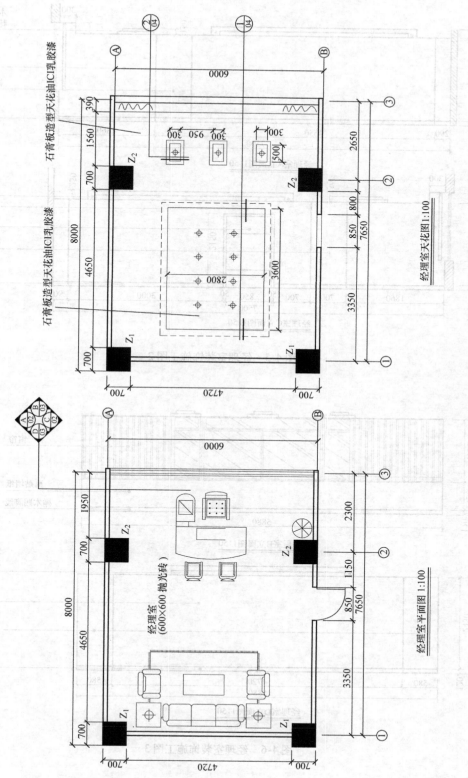

石膏板造型型天花油ICI乳胶漆

石膏板造型型天花油ICI乳胶漆

经理室天花图 1:100

经理室
(600×600 抛光砖)

经理室平面图 1:100

图 4-4　经理室装饰施工图 1

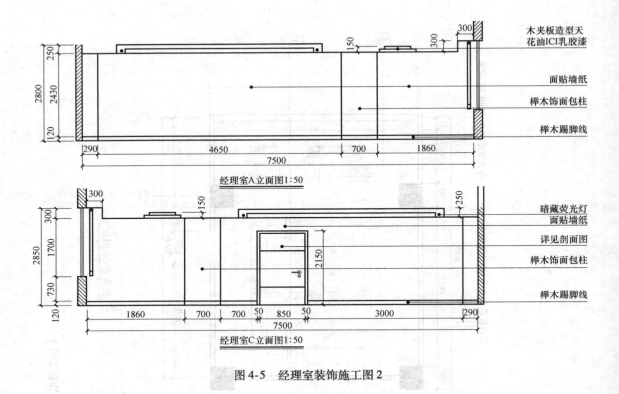

图 4-5　经理室装饰施工图 2

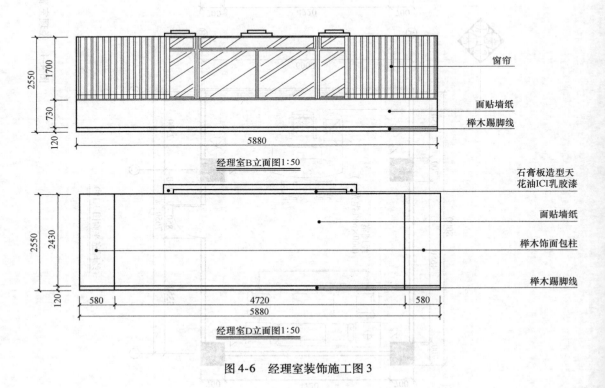

图 4-6　经理室装饰施工图 3

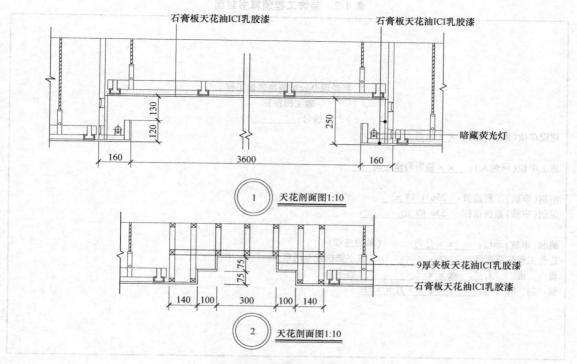

图 4-7　经理室装饰施工图 4

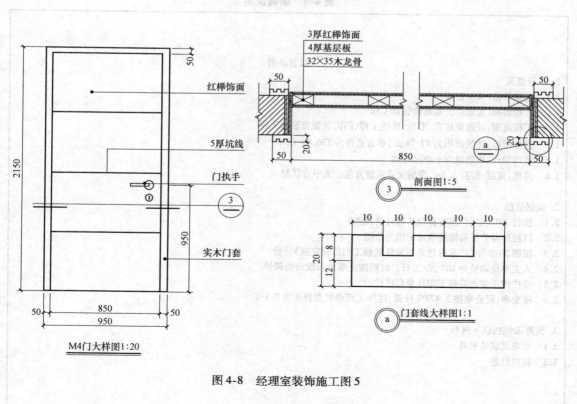

图 4-8　经理室装饰施工图 5

表 4-2　装饰工程预算书封面

<u>某经理办公室装饰装修工程</u>
<u>施工图预算</u>
编号：_____

建设单位(发包人)：__××公司__

施工单位(承包人)：__××装饰装修公司__

编制(审核)工程造价：__25631.13 元__
编制(审核)造价指标：__536.89 元__

编制(审核)单位：__××公司__　(单位盖章)
造价工程师及证号：__李××__　(签字盖执业专用章)
负　责　人：__张××__　(签字)
编 制 时 间：__××年××月××日__

表 4-3　编制说明

编制说明

1. 工程概况
1.1　建设单位:××公司
1.2　工程名称:经理办公室装饰装修工程
1.3　工程范围:经理室地面、墙面、顶棚工程、门窗等装饰装修工程
1.4　经济指标:建筑面积为 47.74m^2,单方造价为 536.89 元/m^2
1.5　结构形式:钢筋混凝土框架结构
1.6　其他:首层,层高 3.2m,现场交通运输方便。无甲方供材

2. 编制依据
2.1　执行 2010 年《广东省建设工程计价通则》
2.2　以经理办公室装饰装修施工图为依据
2.3　按照 2010 年《广东省建筑与装饰装修工程综合定额》计价
2.4　人工单价调整为 102 元/工日。材料按定额未按市场调价
2.5　按广州市装饰装修工程计费程序计价
2.6　税金率:税金率按 3.477% 计算,防洪工程维护费率为 0.1%

3. 预算未包括以下内容
3.1　水电及成品家具
3.2　材料价差

表4-4　单位工程总价表

工程名称：某经理办公室装饰装修工程　　　　　　　　　　　　　　　第　页　共　页

序号	费用名称	计算基础	金额/元
1	分部分项工程费	1.1+1.2+1.3	21238.76
1.1	定额分部分项工程费	Σ（工程量×子目基价）	16989.43
1.2	价差	Σ［数量×（编制价－定额价）］	3124.5
1.3	利润	人工费×利润率	1124.83
2	措施项目费	2.1+2.2	870.04
2.1	安全文明施工费	按有关规定计算（包括价差、利润）	870.04
2.1.1	按定额子目计算的安全文明施工费	2.1.1.1+2.1.1.2+2.1.1.3	334.82
2.1.1.1	定额安全文明施工费		153.71
2.1.1.2	价差		133.17
2.1.1.3	利润	定额安全文明施工费中人工费×费率	47.94
2.1.2	按系数计算的安全文明施工费	1×2.52%	535.22
2.2	其他措施项目费	按有关规定计算（包括价差、利润）	0.00
3	其他项目费	3.1+3.2+3.3	2612.38
3.1	材料检验试验费		63.72
3.2	暂列金额		2123.88
3.3	预算包干费	1×2%	424.78
4	规费	4.1+4.2+4.3	24.72
4.3	危险作业意外伤害保险费	（1+2+3）×0.1%	24.72
5	不含税工程造价	1+2+3+4+独立费	24745.97
6	防洪工程维护费及税金	5×5.77%	885.16
7	含税工程造价	5+6	25631.13

表4-5　定额分部分项工程费汇总表

工程名称：某经理办公室装饰装修　　　　　　　　　　　　　　　第　页　共　页

序号	定额编号	名称及说明	单位	工程数量	定额基价/元	合计/元
		分部工程				16989.43
1	A9-68 换	600mm×600mm 抛光砖地面	100m²	0.4329	8535.57	3695.05
2	8001646	水泥砂浆　1:2	m³	0.4372	251.95	110.15
3	A9-167	榉木饰面板踢脚线	100m²	0.0338	9869.91	333.60
4	A10-250 换	木龙骨榉木饰面板包方柱	100m²	0.1329	10098.70	1342.12
5	A11-34	天棚 U 形轻钢龙骨	100m²	0.4005	4782.77	1915.50
6	A11-86	顶棚石膏板基层	100m²	0.4726	2639.73	1247.54
7	A11-163	阶梯形天棚方木龙骨	100m²	0.0229	4836.64	110.76
8	A11-170 换	阶梯形天棚 9mm 胶合板基层　直线形	100m²	0.0319	3671.74	117.13
9	A12-85	木骨架胶合板门扇制作	100m²	0.0179	11211.17	200.68

（续）

序号	定额编号	名称及说明	单位	工程数量	定额基价/元	合计/元
10	A12-95	骨架胶合板门扇安装	100m²	0.0179	1006.91	18.02
11	A12-156	门面贴榉木饰面板	100m²	0.0357	3408.67	121.69
12	A12-166 换	门筒子板	100m²	0.00810	8570.01	69.42
13	A12-169	50mm 宽门贴脸	100m	0.1050	568.33	59.67
14	A12-172 换	窗台板 天然石材 厚25mm［水泥砂浆 1:2］	100m²	0.0076	28482.37	216.47
15	8001646	水泥砂浆 1:2	m³	0.0160	251.95	4.03
16	A12-181	胶合板窗帘盒	100m	0.0588	3839.69	225.77
17	A12-188	百页窗帘	100m²	0.1176	5407.89	635.97
18	A12-260	推拉窗安装 带亮	100m²	0.1176	7301.35	858.64
19	0960093	铝合金双扇推拉窗90系列带上亮	m²	11.7600	210.00	2469.60
20	A14-2	门扇锣凹线（直线） 槽宽5mm	100m	0.0510	107.55	5.49
21	A14-13	门扇实木封边扁线	100m	0.0590	312.09	18.41
22	A16-20	木门油硝基清漆	100m²	0.0179	6674.72	119.48
23	A16-25	踢脚线、包柱、门筒子板油硝基清漆（叻架）	100m²	0.1550	4391.15	680.63
24	A16-96	天棚木骨架、基层板油防火涂料二遍	100m²	0.0229	999.87	22.90
25	A16-99	包柱木龙骨油防火涂料二遍	100m²	0.1329	561.44	74.62
26	A16-104	包柱基层板面油防火涂料二遍	100m²	0.1329	567.50	75.42
27	A16-195	天棚胶合板基层、窗帘盒油乳胶漆底油二遍面油二遍	100m²	0.0690	2212.24	152.64
28	A16-197	天棚石膏板面油乳胶漆底油二遍面油二遍	100m²	0.4726	1713.97	810.02
29	A16-262	墙面贴墙纸	100m²	0.4634	2667.48	1236.11
30	A20-25	大理石窗台板磨小圆边	100m	0.0588	712.67	41.90
		合　　计				16989.43

表4-6　措施项目费汇总表

工程名称：某经理办公室装饰装修工程　　　　　　　　　　　　　　　　　　　第　页　共　页

序号	项目名称	单位	数量	单价/元	合价/元
1	安全文明施工费	元			688.93
1.1	按子目计算的安全文明施工措施项目	元			153.71
1.1.1	内脚手架	元			153.71
1.1.1.1	墙柱面活动脚手架	100m²	0.6824	88.30	60.26
1.1.1.2	天棚活动脚手架	100m²	0.441	211.91	93.45
1.2	按系数计算的其他安全文明施工措施项目	元			535.22
	合　计　陆佰捌拾捌元玖角叁分				688.93

表4-7 其他项目费汇总表

工程名称：某经理办公室装饰装修工程

序号	名称及说明	单位	合价/元	备 注
1	材料检验试验费	项	63.72	分部合计×费率
2	工程优质费	项	0.00	按获奖情况计算,分部分项工程费×(国家级质量奖4%,省级质量奖2.5%,市级质量奖1.5%)
3	暂列金额	项	2123.88	具体按照工程特点定,结算按实际数额
4	暂估价	项	0.00	
4.1	材料暂估价	项	0.00	
4.2	专业工程暂估价	项	0.00	
5	计日工	项	0.00	
6	总承包服务费	项	0.00	
6.1	发包人发包专业工程	项	0.00	仅要求对其进行总承包时,可按专业工程造价的1.5%计算;要求对其进行总承包同时要求提供配合和服务,按专业工程造价的3%~5%计算
6.2	发包人供应材料	项	0.00	配合发包人自行供应材料的,按发包人供应材料价值的1%计算
7	预算包干费	项	424.78	分部合计×费率(2%)
	合 计		2612.38	

表4-8 规费计算表

工程名称：某经理办公室装饰装修工程

序号	项目名称	计算基础	费率%	金额/元
1	规费			27.50
1.1	工程排污费	按工程所在地规定的标准计算		0.00
1.2	施工噪声排污费	按工程所在地规定的标准计算		0.00
1.3	危险作业意外伤害保险费	按工程所在地规定的标准计算	0.10	24.72
		合 计		24.72

表4-9 人工材料机械价差表

工程名称：某经理办公室装饰装修工程

序号	编码	材料名称及规格	产地、厂家	单位	数量	定额价/元	编制价/元	价差/元	合价/元
1	0001001	综合工日		工日	61.27	51.00	102.00	51.00	3124.57
2		分部分项价差合计							3124.57
3	0001001	综合工日	产地、厂家	工日	2.61	51.00	102.00	51.00	133.21
4		措施项目价差合计							133.21

表4-10 工料机汇总表

工程名称：某经理办公室装饰装修工程

序号	材料编号	名称、规格、型号	单位	工程量
1	0001001	综合工日	工日	63.88
2	0401013	复合普通硅酸盐水泥　P.C 32.5	t	0.28
3	0403021	中砂	m³	0.49
4	0409321	石膏粉	kg	0.02
5	0505081	胶合板　2440mm×1220mm×9mm	m²	29.61
6	0505131	饰面胶合板	m²	22.85
7	0601011	平板玻璃 δ_5	m²	11.76
8	0662031	瓷质抛光砖 600mm×600mm	m²	44.37
9	0801001	石膏板	m²	49.62
10	0960093	铝合金双扇推拉窗90系列带上亮	m²	11.76
11	1031001	壁纸	m²	50.97
12	1101061	内墙乳胶漆	kg	13.15
13	1103011	防火涂料	kg	5.63
14	1111041	硝基清漆	kg	4.89
15	1111511	内墙乳胶漆底漆	kg	11.60
16	9905691	灰浆搅拌机　拌筒容量200L	台班	0.06

注：由于篇幅有限，表中数据仅为部分材料的汇总。

表4-11 工程量计算表

序号	定额编号	工程项目名称	单位	数量	计算式
		分部分项工程			
一	A.9	楼地面工程			
1	A9-68换	600mm×600mm抛光砖地面	m²	43.29	$7.5×5.88-0.7×0.58×2$(扣除柱Z_2)
2	8001646	1:2水泥砂浆制作	m³	0.437	$43.29/100×1.01$
3	A9-167	榉木饰面胶合板踢脚线	m²	3.38	$[(7.5+0.58×2)×2+5.88×2-0.95]×0.12$
二	A.10	墙柱面工程			
4	A10-250换	木龙骨榉木饰面板包方柱	m²	13.92	$(0.58/2+0.58)×2.55×2$(柱Z_1) $+(0.7+0.58×2)×2.55×2$(柱Z_2)
三	A.11	天棚工程			
5	A11-163	天棚木龙骨	m²	2.29	$[0.3+(0.1+0.14)×2]$ $×[0.5+(0.1+0.14)×2]×3$
6	A11-34	天棚U形轻钢龙骨	m²	40.05	$44.1-2.29-1.764$
		其中：天棚净面积	m²	44.1	$7.5×5.88$
		扣减木龙骨面积	m²	-2.29	同序号5的计算式
		扣减窗帘盒面积	m²	-1.764	$0.3×5.88$

（续）

序号	定额编号	工程项目名称	单位	数量	计 算 式
7	A11-170换	天棚胶合板	m²	3.19	$[0.3+(0.1+0.14)\times2]\times[0.5+(0.1+0.14)\times2]\times3$ $+\{[(0.3+0.1\times2+0.5+0.1\times2)\times2\times0.075]$ （跌级侧立面）$+[(0.3+0.5)\times2\times0.075]$ （跌级侧立面）$\}\times3$
8	A11-86	天棚石膏板	m²	47.26	$40.05+2.15+1.54+3.52$
		其中:石膏板水平投影面积（不含灯槽）	m²	40.05	同序号 6 的计算式
		灯槽底板面积	m²	2.15	$(3.6+0.16\times2)\times(2.8+0.16\times2)-3.6\times2.8$
		灯槽挡板面积	m²	1.54	$(3.6+2.8)\times2\times0.12$
		跌级侧立面	m²	3.52	$[(3.6+0.16\times2)+(2.8+0.16\times2)]\times2\times0.25$
四	A.12	门窗工程			
9	A12-260	90 系列铝合金双扇带上亮推拉窗安装	m²	11.76	$5.88\times(1.7+0.3)$
10	0960093	90 系列铝合金双扇带上亮推拉窗	m²	11.76	同上式
11	A12-181	胶合板窗帘盒	m	5.88	$6-0.12$
12	A12-188	百叶窗帘	m²	11.76	$5.88\times(1.7+0.3)$
13	A12-172	大理石窗台板	m²	0.76	$(6-0.12)\times0.13$
14	8001646	1:2 水泥砂浆制作	m³	0.016	$0.76/100\times2.1$
15	A12-85	木龙骨胶合板门扇制作	m²	1.79	0.85×2.1
16	A12-95	木龙骨胶合板门扇安装	m²	1.79	同上式
17	A12-156	门面贴榉木饰面板	m²	3.57	$0.85\times2.1\times2$
18	A12-166	门筒子板	m²	0.81	$(0.85+2.1\times2)\times0.16$
19	A12-169	50mm 宽门贴脸	m	10.5	$(0.95+2.15\times2)\times2$
五	A.14	细部装饰、栏杆工程			
20	A14-2	门扇上锣 5mm 凹线	m	5.1	0.85×3
21	A14-13	门扇实木封边扁线	m	5.9	$(0.85+2.1)\times2$
六	A16	油漆涂料裱糊工程			
22	A16-20	木门刷硝基清漆	m²	1.79	同序号 15 的计算式
23	A16-25	踢脚线、包柱、门筒子板刷硝基清漆	m²	15.50	$2.78+12.07+0.66$
		其中:踢脚线	m²	2.77	3.38（见序号 3 计算式）×0.82（油漆工程量调整系数）
		包柱	m²	12.07	13.92（见序号 4 计算式）/2.55×(2.55-0.12) ×0.91（油漆工程量调整系数）
		门筒子板	m²	0.66	0.81（见序号 15 计算式）×0.82（油漆工程量调整系数）
24	A16-99	包柱木龙骨刷防火漆两遍	m²	13.92	同序号 4 的计算式
25	A16-104	包柱基层板刷防火漆两遍	m²	13.92	同序号 4 的计算式
26	A16-96	天棚木龙骨（含基层板）刷防火漆两遍	m²	2.29	同序号 5 的计算式
27	A16-197	天棚石膏板面刷乳胶漆	m²	47.26	同序号 8 的计算式

（续）

序号	定额编号	工程项目名称	单位	数量	计 算 式
28	A16-195	天棚胶合板面、窗帘盒刷乳胶漆	m²	6.9	2.59 + 3.71
		其中：天棚胶合板面	m²	3.19	同序号 7 的计算式
		窗帘盒	m²	3.71	5.88 × (0.3 + 0.3) + 0.3 × 0.3 × 2
29	A16-262	墙面贴墙纸	m²	46.34	15.82 + 4.17 + 0.99 + 13.89 + 11.47
		其中：A 立面	m²	15.82	$7.5 × 2.43 - 0.29 × 2.43(柱 Z_1) - 0.7 × 2.43(柱 Z_2)$
		B 立面	m²	4.17	5.88 × (0.73 - 0.02)
		窗洞口的侧壁	m²	0.99	[(1.7 + 0.3) × 2 + 5.88] × 0.1
		C 立面	m²	13.89	$7.5 × 2.43 - 0.29 × 2.43(柱 Z_1)$ $- 0.7 × 2.43(柱 Z_2) - 0.95$ $× (2.15 - 0.12)(门及门贴脸)$
		D 立面	m²	11.47	$5.88 × 2.43 - 0.58 × 2 × 2.43(柱 Z_1)$
七	A.20	其他工程			
30	A20-25	大理石窗台板磨边、抛光	m	5.88	6 - 0.12
		措施项目			
八	A22	脚手架工程			
31	A22-128	墙柱面活动脚手架	m²	68.24	(7.5 × 2.55 + 5.88 × 2.55) × 2
32	A22-129	天棚面活动脚手架	m²	44.1	7.5 × 5.88

本 章 小 结

建筑装饰工程费用按造价形成由分部分项工程费、措施项目费、其他项目费、规费和税金五部分组成。

建筑装饰工程计费程序是指确定建筑装饰工程各项费用的有规律的计算顺序。目前，各省、市、地区的费用标准和计算程序因各地条件不同而有所差异。计算建筑装饰工程造价时应按各地的计费程序进行。

建筑装饰装修工程预算是根据建筑装饰施工图以及有关的标准图、现行装饰工程预算定额或单位估价表，以及招标文件或工程承包合同、施工组织设计或施工方案、有关的计价文件、当地当时的装饰材料单价等预先计算和编制确定装饰装修工程所需要的全部预算造价的经济文件。目前，装饰工程预算编制的方法有单价法和实物法。编制装饰工程预算的主要步骤为：收集并熟悉相关的基础资料、列项、计算工程量、套用预算定额计算直接费、进行工料机分析和汇总、计算组成预算造价的各项费用、编制装饰工程预算书并装订成册送交有关部门审核。

复习思考题

1. 建筑装饰工程费用按造价形成由哪五项费用组成？
2. 什么是分部分项工程费？
3. 什么是措施项目费？它包括哪些费用？

4. 什么是规费？它包括哪些费用？

5. 什么是其他项目费？它包括哪些费用？

6. 建筑装饰工程费用的税金有哪些？

7. 什么是建筑装饰工程计费程序？各地的计费程序是否一样？为什么？

8. 简述建筑装饰装修工程预算的含义。

9. 简述建筑装饰装修工程预算书的内容。

10. 简述建筑装饰装修工程预算编制的依据。

11. 简述建筑装饰装修工程预算编制的方法和步骤。

12. 结合工程实际采用定额计价法计算其预算造价。

第 5 章　建筑装饰工程工程量清单计价

学习目标：

1. 掌握建筑装饰工程工程量清单计价的概念，区别定额计价与清单计价的不同之处。
2. 掌握工程量清单的组成及其计价格式，掌握工程量清单编制方法。
3. 掌握工程量清单计价的含义及其计价格式，掌握综合单价的计算方法。

学习重点：

1. 建筑装饰工程工程量清单计价的概念，定额计价与清单计价的不同之处。
2. 工程量清单的组成和编制方法。
3. 工程量清单计价的含义，综合单价的计算方法。

学习建议：

1. 学习工程量清单计价方法时应从费用组成、计价格式等方面与定额计价做对比。
2. 学习装饰工程工程量清单计价时应结合当地的装饰工程计价办法和工程实际。

5.1　概述

5.1.1　工程量清单计价方法的概念

工程量清单计价方法，简单来说就是指按《建设工程工程量清单计价规范》（GB 50500—2013）（以下简称《计价规范》）规定，进行工程计价的一种方式。对于装饰装修工程而言，具体是指在工程招标投标时，由招标方根据《房屋建筑与装饰工程工程量计算规范》（GB 50854—2013）（以下简称《计量规范》）规定的工程量计算规则和工程设计图样计算并提供工程量清单（包括须完成的工程项目及相应的工程数量）。其后承发包双方再进行相应的计价活动。它可以是招标人编制招标控制价，也可以是各投标人根据自己的实力，按照竞争策略的要求自主计算投标报价，招标人择优定标，选择报价低的投标人承建工程，以工程合同的方式使报价法定化。最后双方根据最终确定的工程量确定竣工结算价。

5.1.2　工程量清单计价的适用范围

按《计价规范》的规定，使用国有资金投资的建设工程发承包，必须采用工程量清单计价。非国有资金投资的建设工程，宜采用工程量清单计价。所谓国有资金是指国家财政性预算内或预算外资金，国家机关、国有企事业单位和社会团体的自有资金及借贷资金，国家通过对内发行政府债券或向外国政府及国际金融机构举借主权外债所筹集的资金也应视为国有资金。国有资金投资为主的工程是指国有资金占总投资额 50% 以上或虽不足 50%，但国有资产投资者实质上拥有控股权的工程。

5.1.3 工程量清单计价的特点

（1）工程量清单计价的强制性　强制性是指按《计价规范》进行计价活动时，规范中的强制性标准必须执行。如上文中的工程量清单计价的适用范围。

（2）工程量清单计价具有统一性　统一性是指构成分部分项工程项目清单统一需要五个要件，即项目编码、项目名称、项目特征、计量单位和工程量。

（3）工程量清单计价具有竞争性　竞争性是指价格开放，即确定工程量清单计价的综合单价由企业根据自身定额和市场价格信息确定，将报价权交给企业，充分体现企业自主报价。

（4）工程量清单计价具有通用性　工程量清单计价采用综合单价法的特点与 FIDIC 合同条件的单价合同的情况相符合，体现了我国计价方式能较好地与国际通行做法接轨。

5.1.4 工程量清单计价与传统定额计价方式的区别

（1）编制工程量的单位不同　传统定额计价方式下，招标人和投标人分别按图样计算工程量。工程量清单计价方式下工程量由招标人统一计算或委托具有工程造价咨询资质的单位统一计算，投标人不用再计算工程量，避免了各投标人各自计算工程量不同而导致工程造价不一致的现象。

（2）项目单价不同　传统的定额计价方式下，项目报价采用直接费单价（工料单价）。单价由人工费、材料费和机械费组成，有些地区还包括管理费，一般按现行的计价定额计算。而工程量清单计价采用综合单价报价，综合单价包括人工费、材料费、机械费、管理费、利润，并考虑风险因素。

（3）编制的依据不同　传统定额计价方式必须根据国家和地区规定的预算定额、费用定额和工料机单价来计算工程造价。工程量清单计价方式没有统一要求，投标人计算造价时可自己确定采用企业内部定额还是参考国家或地区定额，工料机单价也可根据市场来确定。

（4）分部分项工程项目包括的内容和计算规则的不同　传统定额计价方式的工程项目一般按定额项目的划分来设置，通常就是按施工工序、工艺进行设置，项目所包含的内容较单一，据此规定了相应的工程量计算规则。工程量清单计价方式的分部分项工程项目的划分，一般以一个"综合实体"考虑，通常包括多项工程内容，据此也规定了相应的计算规则，两者的工程内容和计量单位、工程量计算规则是有一定区别的。对比举例见表5-1。

表5-1　工程项目包含内容不同对比

序　号	工程量清单计价中工程项目	传统定额计价中的工程项目
1	石材楼地面(m²)	石材面层铺贴(m²) 抹找平层(m²) 刷保护液(m²) 刷养护液(m²) 石材磨边(m)
2	吊顶天棚(m²)	天棚龙骨安装(m²) 天棚基层板铺贴(m²) 天棚面层铺贴(m²) 天棚面刷防护材料(m²)

（5）合同价调整方式不同　采用传统定额计价方式的工程通常采用总价合同，当工程施工内容和有关条件发生变化时，发承包双方根据变化情况和合同约定调整工程价款。采用工程量清单计价的工程，一般采用单价合同，即合同中的工程量清单项目综合单价在合同约定的条件内固定不变，工程结算时按承包商实际完成且应予计量工程量乘以清单中相应的单价计算，减少了调整活口。

5.2　工程量清单的编制

5.2.1　工程量清单的概念

工程量清单是表现拟建工程的分部分项工程项目、措施项目的名称及其相应数量和其他项目、规费项目、税金项目的明细清单。在工程发承包不同阶段又可具体分为招标工程量清单和已标价工程量清单。招标工程量清单是指招标人依据国家标准、招标文件、设计文件以及施工现场实际情况编制的随招标文件发布供投标报价的工程量清单，包括其说明和表格。已标价工程量清单是指构成合同文件组成部分的投标文件中已标明价格，经算术性修正（如有）且承包人已确认的工程量清单，包括其说明和表格。下面主要是介绍招标工程量清单的编制方法。

5.2.2　招标工程量清单编制的原则及步骤

1. 招标工程量清单编制的原则

招标工程量清单应由有编制招标文件能力的招标人，或受其委托具有相应资质的工程造价咨询人编制。招标工程量清单必须作为招标文件的组成部分，其准确性和完整性应由招标人负责。招标工程量清单应以单位（项）工程为单位编制，应由分部分项工程项目清单、措施项目清单、其他项目清单、规费和税金项目清单组成。

编制招标工程量清单应依据：

1）《计价规范》和相关工程的国家计量规范。

2）国家或省级、行业建设主管部门颁发的计价定额和办法。

3）建设工程设计文件及相关资料。

4）与建设工程有关的标准、规范、技术资料。

5）拟定的招标文件。

6）施工现场情况、地勘水文资料、工程特点及常规施工方案。

7）其他相关资料。

2. 招标工程量清单编制的步骤

收集准备资料→熟悉工程图样内容→按《计量规范》附录设置清单项目→按工程量计算规则计算工程量→完成分部分项工程工程量清单→完成措施项目清单→完成其他项目清单→完成规费、税金项目清单→完成总说明的编写→完成扉页、封面的编写→送交有关部门审核。

5.2.3　分部分项工程工程量清单

1. 分部分项工程工程量清单的含义

分部分项工程工程量清单又称为实体分项工程工程量清单，它是根据设计图样和应完工的建筑产品进行划分确定的。分部分项工程工程量清单必须载明项目编码、项目名称、项目特征、计量单位和工程量。上述五项是构成分部分项工程工程量清单的五个要件，缺一不可。分部分项工程工程量清单是以表格形式体现的，其表格形式见表5-2。

表5-2　分部分项工程和单价措施项目清单与计价表

工程名称：某装饰工程　　　　　　　标段　　　　　　　　　　　　　　第　页　共　页

序号	项目编码	项目名称	项目特征描述	计量单位	工程量	金额/元		
						综合单价	合价	其中暂估价
		楼地面工程						
1	011102001001	400×400金花米黄大理石楼地面	1. 20mm厚1:2水泥砂浆结合层 2. 20mm厚400×400金花米黄大理石面层 3. 白水泥嵌缝	m²	70.12			
		油漆、涂料、裱糊工程						
2	011406001001	天棚面刷白色乳胶漆	1. 天棚石膏板基层 2. 成品腻子粉 3. 刮腻子两遍 4. 刷白色乳胶漆8205两遍	m²	87.58			
		措施项目						
3	011701003001	里脚手架	搭设高度：天棚活动脚手架4.8m以内	m²	97.63			
		本页小计						
		合　计						

2. 分部分项工程工程量清单的编制步骤和原则

分部分项工程工程量清单必须根据《计量规范》附录规定的项目编码、项目名称、项目特征、计量单位和工程量计算规则进行编制。例如，某装饰工程的分部分项工程工程量清单见表5-2。

（1）设置分部分项工程工程量清单项目　即列项，列项有两个依据。一是根据建筑装饰施工图；二是《计量规范》中附录（装饰装修工程常用清单项目见本书后面附录）。工程项目名称应按附录中的项目名称结合拟建工程的实际情况确定。项目名称填写示例见表5-2。

（2）拟定项目特征描述　详细的项目特征是确定工程单价的重要因素。同一名称的项目，由于材料品种、型号、规格、材质的不同，反映在综合单价上的差别很大，应按《计量规范》中附录规定的项目特征，结合拟建工程项目的实际予以描述。为了规范、简洁、准确、全面描述项目特征的要求，在描述项目特征时应按以下原则进行：

1）项目特征描述的内容应按《计量规范》中附录的规定，结合拟建工程项目的实际，满足确定综合单价的需要。

2）若采用标准图集或施工图样能够全部或部分满足项目特征描述的要求，项目特征描述可直接采用"见××图集"或见"××图号"的方式。对不能满足项目特征描述的部分，仍应用文字描述。

（3）确定清单项目编码　工程量清单的编码，主要是指分部分项工程和措施项目名称的阿拉伯数字标识。《计量规范》规定，分部分项工程项目编码应采用十二位阿拉伯数字表示，前九位应按《计量规范》附录的规定设置，为全国统一编码，不得变动。其中一、二位为专业工程代码（01—房屋建筑与装饰工程）；三、四位为附录分类顺序码；五、六位为分部工程顺序码，七、八、九位为分项工程项目名称顺序码，十至十二位为具体的清单项目名称顺序码，应根据拟建工程的工程量清单项目名称和项目特征设置，同一招标工程的项目编码不得有重码。

当同一标段（或合同段）的一份工程量清单中含有多个单位工程且工程量清单是以单位工程为编制对象时，在编制工程量清单时应特别注意对项目编码十至十二位的设置不得有重码的规定。例如一个标段（或合同段）的工程量清单中含有三个单位工程，每一单位工程中都有项目特征相同的灌注桩，在工程量清单中又需反映三个不同单位工程的灌注桩工程量时，则第一个单位工程的灌注桩的项目编码应为 010302001001，第二个单位工程的灌注桩的项目编码应为 010302001002，第三个单位工程的灌注桩的项目编码应为 010302001003，并分别列出各单位工程灌注桩的工程量。

随着新材料、新技术、新工艺的产生，会有《计量规范》附录中未包括的项目出现，编制人可按相应的原则进行补充，即工程量清单中需附有补充项目的名称、项目特征、计量单位、工程量计算规则、工程内容等。补充的项目应填写在工程量清单相应分部工程（节）的项目之后，补充项目的编码由《计量规范》的建筑与装饰工程专业工程代码 01 与 B 和三位阿拉伯数字组成，并应从 01B001 起顺序编制，同一招标工程的项目不得重码。

（4）确定计量单位和计算工程量　在编制工程量清单时应按《计量规范》附录中规定的计量单位并按《计量规范》附录中规定的工程量计算规则进行计算。注意，《计量规范》附录中有两个或两个以上计量单位的，应结合拟建工程项目的实际情况，确定其中一个为计量单位。同一工程项目的计量单位应一致。

（5）工程量清单汇总　工程量计算完成后，按分部内容汇总到分部分项工程工程量清单表中后，就完成了工程量清单的编制工作。注意工程计量时每一项目汇总的有效位数应遵循以下规定：

1）以"t"为单位，应保留小数点后三位数字，第四位四舍五入。

2）以"m""m^2""m^3"和"kg"为单位，应保留小数点后两位数字，第三位四舍五入。

3）以"个""件""根""组"和"系统"为单位，应取整数。

5.2.4　措施项目清单

1. 措施项目清单的含义

措施项目清单是表现为完成项目施工，发生于该工程施工准备和施工过程中的技术、生活、安全、环境保护等方面的项目的明细清单。

2. 措施项目清单的编制

措施项目清单必须按照《计量规范》的规定编制，并根据拟建工程的具体情况列项。常见措施项目见表5-3（节选于《计量规范》）。在编制措施项目清单时，因工程情况不同，出现《计量规范》附录中未列的措施项目，可根据工程的具体情况对措施项目清单作补充。

表5-3　措施项目表

序号	费用名称	序号	费用名称
1	安全文明施工	8	脚手架工程
2	夜间施工	9	混凝土模板及支架(撑)
3	非夜间施工照明	10	垂直运输
4	二次搬运	11	超高施工增加费
5	冬雨季施工	12	大型机械设备进出场及安拆
6	地上、地下设施、建筑物的临时保护设施	13	施工排水、降水
7	已完工程设备保护		

《计量规范》将措施项目划分为两类：一类是不能计算工程量的项目，如文明施工和安全防护、临时设施等，就以"项"计价，称为"总价项目"；该些项目应按《计量规范》附录S措施项目规定的项目编码、项目名称确定，总价清单项目与计价表填写案例（按广东省计价办法规定）见表5-4。另一类是可以计算工程量的项目，如脚手架等，就以"量"计价，更有利于措施费的确定和调整，称为"单价项目"。这些项目的编制步骤和原则与分部分项工程一样，也必须列出项目编码、项目名称、项目特征、计量单位并按《计量规范》附录S中相应项目的工程量计算规则进行计算，单价措施项目清单与计价表格形式见表5-2。

表5-4　总价措施项目清单与计价表

工程名称：××小学装修工程　　　　标段：　　　　　　第1页　共1页

序号	项目编码	项目名称	计算基础	费率(%)	金额/元	调整费率(%)	调整后金额/元	备注
1	011707001001	文明施工与环境保护、临时设施、安全施工						
2	011707002001	夜间施工费						
3	011707004001	二次搬运费						
4	011707005001	冬雨季施工增加费						
5	011707007001	已完工程及设备保护						
		合　计						

编制人（造价人员）：　　　　　　　　　　　　　　　复核人（造价工程师）：

注：1. "计算基础"中安全文明施工费可为"定额基价""定额人工费"或"定额人工费+定额机械费"，其他项目可为"定额人工费"或"定额人工费+定额机械费"。

2. 按施工方案计算的措施费，若无"计算基础"和"费率"的数值，也可只填"金额"数值，但应在备注栏说明施工方案出处或计算方法。

5.2.5 其他项目清单

其他项目清单主要是因考虑工程建设标准的高低、工程的复杂程度、工程的工期长短、工程的组成内容、发包人对工程管理要求等直接影响工程造价的部分而设置的，它是分部分项项目和措施项目之外的工程措施费用，见表5-5。《计价规范》规定暂列金额、暂估价、计日工、总承包服务费等4项内容作为列项参考，不足部分，可根据工程具体情况进行补偿。

暂列金额、计日工、总承包服务费的含义详见第4章相关章节，下面解释暂估价。

暂估价是指招标人在工程量清单中提供的用于支付必然发生但暂时不能确定价格的材料、工程设备的单价以及专业工程金额。

表5-5　其他项目清单与计价汇总表

工程名称：××装饰装修工程　　　　　标段：　　　　　　　　　　　　　　第　页　共　页

序号	项目名称	金额/元	结算金额/元	备注
1	暂列金额	60000		明细详见表5-6
2	暂估价	50000		
2.1	材料暂估价/结算价	—		明细详见表5-7
2.2	专业工程暂估价/结算价	50000		明细详见表5-8
3	计日工			明细详见表5-9
4	总承包服务费			明细详见表5-10
5	索赔与现场签证①	—		
	合计			—

注：材料（工程设备）暂估单价进入清单项目综合单价，此处不汇总。
① 索赔与现场签证项目用于竣工结算。

（1）暂列金额　暂列金额应根据工程特点按有关计价规范进行大致估算，一般可以为工程总造价的3%~5%，有些地区如广东省为分部分项工程费的10%~15%，具体由发包人根据工程特点确定。暂列金额明细表填写案例见表5-6。

表5-6　暂列金额明细表

工程名称：××装饰装修工程　　　　　标段：　　　　　　　　　　　　　　第　页　共　页

序号	项目名称	计量单位	暂定金额/元	备注
1	工程量清单中工程量偏差和设计变更	项	40000	
2	政策性调整和材料价格风险	项	10000	
3	其他	项	10000	
	合　计		60000	—

注：此表由招标人填写，也可只列暂定金额总额，投标人应将上述暂列金额计入投标总价中。

（2）暂估价　暂估价包括材料暂估价、工程设备暂估价、专业工程暂估价。其中材料暂估价、工程设备暂估单价应根据工程造价信息或参考市场价格估算，列出明细表，填写案例见表5-7；专业工程暂估价应是综合暂估价，包括除规费和税金以外的管理费、利润等，应分不同专业，按有关计价规定估算，列出明细表，填写案例见表5-8。

表 5-7 材料（工程设备）暂估单价及调整表

工程名称：××装饰装修工程　　　　　　　标段：　　　　　　　　　　第　页　共　页

序号	材料（工程设备）名称、规格、型号	计量单位	数量		暂估/元		确认/元		差额±/元		备注
			暂估	确认	单价	合价	单价	合价	单价	合价	
1	进口云石白木纹石	m²	10		500	5000					
	合计					5000					

注：此表由招标人填写"暂估单价"，并在备注栏说明暂估价的材料、工程设备拟用在哪些清单项目上，投标人应将上述材料暂估单价计入工程量清单综合单价报价中。

表 5-8 专业工程暂估价及结算价表

工程名称：××装饰装修工程　　　　　　　标段：　　　　　　　　　　第　页　共　页

序号	工程名称	工程内容	暂估金额/元	结算金额/元	差额±/元	备注
1	钢结构雨篷	制作安装	50000			
	合计		50000			

注：此表"暂估金额"由招标人填写，投标人应将"暂估金额"计入投标总价中。结算时按合同约定结算金额填写。

（3）计日工　计日工是为了解决现场发生的零星工作的计价而设立的。所谓的零星工作一般是指合同约定之外或者因工程变更而产生的、工程量清单中没有相应项目的额外工作，尤其是那些时间不允许事先商定价格的额外工作。计日工应列出项目名称、计量单位和暂估数量。填写案例见表 5-9。

表 5-9 计日工表

工程名称：××装饰装修工程　　　　　　　标段：　　　　　　　　　　第　页　共　页

编号	项目名称	单位	暂定数量	实际数量	综合单价/元	合价/元	
						暂定	实际
一	人工						
1	高级装修工	工日	80				
	人工小计						
二	材料						
1	水泥 32.5R	t	8				
	材料小计						
三	施工机械						
1	灰浆搅拌机(200L)	台班	2				
	施工机械小计						
四、企业管理费和利润							
	合　计						

注：此表项目名称、暂定数量由招标人填写，编制招标控制价时，单价由招标人按有关计价规定确定；投标时，单价由投标人自主报价，按暂定数量计算合价计入投标总价中。结算时，按发承包双方确认的实价数量计算合价。

（4）总承包服务费　总承包服务费应列出服务项目及其内容。填写案例见表 5-10。

表5-10　总承包服务费计价表

工程名称：××装饰装修工程　　　　　　　　标段：　　　　　　　　　　　　　　　第　页　共　页

序号	工程名称	项目价值/元	服务内容	计算基础	费率（%）	金额/元
1	发包人发包专业工程	50000	1. 按专业工程承包人的要求提供施工工作面并对施工现场进行统一管理，对竣工资料进行统一整理汇总 2. 为专业工程承包人提供垂直运输机械和焊接电源接入点，并承担垂直运输费和电费			
2	发包人提供材料	50000	对发包人供应的材料进行验收及保管和使用发放			
	合计	—				

注：此表项目名称、服务内容由招标人填写，编制招标控制价时，费率及金额由招标人按有关计价规定确定；投标时，费率以及金额由投标人自主报价，计入投标总价中。

5.2.6　规费和税金项目清单

（1）规费项目清单应按照下列内容列项：

社会保障费（包括养老保险费、失业保险费、医疗保险费）；住房公积金；工程排污费；

编制人对《计价规范》未列的规费项目，应根据省级政府或省级有关部门的规定列项。

（2）税金项目清单应包括下列内容：

营业税；城市建设维护税；教育费附加；地方教育费附加。

如国家税法发生变化，税务部门依据职权增加了税种，应对税金项目清单进行补充。

规费和税金项目清单格式见表5-11。

表5-11　规费、税金项目计价表

工程名称：××装饰装修工程　　　　　　　　标段：　　　　　　　　　　　　　　　第　页　共　页

序号	项目名称	计算基础	计算基数	费率（%）	金额/元
1	规费	定额人工费			
1.1	社会保险费	定额人工费			
（1）	养老保险费	定额人工费			
（2）	失业保险费	定额人工费			
（3）	医疗保险费	定额人工费			
（4）	工伤保险费	定额人工费			
（5）	生育保险费	定额人工费			
1.2	住房公积金	定额人工费			
1.3	工程排污费	按工程所在地环境保护部门收取标准，据实计入			
2	税金	分部分项工程费＋措施项目费＋其他项目费＋规费－按规定不计税的工程设备金额			
	合计	—			

5.2.7 工程量清单格式

《计价规范》第16.0.1条规定："工程计价宜采用统一格式。各省、自治区、直辖市建设行政主管部门和行业建设主管部门可根据本地区、本行业的实际情况，在本规范附录B至附录L计价表格的基础上补充完善。"

1. 工程量清单格式组成内容

《计价规范》第16.0.3条规定，工程量清单编制使用表格包括：封面（表5-12）、扉页（表5-13）、总说明（表5-14）、分部分项工程和单价措施项目清单与计价表（表5-2）、总价措施项目清单与计价表（表5-4）、其他项目清单与计价汇总表（表5-5）、暂列金额明细表（表5-6）、材料（工程设备）暂估单价及调整表（表5-7）、专业工程暂估价及结算表（表5-8）、计日工表（表5-9）、总承包服务费计价表（表5-10）、规费、税金项目计价表（表5-11）、发包人提供材料和工程设备一览表（表5-15）、承包人提供主要材料和工程设备一览表（适用于造价信息差额调整法）（表5-16）或承包人提供主要材料和工程设备一览表（适用于价格指数差额调整法）（表5-17）。

表5-12　招标工程量清单封面

＿＿＿＿＿＿＿＿＿＿＿＿工程
招标工程量清单
招　标　人：＿＿＿＿＿＿＿＿
（单位盖章）
造价咨询人：＿＿＿＿＿＿＿＿
（单位盖章）
年　　月　　日

表5-13　招标工程量清单扉页

＿＿＿＿＿＿＿＿＿＿＿＿工程	
招标工程量清单	
招标人：＿＿＿＿＿＿＿	造价咨询人：＿＿＿＿＿＿＿
（单位盖章）	（单位资质专用章）
法定代表人 或其授权人：＿＿＿＿＿＿＿	法定代表人 或其授权人：＿＿＿＿＿＿＿
（签字或盖章）	（签字或盖章）
编　制　人：＿＿＿＿＿＿＿	核　对　人：＿＿＿＿＿＿＿
（造价人员签字盖专用章）	（造价工程师签字盖专用章）
编制时间：　年　月　日	核对时间：　年　月　日

2. 工程量清单格式的填写要求

（1）封面和扉页　封面和扉页应按规定的内容填写、签字、盖章。签字盖章应按下列规定办理，方能生效。

1）招标人自行编制工程量清单时，编制人员必须是招标单位注册的造价人员。由招标单位盖单位公章，法定代表人或其授权人签字或盖章；当编制人是注册造价工程师时，由其签字盖执业专用章；当编制人是造价员时，由其在编制人栏签字盖专用章，并应由注册造价工程师复核，在复核人栏签字盖执业专用章。

2）招标人委托工程造价咨询人编制工程量清单时，编制人员必须是在工程造价咨询人单位注册的造价人员。由工程造价咨询人盖单位资质专用章，法定代表人或其授权人签字或盖章；当编制人是注册造价工程师时，由其签字盖执业专用章；当编制人是造价员时，由其在编制人栏签字盖专用章，并应由注册造价工程师复核，在复核人栏签字盖执业专用章。

（2）工程量清单编制总说明　总说明应按下列内容填写：

1）工程概况：建设规模、工程特征、计划工期、施工现场实际情况、自然地理条件、环境保护要求等。

2）工程招标和专业工程分包范围。

3）工程量清单编制依据。

4）工程质量、材料、施工等的特殊要求。

5）其他需要说明的问题。

工程量清单编制总说明填写案例见表5-14。

表5-14　总说明

工程名称：××装饰装修工程　　　　　标段：　　　　　　　　　　第　页　共　页

1. 工程概况：本工程建筑面积为4991.52m²，建筑高度为25.2m，框架结构八层。现场交通状况良好，运输方便，无有害环境。

2. 工程招标和专业工程分包范围：××建筑室内装饰装修工程。钢结构雨篷工程进行专业分包。总承包人应对分包工程进行总承包管理和协调，并按该专业工程的要求配合专业厂家进行安装。

3. 工程量清单编制依据：

3.1《××省建设工程计价办法》

3.2《建设工程工程量清单计价规范（GB 50500—2013）》

3.3《房屋建筑与装饰工程工程量计算规范（GB 50854—2013）》

3.4《××建筑室内装饰装修工程施工图》

4. 工程质量、材料、施工等的特殊要求：

工程质量应达到合格标准，材料应选用合格产品。

5. 其他需要说明的问题：

石材按本清单提供的暂估价进行报价。

（3）主要材料、工程设备一览表

《计价规范》中，主要材料、工程设备一览表分为由承包人和发包人提供两类，格式见表5-15～表5-17。

表5-15　发包人提供材料和工程设备一览表

工程名称：　　　　　　　标段：　　　　　　　　　　　　　　　第　页　共　页

序号	材料(工程设备)名称、规格、型号	单位	数量	单价/元	交货方式	送达地点	备注

注：此表由招标人填写，供投标人在投标报价、确定总承包服务费时参考。

表 5-16　承包人提供主要材料和工程设备一览表

（适用于造价信息差额调整法）

工程名称：　　　　　　标段：　　　　　　　　　　　　　　　　　　第　页　共　页

序号	名称、规格、型号	单位	数量	风险系数（%）	基准单价/元	投标单价/元	发承包人确认单价/元	备注

注：1. 此表由招标人填写除"投标单价"栏的内容，投标人在投标时自主确定投标报价。

　　2. 招标人应优先采用工程造价管理机构发布的单价作为基准单价，未发布的，通过市场调查确定其基准单价。

表 5-17　承包人提供主要材料和工程设备一览表

（适用于价格指数差额调整法）

工程名称：　　　　　　标段：　　　　　　　　　　　　　　　　　　第　页　共　页

序号	名称、规格、型号	变值权重 B	基本价格指数 F_0	现行价格指数 F_t	备注

注：1. "名称、规格、型号"、"基本价格指数"栏由招标人填写，基本价格指数应先采用工程造价管理机构发布的价格指数，没有时，可采用发布的价格代替。如人工、机械费也采用本法调整，由招标人在"名称"栏填写。

　　2. "变值权重"栏由投标人根据该项人工、机械费和材料、工程设备价值在投标总价中所占的比例填写，1 减去其比例为定值权重。

　　3. "现行价格指数"按约定的付款证书相关周期最后一天的前 42 天的各项价格指数填写，该指数应首先采用工程造价管理机构发布的价格指数，没有时，可采用发布的价格代替。

5.3　工程量清单计价

5.3.1　工程量清单计价的含义

工程量清单确定后，其后的工程计价活动是根据工程量清单内容，确定每个清单项目的工程单价，并据此确定工程造价的过程。在具体的计价活动中，它也许是招标投标阶段招标人编制招标控制价，或许是投标人根据招标人提供的工程量清单编制投标报价，或者是承发包双方确定工程量清单合同价，或者是承发包双方根据工程变更确定变更项目的工程价款，最后双方根据最终确定的工程量确定竣工结算价等的活动。本章主要介绍招标控制价和投标报价的编制方法。

工程量清单应采用综合单价计价。

5.3.2　工程量清单计价模式下的计费程序

虽然《计价规范》规定了工程造价是由分部分项工程费、措施项目费、其他项目费和规费、税金组成。但各项费用的具体计算，如同定额计价模式一样，仍然由各省市制定出具体执行的计算办法。表 5-18 为广东省装饰工程工程量清单计价模式下的计费程序。

5.3.3　工程量清单计价格式

工程计价宜采用统一格式。下面是招标控制价和投标报价的格式组成和填写要求。

表 5-18　广东省装饰工程工程量清单计价程序

序　号	名　称	计 算 方 法
1	分部分项工程费	∑(清单工程量×综合单价)
2	措施项目费	2.1+2.2
2.1	安全防护、文明施工措施项目费	按规定计算(包括利润)
2.2	其他措施项目费	按规定计算(包括利润)
3	其他项目费	按规定计算
4	规费	(1+2+3)×费率
5	不含税造价	1+2+3+4
6	税金	按税务部门规定计算
7	含税工程造价	1+2+3+4+5+6

1. 工程量清单计价格式组成内容

招标控制价和投标报价使用表格如下，部分表格格式与招标工程量清单表格通用：

1) 封面：招标控制价封面见表 5-19、投标报价封面见表 5-20。

2) 扉页：招标控制价扉页见表 5-21、投标报价扉页见表 5-22。

3) 建设项目招标控制价/投标报价汇总表见表 5-23。

4) 单项工程招标控制价/投标报价汇总表见表 5-24。

5) 单位工程招标控制价/投标报价汇总表见表 5-25。

6) 综合单价分析表见表 5-26。

其余表格与招标工程量清单相同。

表 5-19　招标控制价封面

```
_____工程

               招标控制价

   招 标 人：_____
                (单位盖章)

   造价咨询人：_____
                (单位盖章)

          年      月      日
```

表 5-20　投标报价封面

```
_____工程

               投标总价

   投 标 人：_____
                (单位盖章)

          年      月      日
```

表 5-21 招标控制价扉页

_____工程

招标控制价

招标控制价(小写):_____

         (大写):_____

招标人:_____   造价咨询人:_____

     (单位盖章)   (单位资质专用章)

法定代表人   法定代表人

或其授权人:_____   或其授权人:_____

     (签字或盖章)   (签字或盖章)

编 制 人:_____   核 对 人:_____

  (造价人员签字盖专用章)   (造价工程师签字盖专用章)

编制时间: 年 月 日   核对时间: 年 月 日

表 5-22 投标报价扉页

投 标 总 价

招标人:_____

工程名称:_____

投标总价(小写):_____

      (大写):_____

投 标 人:_____

         (单位盖章)

法定代表人

或其授权人:_____

         (签字或盖章)

编 制 人:_____

      (造价人员签字盖专用章)

编制时间: 年 月 日

表 5-23 建设项目招标控制价/投标报价汇总表

工程名称: 第 页 共 页

序号	单项工程名称	金额/元	其 中		
			暂估价	安全文明施工费/元	规费/元
	合 计				

注:本表适用于建设项目招标控制价或投标报价的汇总。

表 5-24 单项工程招标控制价/投标报价汇总表

工程名称: 第 页 共 页

序号	单项工程名称	金额/元	其 中		
			暂估价	安全文明施工费/元	规费/元
	合 计				

注:本表适用于单项工程招标控制价或投标报价的汇总。暂估价包括分部分项工程中的暂估价和专业工程暂估价。

表 5-25　单位工程招标控制价/投标报价汇总表

工程名称：　　　　　标段：　　　　　　　　　　　　　　　　　第　页　共　页

序号	汇 总 内 容	金额/元	其中:暂估价
1	分部分项工程		
1.1			
1.2			
1.3			
1.4			
1.5			
2	措施项目		
2.1	其中:安全文明施工费		
3	其他项目		
3.1	其中:暂列金额		
3.2	其中:专业工程暂估价		
3.3	其中:计日工		
3.4	其中:总承包服务费		
4	规费		
5	税金		
招标控制价合计 = 1 + 2 + 3 + 4 + 5			

注：本表适用于单位工程招标控制价或投标报价。如无单位工程划分，单项工程也使用本表汇总。

表 5-26　综合单价分析表

工程名称：　　　　　标段：　　　　　　　　　　　　　　　　　第　页　共　页

项目编码		项目名称		计量单位		工程量	

清单综合单价组成明细

定额编号	定额名称	定额单位	数量	单　价				合　价			
				人工费	材料费	机械费	管理费和利润	人工费	材料费	机械费	管理费和利润

人工单价		小计									
元/工日		未计价材料费									

清单项目综合单价

材料费明细	主要材料名称、规格、型号	单位	数量	单价/元	合价/元	暂估单价/元	暂估合价/元
	其他材料费			—		—	
	材料费小计			—		—	

注：1. 如不使用省级或行业建设主管部门发布的计价依据，可不填定额项目、编号等。
　　2. 招标文件提供了暂估单价的材料，按暂估的单价填入表内"暂估单价"栏及"暂估合价"栏。

2. 工程量清单计价格式的填写要求

（1）封面和扉页　招标控制价封面和扉页应按规定的内容填写、签字、盖章。签字盖章的要求与编制招标工程量清单相同。投标人在编制投标报价时，编制人员必须是在投标人单位注册的造价人员。由投标人盖单位公章，法定代表人或其授权人签字或盖章；编制的造价人员（造价工程师或造价员）签字盖执业专用章。

（2）总说明　招标控制价的总说明内容应包括：采用的计价依据，采用的施工组织设计及材料价格来源，综合单价中风险因素、风险范围（幅度）、措施项目的依据、其他有关内容的说明等。投标报价的总说明一般以工程量清单和招标控制价中总说明为基础，明确报价的依据，尤其是关于价格、费用、文件等的列明；且具有针对性、时效性，不能依据过时的市场价格或费用文件及造价规定。

5.3.4　综合单价

1. 综合单价的含义

综合单价是指完成一个规定清单项目所需的人工费、材料和工程设备费、施工机具使用费和企业管理费、利润以及一定范围内的风险费用。

风险费用隐含于已标价工程量清单综合单价中，用于化解发承包双方在工程合同中约定内容和范围内的市场价格波动的费用。

《计价规范》中规定：工程量清单应采用综合单价计价，它不仅适用于分部分项工程工程量清单计价，也适用于措施项目清单和其他项目清单计价。

2. 综合单价的计算方法

在前面我们已经知道，工程量清单计价方式下分部分项工程项目的设置，一般以一个"综合实体"考虑，通常包括多项工程内容。所以，要计算清单项目的综合单价就必须先计算出清单项目所组合的工程内容的人工费、材料费、机械使用费、管理费、利润，然后累加得到分部分项工程费用再除以清单的工程量，最终得到该清单项目的综合单价。投标报价中综合单价具体计算步骤及公式如下：

（1）收集整理和熟悉相关资料　相关资料有：工程量清单，《计价规范》，施工图样，施工组织设计（施工方案），现场地质及水文资料，投标人的安全、环保、文明措施方案，现行市场人工单价、材料单价、机械台班单价，全国及省、市统一消耗量定额、费用定额、单位估价表及企业定额，规范规定、法律条文及其他。

（2）确定清单项目所组合的工程内容及其工程量　依据《计价规范》、施工图样、施工组织设计及清单工程量、项目特征、采用的定额等确定清单项目所组合的工程内容（通常为定额中的子目）并根据所采用的定额的工程量计算规则计算子目工程量。注意工程子目工程量和清单工程量不一定相等。

（3）计算分部分项工程费用

1）根据所选定额查出每个工程内容定额工料机的消耗量。根据市场确定工料机单价。

2）计算清单所组合的工程内容的费用

$$工程内容的费用 = 人工费 + 材料费 + 机械费 \tag{5-1}$$

其中：

$$人工费 = \sum（工日数 \times 人工单价）$$

$$= \sum(子目工程量 \times 定额人工消耗量 \times 人工单价) \qquad (5-2)$$

$$材料费 = \sum(材料数量 \times 材料单价)$$

$$= \sum(子目工程量 \times 定额材料消耗量 \times 材料单价) \qquad (5-3)$$

$$机械费 = \sum(机械台班数 \times 机械台班单价)$$

$$= \sum(子目工程量 \times 定额机械台班消耗量 \times 台班单价) \qquad (5-4)$$

3）计算分部分项工程直接费（人工费、材料费、机械费）

$$分部分项工程直接费 = \sum 工程内容费用 \qquad (5-5)$$

4）计算管理费

$$管理费 = 分部分项工程直接费 \times 管理费率 \qquad (5-6)$$

或 $$管理费 = 分部分项工程人工费 \times 管理费率 \qquad (5-7)$$

在这里还有一点要说明的，如果计价时采用的地方定额（量价合一的）子目基价中已包含管理费，就应在第2）就先计算管理费，此时管理费的计算公式如下：

$$管理费 = 子目的工程量 \times 定额的管理费 \qquad (5-8)$$

5）计算利润

$$利润 = 分部分项工程直接费 \times 利润率 \qquad (5-9)$$

或 $$利润 = 分部分项工程人工费 \times 利润率 \qquad (5-10)$$

有些地方计价时也将利润放在第2）步中进行，此时的利润的计算式一般为：

$$利润 = 工程内容的人工费 \times 利润率 \qquad (5-11)$$

6）考虑风险费用：在确定人工单价、材料单价、机械台班单价时要按招标文件中的要求考虑风险系数，管理费费率和利润率投标人一旦明确就不能修改，其风险投标人全部承担。

7）计算分部分项工程总价

$$分部分项工程总价 = 分部分项工程直接费 + 管理费 + 利润 \qquad (5-12)$$

（4）确定综合单价

$$综合单价 = 分部分项工程总价/清单工程量 \qquad (5-13)$$

（5）填写分部分项工程工程量清单综合单价计算表

3. 综合单价计算实例

【例5-1】 经招标人根据施工图计算：某宾馆玻璃隔断的清单工程量为10.8m²。它所组合的工程内容及其工程量根据全国统一的装饰装修工程消耗量定额计算分别为：①12mm厚钢化玻璃隔断10.8m²；②单独不锈钢板边框1.26m²。假定项目管理费、利润均以分部分项工程直接费为计算基础，管理费费率为17%，利润率为8%，暂不考虑风险。试计算该清单项目的综合单价。

【解】 该题目已事先给出清单项目所组合的工程内容及其工程量，如果招标人只提供了工程量清单而未提供工程内容的工程量就必须由投标人计算，然后再进行下列计算。

（1）计算各工程内容的费用 以下计算式中工料机定额的消耗量套用《全国统一装饰装修工程消耗量定额》。单价由投标人根据工程所在地情况确定。

1）12mm厚钢化玻璃隔断费用，计算过程见表5-27。

表 5-27 12mm 厚钢化玻璃隔断费用计算表

工料机名称	人工费、材料费、机械费计算式	分类合计
综合工日	45 元/工日 ×0.3186 工日/m² ×10.8m² =154.84 元	人工费:154.84 元
钢化玻璃 膨胀螺栓 橡胶条 角钢 玻璃胶	124 元/m² ×1.0604m²/m² ×10.8m² =1420.09 元 1.05 元/套 ×3.5408 套/m² ×10.8m² =40.15 元 1.2 元/m ×1.5789m/m² ×10.8m² =20.46 元 2.6 元/kg ×4.3622kg/m² ×10.8m² =122.49 元 18 元/支 ×0.2573 支/m² ×10.8m² =50.02 元	材料费:1653.21 元
交流电焊机 电动切割机	54 元/台班 ×0.0022 台班/m² ×10.8m² =1.28 元 52 元/台班 ×0.0438 台班/m² ×10.8m² =24.6 元	机械费:25.88 元
合计		1833.93 元

2）不锈钢板边框费用，计算过程见表 5-28。

表 5-28 不锈钢板边框费用计算表

工料机名称	人工费、材料费、机械费计算式	分类合计
综合工日	45 元/工日 ×0.3887 工日/m² ×1.26m² =22.04 元	人工费:22.04 元
杉木锯材 0.8mm 厚不锈钢板	1200 元/m³ ×0.017m³/m² ×1.26m² =25.70 元 300 元/m² ×1.1m²/m² ×1.26m² =415.80 元	材料费:441.5 元
人工圆锯机 ϕ500mm 木工刨床	15 元/台班 ×0.0017 台班/m² ×1.26m² =0.03 元 9 元/台班 ×0.0136 台班/m² ×1.26m² =0.15 元	机械费:0.18 元
合计		463.72 元

（2）计算分部分项工程直接费

分部分项工程直接费 = Σ工程内容费用

= 1833.94 元 + 463.72 元 = 2297.65 元

（3）计算管理费

管理费 = 分部分项工程直接费 ×管理费率（按 17% 计取）

= 2297.65 元 ×17% = 390.60 元

（4）计算利润

利润 = 分部分项工程直接费 ×利润率（按 8% 计取）

= 2297.65 元 ×8% = 183.81 元

（5）风险费不计

（6）计算分部分项工程总价

分部分项工程总价 = 分部分项工程直接费 + 管理费 + 利润

= 2297.65 元 + 390.60 元 + 183.81 元 = 2872.06 元

（7）确定综合单价

综合单价 = 分部分项工程总价/清单工程量

= 2872.06 元/10.8 m² = 265.93 元/m²

（8）填写综合单价分析表 将表 5-27 和表 5-28 中各工程内容的人工费、材料费和机械费除以清单工程量 10.8 m² 后填入表 5-29 综合单价分析表中。在填写"项目名称"时可按照"分部分项工程量清单"原样填写，但有些地区规定可将项目特征省略。

表5-29　综合单价分析表

工程名称：某装饰工程　　　　　　标段：　　　　　　　　　　　　　　　　第　页　共　页

项目编码	011210003001	项目名称	玻璃隔断	计量单位	m²	工程量	10.8

清单综合单价组成明细

定额编号	定额名称	定额单位	数量	单价				合价			
				人工费	材料费	机械费	管理费和利润	人工费	材料费	机械费	管理费和利润
2-235	12mm厚钢化玻璃隔断	m²	10.8	14.34	153.08	2.40	42.45	154.84	1653.26	25.88	458.48
2-233	不锈钢边框	m²	1.26	17.49	350.40	0.14	92.01	22.04	441.50	0.18	115.93
人工单价			小计					176.88	2094.76	26.06	574.41
45元/工日			未计价材料费								
			清单项目综合单价					265.93			

主要材料名称、规格、型号	单位	数量	单价/元	合价/元	暂估单价/元	暂估合价/元
钢化玻璃12mm	m²	11.452	124	1420.29		
膨胀螺栓	套	38.241	1.05	40.15		
橡胶条	m	275.66	1.2	20.46		
角钢	kg	47.112	2.6	122.49		
玻璃胶	支	2.779	18	50.02		
杉木锯材	m³	0.021	1200	25.70		
0.8mm厚不锈钢板	m²	1.386	300	415.80		
其他材料费			—		—	
材料费小计			—	2094.91	—	

材料费明细（左侧纵列）

5.3.5　分部分项工程费计算

分部分项工程费是指完成分部分项工程量清单所列出的各分部分项工程所需的费用。计算公式为：分部分项工程费 = Σ清单工程量×综合单价

分部分项工程费计算通常是通过分部分项工程量计价表实现的。

【例5-2】　计算【例5-1】中的玻璃隔断清单项目的分部分项工程费。

【解】　玻璃隔断清单项目的分部分项工程费的计算过程见表5-30。

5.3.6　措施项目费的计算

1. 措施项目费的构成

措施项目的内容在上节表5-3中已基本列出。招标人提供的措施项目是依据项目的具体情况，考虑常用的、一般情况下可能发生的措施费用确定的。原则上投标人报价时可以根据招标文件的要求，以及自己企业所采用的施工方案的具体情况调整措施项目及其内容。

表 5-30　分部分项工程和单价措施项目清单与计价表

工程名称：某装饰工程　　　　　标段：　　　　　　　　　　　　第　页　共　页

序号	项目编码	项目名称	项目特征描述	计量单位	工程量	金额/元		
						综合单价	合价	其中
								暂估价
1	011210003001	玻璃隔断	1. 0.8mm 厚镜面不锈钢边框 2. 12mm 厚钢化玻璃隔断 3. 玻璃胶嵌缝	m²	10.80	265.93	2872.06	
			本页小计				2872.06	
			合计				2872.06	

　　某些省市的主管部门根据当地的措施项目费用特征制定了措施费用项目内容及其计算方法，以指导当地的工程计价活动。例如，广东省根据措施项目费用性质不同，将措施项目分为安全防护、文明施工措施项目和其他措施项目。安全防护、文明施工措施项目有：环境保护、文明施工、安全施工、临时设施。其他措施项目有：夜间施工、二次搬运、大型机械设备进出场及安拆、混凝土和钢筋混凝土模板及支架、脚手架、已完工程及设备保护、施工排水和降水、垂直运输、室内空气污染测试、建筑垃圾外运、工程保险、工程保修、赶工措施、预算包干等。

2. 措施项目费的计算方法

　　投标报价时，措施项目费由编制人自行计算，但各省市地区计算措施项目费的方法并不完全相同，一般可以采用以下方法来确定。

　　（1）单价措施项目依定额计算　在措施项目中有一些项目，如脚手架、已完工程及设备保护、垂直运输、建筑垃圾外运等项目的消耗标准，已编制在省市的装饰装修工程定额内。它们的费用计算过程与分部分项工程费计算一样，首先应根据招标文件和招标工程量清单项目中的特征描述计算综合单价，然后乘以单价措施项目工程量得到单价措施项目工程费，结果填写在分部分项工程和单价措施项目清单与计价表中。填写案例见表 5-31。

表 5-31　分部分项工程和单价措施项目清单与计价表

工程名称：某装饰工程　　　　　标段：　　　　　　　　　　　　第 1 页　共 1 页

序号	项目编码	项目名称	项目特征描述	计量单位	工程量	金额/元		
						综合单价	合价	其中
								暂估价
1	011701006001	满堂脚手架	1. 搭设高度:4.5m 以内 2. 搭设位置:吊顶 3. 脚手架材质:钢管	m²	651.44	10.04	6540.46	
			本页小计				6540.46	
			合计				6540.46	

（2）总价措施项目按系数计算　有一些措施项目不能直接以量化的方法加以计量，如环境保护、夜间施工、施工排水和降水、工程保险、工程保修、赶工措施、预算包干等费用，通常都以分部分项工程费或者以人工费等乘以一个系数计算，结果填写在总价措施项目清单与计价表中。填写案例见表5-32。

表5-32　总价措施项目清单与计价表

工程名称：某装修工程　　　　　　标段：　　　　　　　　　　　　　　　第 1 页　共 1 页

序号	项目编码	项目名称	计算基础	费率（%）	金额/元	调整费率（%）	调整后金额/元	备注
1	011707001001	安全文明施工费	分部分项合计	2.5	146332.87			
2	011707006001	地上、地下设施，建筑物的临时保护设施	技术措施项目人工费＋分部分项人工费	20	193598.05			
		合计			339930.92			

5.3.7　其他项目费计算

其他项目应按下列规定报价：

（1）暂列金额　应按其他项目清单中列出的金额填写，不得变动。

（2）暂估价　暂估价不得变动。暂估价中的材料、工程设备必须按照暂估单价计入综合单价；专业工程暂估价必须按照其他项目清单中列出的金额填写。

（3）计日工　应按照其他项目清单列出的项目和估算的数量，自主确定各项综合单价并计算费用。填写案例见表5-33。

表5-33　计日工表

工程名称：××装饰装修工程　　　　　　标段：　　　　　　　　　　　第 　页　共 　页

编号	项目名称	单位	暂定数量	实际数量	综合单价/元	合价/元 暂定	合价/元 实际
一	人工						
1	高级装修工	工日	80		125	10000	
	人工小计					10000	
二	材料						
1	水泥 32.5R	t	8		400	320	
	材料小计					320	
三	施工机械						
1	灰浆搅拌机（200L）	台班	2		84.2	168.4	
	施工机械小计					168.4	
四、企业管理费和利润		人工费×18%				1800	
	合计					12288.4	

（4）总承包服务费　应依据招标人在招标文件中列出的分包专业工程内容和供应材料、设备情况，按照招标人提出协调、配合与服务要求和施工现场管理需要自主确定。一般按工程量清单中总承包服务费计价表所填写的分包工程或甲方供材的项目价值为计算基础乘以投

标人确定的费率进行计算。填写案例见表5-34。

表5-34 总承包服务费计价表

工程名称：××装饰装修工程　　　　　　　　标段：　　　　　　　　　　　　　第　页　共　页

序号	工程名称	项目价值/元	服务内容	计算基础	费率(%)	金额/元
1	发包人发包专业工程	50000	1. 按专业工程承包人的要求提供施工工作面并对施工现场进行统一管理,对竣工资料进行统一整理汇总 2. 为专业工程承包人提供垂直运输机械和焊接电源接入点,并承担垂直运输费和电费	项目价值	5	2500
2	发包人提供材料	50000	对发包人供应的材料进行验收及保管和使用发放	项目价值	1.5	750
	合计	—		—	—	3250

5.3.8　规费计算

　　规费是指按政府和有关部门规定必须缴纳的费用,包括:社会保险费、住房公积金、工程排污费等。这些费用必须按国家或省级、行业建设主管部门的规定计算,不得作为竞争性费用。通常由各省市政府主管部门制定出具体费率,由投标人按其规定的计算基数乘以费率计算,见表5-35。

5.3.9　税金计算

　　税金必须按国家或省级、行业建设主管部门的规定计算,不得作为竞争性费用。计算填写案例见表5-35。

表5-35　规费、税金项目计价表

工程名称：××装饰装修工程　　　　　　　标段：　　　　　　　　　　　第　页　共　页

序号	项目名称	计算基础	计算基数	费率(%)	金额/元
1	规费	定额人工费	1.1+1.2+1.3		275877.20
1.1	社会保险费	定额人工费	(1)~(5)		217797.79
(1)	养老保险费	定额人工费		14	135518.63
(2)	失业保险费	定额人工费		2	19359.80
(3)	医疗保险费	定额人工费		6	58079.41
(4)	工伤保险费	定额人工费		0.25	2419.98
(5)	生育保险费	定额人工费		0.25	2419.98
1.2	住房公积金	定额人工费		6	58079.41
1.3	工程排污费	按工程所在地环境保护部门收取标准,按实计入			
2	税金	分部分项工程费+措施项目费+其他项目费+规费-按规定不计税的工程设备金额		3.41	281828.09
	合计	—		—	557705.29

5.4 工程量清单和工程量清单计价编制实例

下面仍然通过 4.4 节中某市某公司经理办公室的装饰装修工程来说明按工程量清单计价方式编制该工程的工程量清单以及工程量清单计价的过程。

5.4.1 工程概况

工程情况及装饰工程图样详见 4.4.1 节的内容。

5.4.2 工程量计算及工程量清单

根据《计价规范》和《计量规范》的规定计算工程量并编制相应的工程量清单。

1. 工程量计算

分部分项工程工程量清单所有项目以及单价措施项目的工程量计算见表 5-36。

表 5-36　工程量计算表

序号	项目编码	项目名称	单位	数量	计　算　式
1	011102003001	块料楼地面	m^2	43.29	$7.5 \times 5.88 - 0.7 \times 0.58 \times 2$（扣除柱 Z_2）
2	011105005001	木质踢脚线	m^2	3.38	$[(7.5 + 0.58 \times 2) \times 2 + 5.88 \times 2 - 0.95] \times 0.12$
3	011208001001	柱面装饰	m^2	13.92	$(0.58/2 + 0.58) \times 2.55 \times 2$（柱 Z_1）$+$ $(0.7 + 0.58 \times 2) \times 2.55 \times 2$（柱 Z_2）
4	011302001001	吊顶天棚（木结构天棚）	m^2	2.29	$[0.3 + (0.1 + 0.14) \times 2] \times$ $[0.5 + (0.1 + 0.14) \times 2]$
5	011302001002	吊顶天棚（轻钢龙骨石膏板天棚）	m^2	40.05	$44.1 - 2.29 - 1.764$
		其中：天棚净面积	m^2	44.1	7.5×5.88
		扣减木龙骨面积	m^2	-2.29	同序号 4 的计算式
		扣减窗帘盒面积	m^2	-1.764	0.3×5.88
6	010807001001	铝合金推拉窗	樘	3	
7	010810003001	胶合板窗帘盒	m	5.88	$6 - 0.12$
8	010810001001	百叶窗帘	m^2	11.76	$5.88 \times (1.7 + 0.3)$
9	010809004001	石材窗台板	m^2	0.76	$(6 - 0.12) \times 0.13$
10	010801001001	夹板装饰门	m^2	1.79	0.85×2.1
11	010808003001	饰面夹板筒子板	m^2	0.81	$(0.85 + 2.1 \times 2) \times 0.16$
12	010808006001	门窗贴脸	m^2	0.53	$(0.95 + 2.15 \times 2) \times 2 \times 0.05$
13	011401001001	木门油漆	m^2	1.79	同序号 10 的计算式
14	011403002001	窗帘盒油漆	m^2	3.71	$5.88 \times (0.3 + 0.3) + 0.3 \times 0.3 \times 2$
15	011404002001	踢脚线、门窗套油漆	m^2	4.72	3.38（见序号 2 计算式）+ 0.81（见序号 11 计算式）+ 0.53（见序号 12 计算式）
16	011404012001	梁柱饰面油漆	m^2	13.92	见序号 3 计算式

（续）

序号	项目编码	项目名称	单位	数量	计 算 式
17	011406001001	抹灰面油漆	m²	3.19	$[0.3+(0.1+0.14)\times2]\times[0.5+(0.1+0.14)\times2]\times3+\{[(0.3+0.1\times2+0.5+0.1\times2)\times2\times0.075]($跌级侧立面$)+[(0.3+0.5)\times2\times0.075]($跌级侧立面$)\}\times3$
18	011406001002	抹灰面油漆	m²	47.26	$40.05($见序号5计算式$)+(3.6+0.16\times2)\times(2.8+0.16\times2)-3.6\times2.8+(3.6+2.8)\times2\times0.12+[(3.6+0.16\times2)+(2.8+0.16\times2)]\times2\times0.25$
19	011407006001	木材构件喷刷防火涂料	m²	3.19	同序号17计算式
20	011408001001	墙面贴墙纸	m²	46.34	$15.82+4.17+0.99+13.89+11.47$
		其中：A立面	m²	15.82	$7.5\times2.43-0.29\times2.43($柱$Z_1)-0.7\times2.43($柱$Z_2)$
		B立面	m²	4.17	$5.88\times(0.73-0.02)$
		窗洞口的侧壁	m²	0.99	$[(1.7+0.3)\times2+5.88]\times0.1$
		C立面	m²	13.89	$7.5\times2.43-0.29\times2.43($柱$Z_1)-0.7\times2.43($柱$Z_2)-0.95\times(2.15-0.12)($门及门贴脸$)$
		D立面	m²	11.47	$5.88\times2.43-0.58\times2\times2.43($柱$Z_1)$
21	011408001001	墙纸裱糊	m²	46.34	$15.82+4.17+0.99+13.89+11.47$
22	粤011701012001	活动脚手架	m²	68.24	$(7.5\times2.55+5.88\times2.55)\times2$
23	粤011701012002	活动脚手架	m²	44.1	7.5×5.88

2. 工程量清单的编制

（1）编写工程量清单封面和扉页　招标工程量清单封面和扉页见表5-37和表5-38。

表5-37　招标工程量清单封面

<table>
<tr><td>

某经理办公室装饰装修工程

招标工程量清单

招　标　人：××公司 _____

（单位盖章）

造价咨询人：××× _____

（单位盖章）

××年××月××日
</td></tr>
</table>

表 5-38　招标工程量清单扉页

某经理办公室装饰装修工程

招标工程量清单

招标人：××公司 _____　　　　　造价咨询人：××× _____

（单位盖章）　　　　　　　　　　　　　　　（单位资质专用章）

法定代表人　　　　　　　　　　　　　　　　法定代表人

或其授权人：××× _____　　　　或其授权人：××× _____

（签字或盖章）　　　　　　　　　　　　　（签字或盖章）

编　制　人：××× _____　　　　核　对　人：××× _____

（造价人员签字盖专用章）　　　　　　　　（造价工程师签字盖专用章）

编制时间：××年××月××日　　　　　　　　核对时间：××年××月××日

（2）填写总说明　总说明见表5-39。

表 5-39　总说明

工程名称：某经理办公室装饰装修工程　　　　　　　　　　　　　　　第　页　共　页

1. 工程概况：建筑面积为47.74m²，首层，层高3.2m，钢筋混凝土框架结构。现场交通运输方便。
2. 工程招标和分包范围：经理办公室装饰装修工程，无分包工程。
3. 工程量清单依据：某经理办公室装饰装修施工图，《建设工程工程量清单计价规范》（GB 50500—2013），《房屋建筑与装饰工程工程量计算规范》（GB 50854—2013），《广东省装饰装修工程计价办法》（2010），《广东省建筑与装饰工程工程量清单计价指引》（2013）。
4. 工程质量、材料、施工等的特殊要求：工程质量应达到优良标准。材料应选用优质产品。
5. 材料均由投标人采购供应。

（3）编制分部分项工程工程量清单和单价措施清单项目　分部分项工程和单价措施项目清单与计价表见表5-40。

表 5-40　分部分项工程和单价措施项目清单与计价表

工程名称：某经理办公室装饰装修工程　　　　　　标段：　　　　　　　　　第　页　共　页

序号	项目编码	项目名称	项目特征描述	计量单位	工程量	金额/元		
						综合单价	合价	其中暂估价
1	011102003001	块料楼地面	1. 结合层：10mm 厚，1:2水泥砂浆 2. 面层：600mm × 600mm 东鹏米黄色抛光砖、优质品 3. 白水泥浆擦缝	m²	43.29			
2	011105005001	木质踢脚线	1. 120mm 高踢脚线 2. 基层：9mm胶合板，规格1220mm×2440mm×9mm 3. 面层：红榉饰面板，规格1220mm×2440mm×3mm	m²	3.38			

（续）

序号	项目编码	项目名称	项目特征描述	计量单位	工程量	金额/元		
						综合单价	合价	其中暂估价
3	011208001001	柱（梁）面装饰	1. 木结构底,饰面胶合板包方柱 2. 木龙骨,9mm 胶合板 3. 面层:红榉饰面板,规格 1220mm×2440mm×3	m²	13.92			
4	011302001001	吊顶天棚（木结构天棚）	1. 吊顶形式:阶梯式吊顶 2. 木龙骨规格 25mm×40mm,中距 300mm×300mm 3. 基层:9mm 胶合板。规格 1220mm×2440mm×9mm	m²	2.29			
5	011302001002	吊顶天棚（轻钢龙骨石膏板天棚）	1. 吊顶形式:跌级式吊顶 2. U 形轻钢龙骨,中距 450mm×450mm 3. 基层:9mm 石膏板,规格 1220mm×2440mm×9mm	m²	40.05			
6	010807001001	铝合金推拉窗	1. 90 系列铝合金双扇带上亮推拉窗 2. 单樘尺寸:1960mm×2000mm 3. 铝材壁厚 1.2mm,5mm 厚平板玻璃	樘	3			
7	010810003001	胶合板窗帘盒	1. 300mm×300mm 胶合板窗帘盒 2. 铝合金窗轨 L=1000mm	m	5.88			
8	010810001001	百叶窗帘	PVC 垂直百叶帘	m²	11.76			
9	010809004001	石材窗台板	1. 进口西班牙米黄大理石窗台板 2. 石材磨边、抛光	m²	0.76			
10	010801001001	木质门（夹板装饰门）	1. 门扇面积 1.79m² 2. 木龙骨规格 32mm×35mm 3. 基层:4mm 胶合板,规格 1220mm×2440mm×4mm 4. 面层:红榉饰面板,规格 1220mm×2440mm×3mm	m²	1.79			
11	010808003001	饰面夹板筒子板	1. 基层:18mm 胶合板 2. 面层:红榉饰面板,规格 1220mm×2440mm×3mm	m²	0.81			
12	010808006001	门窗木贴脸	50mm×20mm 榉木装饰凹线	m²	0.53			

（续）

序号	项目编码	项目名称	项目特征描述	计量单位	工程量	金额/元		
						综合单价	合价	其中暂估价
13	011401001001	木门油漆	1. 夹板装饰门 2. 饰面板漆片、叻架	m²	1.79			
14	011403002001	窗帘盒油漆	白色 ICI 乳胶漆底漆两遍面漆两遍	m	5.88			
15	011404002001	踢脚线、门窗套油漆	饰面板漆片、叻架	m²	4.72			
16	011404012001	梁柱饰面油漆	1. 木龙骨、基层板刷防火漆两遍 2. 饰面板漆片、叻架	m²	13.92			
17	011406001001	抹灰面油漆	1. 胶合板基层（吊顶） 2. 白色 ICI 乳胶漆底漆两遍面漆两遍	m²	3.19			
18	011406001002	抹灰面油漆	1. 石膏板基层（吊顶） 2. 白色 ICI 乳胶漆底漆两遍面漆两遍	m²	47.26			
19	011407006001	木材构件喷刷防火涂料	1. 吊顶木龙骨和基层板 2. 防火漆两遍	m²	3.19			
20	011408001001	墙纸裱糊	1. 墙面满挂油性腻子 2. 裱糊米色玉兰墙纸	m²	46.34			
21	粤 011701012001	活动脚手架	搭设部位：内墙	m²	68.24			
22	粤 011701012002	活动脚手架	搭设部位：天棚	m²	44.1			
			本页小计					
			合计					

（4）编制总价措施项目清单　总价措施项目清单与计价表见表 5-41。

表 5-41　总价措施项目清单与计价表

工程名称：某经理办公室装饰装修工程　　　　标段：　　　　　　　　　　　第 1 页　共 1 页

序号	项目编码	项目名称	计算基础	费率（%）	金额/元	调整费率（%）	调整后金额/元	备注
1	011707001001	按系数计算的其他安全文明施工措施项目						
		合计						

（5）编制其他项目清单以及相应项目明细表　其他项目清单以及相应明细表项目见表 5-42 和表 5-43。

表 5-42　其他项目清单与计价汇总表

工程名称：某经理办公室装饰装修工程　　　　　　　　　　　　　　　　　　第　页　共　页

序号	项目名称	金额/元	结算金额/元	备注
1	暂列金额	2000		明细详见表 5-43
2	材料检验试验费			
3	预算包干费			
	合计			—

表 5-43　暂列金额明细表

工程名称：某经理办公室装饰装修工程　　　　　　　　　　　　　　　　　　第　页　共　页

序号	项目名称	计量单位	暂定金额/元	备注
1	工程量清单中工程量偏差和设计变更、政策调整和材料价格风险等	项	2000	
	合计		2000	—

（6）编制规费、税金项目清单　规费、税金项目计价表见表 5-44。

表 5-44　规费、税金项目计价表

工程名称：某经理办公室装饰装修工程　　　　　　　　　　　　　　　　　　第　页　共　页

序号	项目名称	计算基础	计算基数	费率(%)	金额/元
1	规费	分部分项工程费＋措施项目费＋其他项目费			
1.1	工程排污费	分部分项工程费＋措施项目费＋其他项目费			
1.2	施工噪声排污费	分部分项工程费＋措施项目费＋其他项目费			
1.3	意外伤害保险费	分部分项工程费＋措施项目费＋其他项目费			
2	防洪工程维护费及税金	分部分项工程费＋措施项目费＋其他项目费＋规费			
	合计	—			

5.4.3　综合单价及工程量清单计价

1. 综合单价的计算

本实例综合单价的计算是根据上述工程量清单、《广东省建筑与装饰工程综合定额》（2010 年）的消耗量指标编制的，人工单价调整为 102 元/工日，材料费及机械费均采用定额价，利润按人工费的 18% 计取，工程实际中应进行调整。现仅摘录一个分部分项工程的清单综合单价分析表（表 5-45）说明该工程综合单价的计算方法。

2. 工程量清单计价

本实例的工程量清单计价的各项报表是根据该工程的工程量清单并参考《广东省装饰装修工程综合定额》以及广东省、广州市有关计价规定编制而成的，具体报表内容见表 5-46 ~ 表 5-55。

表 5-45　综合单价分析表

工程名称：某经理办公室装饰装修工程　　　　　标段：　　　　　　　　　第　页　共　页

项目编码	011310200003	项目名称	吊顶天棚	计量单位	m²	工程量	40.05

清单综合单价组成明细

定额编号	定额名称	定额单位	数量	单价				合价			
				人工费	材料费	机械费	管理费和利润	人工费	材料费	机械费	管理费和利润
A11-34	天棚 U 形轻钢龙骨	100m²	0.01①	1735.02	3775.02	8.26	444.28	17.35	37.75	0.08	4.44
A11-86	天棚石膏板	100m²	0.012①	908.82	2116.84		232.07	10.72	24.98		2.74
人工单价			小计					28.07	62.73	0.08	7.18
102 元/工日			未 计 价 材 料 费								
清单项目综合单价								98.06			

材料费明细	主要材料名称、规格、型号	单位	数量	单价/元	合价/元	暂估单价/元	暂估合价/元
	圆钢（Φ10 以内）	t	0.000	3757.47	1.13		
	等边角钢（综合）	t	0.000	4069.80	1.63		
	自攻螺钉（M4×15）	十个	2.714	0.13	0.35		
	螺母（综合）	十个	0.352	0.21	0.07		
	高强度螺栓	kg	0.012	6.64	0.08		
	#3 专用螺母垫圈（Q235）	块	0.176	1.76	0.31		
	低碳钢焊条（综合）	kg	0.013	4.90	0.06		
	射钉	十个	0.153	0.05	0.01		
	石膏板	m²	1.239	19.81	24.54		
	轻钢中龙骨	m	3.390	4.50	15.26		
	轻钢大龙骨（45）	m	1.373	5.20	7.14		
	轻钢中龙骨横撑（h=19）	m	2.698	4.50	12.14		
	其他材料费			—	0.08		
	材料费小计			—	62.80		

① 此处的数量为该项目定额工程量除以清单工程量得到的。

表 5-46　投标报价封面

某经理办公室装饰装修工程

投标总价

投　标　人：××装饰公司

（单位盖章）

××年××月××日

表 5-47 投标报价扉页

投 标 总 价

招标人：××公司

工程名称：某经理办公室装饰装修工程

投标总价(小写)：28507.31 元

_____(大写)： 两万捌仟伍百零柒元叁角壹分

投 标 人：××装饰公司

(单位盖章)

法定代表人

或其授权人：××

(签字或盖章)

编 制 人：××

(造价人员签字盖专用章)

编制时间：××年××月××日

表 5-48 投标报价总说明

工程名称：某经理办公室装饰装修工程　　　　　　　　　　　　　　　　　　　　第 页 共 页

1. 工程概况：建筑面积为 47.74m²，首层，层高 3.2m，钢筋混凝土框架结构。现场交通运输方便。
2. 投标报价范围：经理办公室施工图范围内的装饰装修工程，不含可移动的家具。
3. 投标报价编制依据：
(1)某经理办公室装饰装修施工图及投标施工组织设计。
(2)《建设工程工程量清单计价规范》(GB 50500—2013)，《房屋建筑与装饰工程工程量计算规范》(GB 50854—2013)，《广东省装饰装修工程计价办法》(2010)，《广东省建筑与装饰工程工程量清单计价指引》(2013)，《广东省建筑与装饰工程综合定额》(2010)。
(3)招标文件及其所提供的工程量清单和有关报价要求，招标文件的补充通知和答疑纪要等。
(4)执行广州市的计费程序及其相关费用文件，利润率为 18%，人工单价为 102 元/工日，材料单价按本公司掌握的价格情况并参照广州市××年××月建设工程造价管理站《工程造价信息》发布的价格信息。

表 5-49 单位工程投标报价汇总表

工程名称：某经理办公室装饰装修工程　　　　　　　　　　　　　　　　　　　　第 页 共 页

序号	汇 总 内 容	金额/元	其中：暂估价
1	分部分项工程	22007.93	
1.1	楼地面装饰工程	4861.75	
1.2	墙柱面装饰工程	1823.94	
1.3	天棚工程	4264.69	
1.4	门窗工程	5371.94	
1.5	油漆、涂料、裱糊工程	5350.61	
1.6	脚手架工程	335.00	
2	措施项目	554.6	
2.1	其中：安全文明施工费	554.6	
3	其他项目	2506.18	
3.1	暂列金额	2000	

（续）

序号	汇总内容	金额/元	其中：暂估价
3.2	材料检验试验费	66.02	
3.3	预算包干费	440.16	
4	规费	25.07	
5	防洪工程维护费及税金	897.6	
6	含税工程造价	25991.38	

表 5-50　分部分项工程和单价措施项目清单与计价表

工程名称：某经理办公室装饰装修工程　　　　　　标段：　　　　　　　　　　　　　　第　页　共　页

序号	项目编码	项目名称	项目特征描述	计量单位	工程量	综合单价	合价	其中暂估价
		楼地面装饰工程					4861.75	
1	011102003001	块料楼地面	1. 结合层：10mm 厚，1:2 水泥砂浆 2. 面层：600mm×600mm 东鹏米黄色抛光砖、优质品 3. 白水泥浆擦缝	m²	43.29	103.22	4468.39	
2	011105005001	木质踢脚线	1. 120mm 高踢脚线 2. 基层：9mm 胶合板，规格 1220mm×2440mm×9mm 3. 面层：红榉饰面板，规格 1220mm×2440mm×3mm	m²	3.38	116.38	393.36	
		墙柱面装饰工程					1823.94	
3	011208001001	柱（梁）面装饰	1. 木结构底，饰面胶合板包方柱 2. 木龙骨，9mm 胶合板 3. 面层：红榉饰面板，规格 1220mm×2440mm×3mm	m²	13.92	131.03	1823.94	
		天棚工程					4264.69	
4	011302001001	吊顶天棚（木结构天棚）	1. 吊顶形式：阶梯式吊顶 2. 木龙骨规格 25mm×40mm，中距 300mm×300mm 3. 基层：9mm 胶合板。规格 1220mm×2440mm×9mm	m²	2.29	112.84	337.39	
5	011302001002	吊顶天棚（轻钢龙骨石膏板天棚）	1. 吊顶形式：跌级式吊顶 2. U 形轻钢龙骨，中距 450mm×450mm 3. 基层：9mm 石膏板，规格 1220mm×2440mm×9mm	m²	40.05	98.06	3927.3	
		门窗工程					5371.94	

（续）

序号	项目编码	项目名称	项目特征描述	计量单位	工程量	综合单价	合价	其中暂估价
						金额/元		
6	010807001001	铝合金推拉窗	1. 90系列铝合金双扇带上亮推拉窗 2. 单樘尺寸：1960mm×2000mm 3. 铝材壁厚1.2mm，5mm厚平板玻璃	樘	3	1172.38	3517.14	
7	010810003001	胶合板窗帘盒	1. 300mm×300mm胶合板窗帘盒 2. 铝合金窗轨 $L=1000$mm	m	5.88	45.08	265.07	
8	010810001001	百叶窗帘	PVC垂直百叶帘	m²	11.76	55.95	657.97	
9	010809004001	石材窗台板	1. 进口西班牙米黄大理石窗台板 2. 石材磨边、抛光	m²	0.76	53.44	314.23	
10	010801001001	木质门（夹板装饰门）	1. 门扇面积1.79m² 2. 木龙骨规格32mm×35mm 3. 基层：4mm胶合板，规格1220mm×2440mm×4mm 4. 面层：红榉饰面板。规格1220mm×2440mm×3mm	m²	1.79	253.82	454.34	
11	010808003001	饰面夹板筒子板	1. 基层：18mm胶合板 2. 面层：红榉饰面板，规格1220mm×2440mm×3mm	m²	0.81	113.24	91.72	
12	010808006001	门窗木贴脸	50mm×20mm榉木装饰凹线	m²	0.53	136.14	71.47	
		油漆、涂料、裱糊工程					5350.61	
13	011401001001	木门油漆	1. 夹板装饰门 2. 饰面板漆片、刨架	m²	1.79	121.7	217.84	
14	011403002001	窗帘盒油漆	白色ICI乳胶漆底漆两遍面漆两遍	m	5.88	20.1	118.19	
15	011404002001	踢脚线、门窗套油漆	饰面板漆片、刨架	m²	4.72	83.62	394.69	
16	011404012001	梁柱饰面油漆	1. 木龙骨、基层板刷防火漆两遍 2. 饰面板漆片、刨架	m²	13.92	102.45	1426.1	
17	011406001001	抹灰面油漆	1. 胶合板基层（吊顶） 2. 白色ICI乳胶漆底漆两遍面漆两遍	m²	3.19	31.86	101.63	
18	011406001002	抹灰面油漆	1. 石膏板基层（吊顶） 2. 白色ICI乳胶漆底漆两遍面漆两遍	m²	47.26	26.88	1270.35	
19	011407006001	木材构件喷刷防火涂料	1. 吊顶木龙骨和基层板 2. 防火漆两遍	m²	3.19	17.2	54.87	

（续）

序号	项目编码	项目名称	项目特征描述	计量单位	工程量	金额/元 综合单价	金额/元 合价	金额/元 其中 暂估价
20	011408001001	墙纸裱糊	1. 墙面满挂油性腻子 2. 裱糊米色玉兰墙纸	m²	46.34	38.13	1766.94	
		措施项目					335	
21	粤011701012001	活动脚手架	搭设部位:内墙	m²	68.24	1.93	131.7	
22	粤011701012002	活动脚手架	搭设部位:天棚	m²	44.1	4.61	203.3	
			本页小计				22007.93	
			合计				22007.93	

表 5-51　总价措施项目清单与计价表

工程名称：某经理办公室装饰装修工程　　　　　　标段：　　　　　　　　　　　　　　　第　页　共　页

序号	项目编码	项目名称	计算基础	费率（%）	金额/元	调整费率（%）	调整后金额/元	备注
1	554.6	按系数计算的其他安全文明施工措施项目	分部分项工程费	2.52	554.6			
		合计			554.6			

表 5-52　其他项目清单与计价汇总表

工程名称：某经理办公室装饰装修工程　　　　　　　　　　　　　　　　　　　　第　页　共　页

序号	项目名称	金额/元	结算金额/元	备　注
1	暂列金额	2000		明细详见表 5-63
2	材料检验试验费	66.02		分部分项工程费×费率（0.3%）
3	预算包干费	440.16		分部分项工程费×费率（2%）
	合计	2506.18		—

表 5-53　暂列金额明细表

工程名称：某经理办公室装饰装修工程　　　　　　　　　　　　　　　　　　　　第　页　共　页

序号	项目名称	计量单位	暂定金额/元	备　注
1	工程量清单中工程量偏差和设计变更、政策调整和材料价格风险等	项	2000	
	合计		2000	—

表 5-54　规费、税金项目计价表

工程名称：某经理办公室装饰装修工程　　　　　　　　　　　　　　　　　　　　第　页　共　页

序号	项目名称	计算基础	计算基数	费率（%）	金额/元
1	规费	分部分项工程费＋措施项目费＋其他项目费	1.1＋1.2＋1.3		25.07
1.1	工程排污费	按工程所在地规定的标准计算			
1.2	施工噪声排污费	按工程所在地规定的标准计算			
1.3	意外伤害保险费	分部分项工程费＋措施项目费＋其他项目费		0.1	25.07
2	防洪工程维护费及税金	分部分项工程费＋措施项目费＋其他项目费＋规费		3.577	897.6
	合计	—		—	922.67

表 5-55　综合单价分析表

项目编码	011102003001	项目名称	块料楼地面	计量单位	m²	工程量	43.29

清单综合单价组成明细

定额编号	定额名称	定额单位	数量	单价				合价			
				人工费	材料费	机械费	管理费和利润	人工费	材料费	机械费	管理费和利润
A9-68	600mm×600mm 抛光砖地面	100m²	0.010	2211.46	7233.79		594.11	22.11	72.34		5.94
8001646	水泥砂浆 1:2 制作	m³	0.010	30.60	226.94	16.69	5.51	0.31	2.29	0.17	0.06
	人工单价				小计			22.42	74.63	0.17	6.00
	102 元/工日				未计价材料费			0.00			
	清单项目综合单价							103.22			

主要材料名称、规格、型号		单位	数量	单价/元	合价/元	暂估单价/元	暂估合价/元
材料费明细	复合普通硅酸盐水泥 P.C 32.5	t	0.001	317.07	0.19		
	白色硅酸盐水泥 32.5	t	0.000	592.37	0.06		
	瓷质抛光砖 东鹏米黄	m²	1.025	69.99	71.74		
	白棉纱	kg	0.015	12.29	0.18		
	水	m³	0.030	2.80	0.08		
	抹灰水泥砂浆（配合比1:2）	m³	0.010	226.94	2.29		
	其他材料费			—	0.08		
	材料费小计			—	74.63		

项目编码	011105005001	项目名称	木质踢脚线	计量单位	m²	工程量	3.38

清单综合单价组成明细

定额编号	定额名称	定额单位	数量	单价				合价			
				人工费	材料费	机械费	管理费和利润	人工费	材料费	机械费	管理费和利润
A9-167	120mm 高榉木饰面板踢脚线	100m²	0.010	2598.86	8324.16	13.53	700.58	25.99	83.24	0.14	7.01
	人工单价				小计			25.99	83.24	0.14	7.01
	102 元/工日				未计价材料费			0.00			
	清单项目综合单价							116.38			

主要材料名称、规格、型号		单位	数量	单价/元	合价/元	暂估单价/元	暂估合价/元
材料费明细	圆钉	kg	0.085	5.63	0.48		
	杉木枋	m³	0.021	1675.34	34.85		
	胶合板	m²	1.050	19.35	20.32		
	饰面胶合板	m²	1.050	22.00	23.10		
	臭油水	kg	0.245	1.00	0.25		
	灯用煤油	kg	0.026	2.34	0.06		
	粘合剂	kg	0.170	22.77	3.87		
	白棉纱	kg	0.026	12.29	0.32		
	其他材料费			—			
	材料费小计			—	83.24		

项目编码	011208001001	项目名称	柱（梁）面装饰		计量单位	m²	工程量	13.92

清单综合单价组成明细

定额编号	定额名称	定额单位	数量	单　价				合　价			
				人工费	材料费	机械费	管理费和利润	人工费	材料费	机械费	管理费和利润
A10-250 换	榉木饰面板包方柱	100m²	0.010	4418.33	7497.84		1186.99	44.18	74.98		11.87
人工单价				小计				44.18	74.98	0.00	11.87
102 元/工日				未计价材料费				0.00			
清单项目综合单价								131.03			

主要材料名称、规格、型号	单位	数量	单价/元	合价/元	暂估单价/元	暂估合价/元
圆钉	kg	0.036	5.63	0.20		
枪钉	盒	0.110	7.50	0.83		
杉木枋	m³	0.009	1675.34	15.41		
胶合板	m²	1.050	19.35	20.32		
饰面胶合板	m²	1.100	22.00	24.20		
木线	m	3.040	2.63	7.99		
乳液	kg	1.039	5.80	6.03		
其他材料费				—		—
材料费小计				74.98		—

材料费明细

项目编码	011302001001	项目名称	吊顶天棚（木龙骨）		计量单位	m²	工程量	2.29

清单综合单价组成明细

定额编号	定额名称	定额单位	数量	单　价				合　价			
				人工费	材料费	机械费	管理费和利润	人工费	材料费	机械费	管理费和利润
A11-163	方木天棚龙骨	100m²	0.010	1253.07	4115.68		319.97	12.53	41.16		3.20
A11-170 换	9mm 胶合板基层	100m²	0.011	2313.36	2340.75		590.71	24.68	24.97		6.30
人工单价				小计				37.21	66.13	0.00	9.50
102 元/工日				未计价材料费				0.00			
清单项目综合单价								112.84			

主要材料名称、规格、型号	单位	数量	单价/元	合价/元	暂估单价/元	暂估合价/元
镀锌低碳钢丝	kg	0.030	4.88	0.15		
膨胀螺栓	十个	0.170	3.13	0.53		
圆钉	kg	0.210	5.63	1.18		
射钉	十个	24.645	0.05	1.23		
木方	m	3.200	1.47	4.70		
凹枋	m	18.800	1.84	34.59		
胶合板	m²	1.227	19.35	23.74		
其他材料费				—		—
材料费小计				66.13		—

材料费明细

工程名称：某经理办公室装饰装修工程　　　标段：　　　　　　　　　第5页 共22页

项目编码	011302001002	项目名称	吊顶天棚（轻钢龙骨）	计量单位	m²	工程量	40.05

清单综合单价组成明细

定额编号	定额名称	定额单位	数量	单　价				合　价			
				人工费	材料费	机械费	管理费和利润	人工费	材料费	机械费	管理费和利润
A11-34	装配式U形轻钢天棚龙骨（不上人型）面层规格450mm × 450mm平面	100m²	0.010	1735.02	3775.02	8.26	444.28	17.35	37.75	0.08	4.44
A11-86	石膏板	100m²	0.012	908.82	2116.84		232.07	10.72	24.98		2.74
人工单价			小计					28.07	62.73	0.08	7.18
102 元/工日			未计价材料费					0.00			
			清单项目综合单价					98.06			

材料费明细	主要材料名称、规格、型号	单位	数量	单价/元	合价/元	暂估单价/元	暂估合价/元
	圆钢	t	0.000	3757.47	1.13		
	等边角钢	t	0.000	4069.80	1.63		
	自攻螺钉	十个	2.714	0.13	0.35		
	螺母	十个	0.352	0.21	0.07		
	高强度螺栓	kg	0.012	6.64	0.08		
	#3 专用螺母垫圈	块	0.176	1.76	0.31		
	低碳钢焊条	kg	0.013	4.90	0.06		
	射钉	十个	0.153	0.05	0.01		
	石膏板	m²	1.239	19.81	24.54		
	轻钢中龙骨	m	3.390	4.50	15.26		
	轻钢大龙骨	m	1.373	5.20	7.14		
	轻钢中龙骨横撑	m	2.698	4.50	12.14		
	其他材料费			—	0.08		
	材料费小计			—	62.80	—	

工程名称：某经理办公室装饰装修工程　　　　标段：　　　　　　　　第6页 共22页

| 项目编码 | 010807001001 | 项目名称 | 铝合金推拉窗 | 计量单位 | 樘 | 工程量 | 3 |

清单综合单价组成明细

定额编号	定额名称	定额单位	数量	单价				合价			
				人工费	材料费	机械费	管理费和利润	人工费	材料费	机械费	管理费和利润
A12-260	推拉窗安装带亮	100m²	0.039	2362.01	5947.20		598.30	92.59	233.13		23.45
0960093	铝合金双扇推拉窗90系列带上亮	m²	3.920		210.00				823.20		
人工单价			小计					92.59	1056.33	0.00	23.45
102元/工日			未计价材料费					0.00			
清单项目综合单价								1172.38			

主要材料名称、规格、型号	单位	数量	单价/元	合价/元	暂估单价/元	暂估合价/元
不锈钢螺钉	十个	3.354	2.60	8.72		
木螺钉	十个	6.708	0.30	2.01		
镀锌铁码	支	32.015	0.40	12.81		
平板玻璃	m²	3.920	32.30	126.62		
铝合金双扇推拉窗90系列	m²	3.920	210.00	823.20		
软填料	kg	1.716	2.97	5.10		
玻璃胶	支	1.662	28.00	46.53		
墙边胶	L	0.541	54.50	29.48		
密封毛条	m	16.106	0.11	1.77		
材料费明细	其他材料费			—	0.10	—
	材料费小计			—	1056.33	—

工程名称：某经理办公室装饰装修工程　　　　标段：　　　　　　　　第7页 共22页

| 项目编码 | 010810003001 | 项目名称 | 胶合板窗帘盒 | 计量单位 | m | 工程量 | 5.88 |

清单综合单价组成明细

定额编号	定额名称	定额单位	数量	单价				合价			
				人工费	材料费	机械费	管理费和利润	人工费	材料费	机械费	管理费和利润
A12-181	窗帘盒胶合板单轨	100m	0.010	981.34	3272.52	3.98	249.16	9.81	32.73	0.04	2.49
人工单价			小计					9.81	32.73	0.04	2.49
102元/工日			未计价材料费					0.00			
清单项目综合单价								45.08			

主要材料名称、规格、型号	单位	数量	单价/元	合价/元	暂估单价/元	暂估合价/元
木螺钉	十个	0.110	0.17	0.02		
盘头螺钉	十个	0.330	0.74	0.24		
膨胀螺栓	十个	0.110	2.88	0.32		
圆钉	kg	0.026	5.63	0.15		
铁件	kg	0.296	5.81	1.72		
胶合板	m²	0.373	32.79	12.23		
铝合金窗轨	套	1.120	15.00	16.80		
装饰木条	m	1.111	1.06	1.18		
酚醛红丹防锈漆	kg	0.002	18.00	0.03		
材料费明细	其他材料费			—	0.04	—
	材料费小计			—	32.73	—

项目编码	010809004001		项目名称		石材窗台板		计量单位	m²	工程量	0.76

清单综合单价组成明细

定额编号	定额名称	定额单位	数量	单　价				合　价			
				人工费	材料费	机械费	管理费和利润	人工费	材料费	机械费	管理费和利润
A12-172 换	石材窗台板	100m²	0.001	4920.48	25510.96	216.94	1265.60	6.36	32.97	0.28	1.64
8001646	1:2 水泥砂浆制作	m³	0.003	30.60	226.94	16.69	5.51	0.08	0.62	0.05	0.01
A20-25	石材磨小圆边	100m	0.010	183.60	45.50	799.08	115.34	1.84	0.46	7.99	1.15
人工单价			小计					8.28	34.05	8.32	2.80
102 元/工日			未计价材料费					0.00			
清单项目综合单价								53.44			

材料费明细	主要材料名称、规格、型号	单位	数量	单价/元	合价/元	暂估单价/元	暂估合价/元
	石料切割锯片	片	0.001	31.30	0.02		
	天然石板黑金沙	m²	0.132	250.00	32.95		
	抹灰水泥砂浆(配合比1:2)	m³	0.003	226.94	0.61		
	其他材料费			—	0.46	—	
	材料费小计			—	34.03		

项目编码	010801001001		项目名称		木质门(夹板装饰门)		计量单位	m²	工程量	1.79

清单综合单价组成明细

定额编号	定额名称	定额单位	数量	单　价				合　价			
				人工费	材料费	机械费	管理费和利润	人工费	材料费	机械费	管理费和利润
A12-156	门面贴榉木饰面板	100m²	0.020	1542.24	2524.50		390.65	30.76	50.35		7.79
A12-95	木骨架胶合板门扇安装	100m²	0.010	946.46	464.30		239.74	9.46	4.64		2.40
A12-85	木骨架胶合板门扇制作	100m²	0.010	2707.18	9105.32	483.02	756.53	27.07	91.05	4.83	7.57
A14-2	5mm 宽机锣凹线	100m	0.028	174.42	6.50		45.24	4.97	0.19		1.29
A14-13	门扇实木封边线	100m	0.033	53.24	281.25		13.80	1.75	9.27		0.45
人工单价			小计					74.01	155.50	4.83	19.48
102 元/工日			未计价材料费					0.00			
清单项目综合单价								253.82			

材料费明细	主要材料名称、规格、型号	单位	数量	单价/元	合价/元	暂估单价/元	暂估合价/元
	圆钉	kg	0.060	4.36	0.26		
	射钉	十个	3.362	0.05	0.17		
	镶板、胶合板、半截、全玻璃不带纱木门扇小五金	100m²	0.010	461.80	4.62		
	硬木枋	m³	0.004	5200.00	20.28		
	胶合板	m²	3.035	11.29	34.26		
	饰面胶合板	m²	2.094	22.00	46.07		
	杉木门窗套料	m³	0.023	1551.49	35.68		
	木线	m	3.461	2.63	9.10		
	乳液	kg	0.789	5.80	4.58		
	其他材料费			—	0.73	—	
	材料费小计			—	155.75	—	

工程名称：某经理办公室装饰装修工程　　　　　　标段：　　　　　　

项目编码	010808003001	项目名称		饰面夹板筒子板		计量单位	m²	工程量	0.81

清单综合单价组成明细

定额编号	定额名称	定额单位	数量	单　价				合　价			
				人工费	材料费	机械费	管理费和利润	人工费	材料费	机械费	管理费和利润
A12-166 换	不带木龙骨榉木饰面胶合板筒子板	100m²	0.010	4050.22	6248.02		1025.92	40.50	62.48		10.26
人工单价			小计					40.50	62.48	0.00	10.26
102 元/工日			未计价材料费					0.00			
	清单项目综合单价							113.24			

材料费明细	主要材料名称、规格、型号	单位	数量	单价/元	合价/元	暂估单价/元	暂估合价/元
	胶合板	m²	1.480	19.35	28.64		
	饰面胶合板	m²	1.150	22.00	25.30		
	乳液	kg	0.305	5.80	1.77		
	玻璃胶	支	0.214	28.00	5.98		
	其他材料费			—	0.79	—	
	材料费小计			—	62.48	—	

工程名称：某经理办公室装饰装修工程　　　　　　标段：　　　　　　

项目编码	010810001001	项目名称		百叶窗帘		计量单位	m²	工程量	11.76

清单综合单价组成明细

定额编号	定额名称	定额单位	数量	单　价				合　价			
				人工费	材料费	机械费	管理费和利润	人工费	材料费	机械费	管理费和利润
A12-188	成品窗帘安装百页窗帘	100m²	0.010	275.40	5250.00		69.76	2.75	52.50		0.70
人工单价			小计					2.75	52.50	0.00	0.70
102 元/工日			未计价材料费					0.00			
	清单项目综合单价							55.95			

材料费明细	主要材料名称、规格、型号	单位	数量	单价/元	合价/元	暂估单价/元	暂估合价/元
	PVC 百页窗帘	m²	1.050	50.00	52.50		
	其他材料费			—		—	
	材料费小计			—	52.50	—	

工程名称：某经理办公室装饰装修工程　　　　　　标段：　　　　　　第 12 页　共 22 页

项目编码	010808006001	项目名称		门窗木贴脸		计量单位	m²	工程量	0.53

清单综合单价组成明细

定额编号	定额名称	定额单位	数量	单　价				合　价			
				人工费	材料费	机械费	管理费和利润	人工费	材料费	机械费	管理费和利润
A12-169	50 宽实木门窗贴脸线	100m	0.200	165.24	473.60		41.85	33.05	94.72		8.37
人工单价				小计				33.05	94.72	0.00	8.37
102 元/工日				未计价材料费				0.00			
清单项目综合单价								136.14			

材料费明细	主要材料名称、规格、型号		单位	数量	单价/元	合价/元	暂估单价/元	暂估合价/元
	圆钉		kg	1.200	4.36	5.23		
	木线		m	21.200	4.20	89.04		
	其他材料费				—	0.45	—	
	材料费小计				—	94.72	—	

工程名称：某经理办公室装饰装修工程　　　　　　标段：　　　　　　第 13 页　共 22 页

项目编码	011403002001	项目名称		窗帘盒油漆		计量单位	m	工程量	5.88

清单综合单价组成明细

定额编号	定额名称	定额单位	数量	单　价				合　价			
				人工费	材料费	机械费	管理费和利润	人工费	材料费	机械费	管理费和利润
A16-195	乳胶漆底油两遍，面油两遍，胶合板面	100m²	0.006	1431.06	1388.88		365.42	9.03	8.76		2.31
人工单价				小计				9.03	8.76	0.00	2.31
102 元/工日				未计价材料费				0.00			
清单项目综合单价								20.1			

材料费明细	主要材料名称、规格、型号		单位	数量	单价/元	合价/元	暂估单价/元	暂估合价/元
	内墙乳胶漆		kg	0.153	22.50	3.45		
	酚醛清漆		kg	0.322	9.77	3.14		
	内墙乳胶漆底漆		kg	0.135	16.00	2.16		
	其他材料费				—	0.01	—	
	材料费小计				—	8.76	—	

136

项目编码	011404002001	项目名称	筒子板、门窗套、踢脚线油漆	计量单位	m²	工程量	4.72

清单综合单价组成明细

定额编号	定额名称	定额单位	数量	单价				合价			
				人工费	材料费	机械费	管理费和利润	人工费	材料费	机械费	管理费和利润
A16-25	筒子板、门窗套、踢脚线油硝基清漆(叻架)	100m²	0.010	5837.56	1032.51		1490.62	58.38	10.33		14.91
人工单价				小计				58.38	10.33	0.00	14.91
102元/工日				未计价材料费				0.00			
清单项目综合单价								83.62			

材料费明细	主要材料名称、规格、型号	单位	数量	单价/元	合价/元	暂估单价/元	暂估合价/元
	石膏粉	kg	0.001	1.10	0.00		
	虫胶漆	kg	0.002	42.00	0.06		
	硝基清漆	kg	0.257	15.00	3.86		
	滑石粉	kg	0.001	1.00	0.00		
	色粉	kg	0.000	6.50	0.00		
	大白粉	kg	0.057	0.20	0.01		
	光蜡	kg	0.006	7.75	0.05		
	地蜡	kg	0.019	8.08	0.15		
	骨胶	kg	0.002	4.41	0.01		
	硝基漆稀释剂	kg	0.618	8.96	5.53		
	其他材料费			—	0.65	—	
	材料费小计				10.33		

项目编码	011404012001	项目名称	梁柱饰面油漆	计量单位	m²	工程量	13.92

清单综合单价组成明细

定额编号	定额名称	定额单位	数量	单价				合价			
				人工费	材料费	机械费	管理费和利润	人工费	材料费	机械费	管理费和利润
A16-99	包柱木龙骨防火涂料两遍双向	100m²	0.010	571.00	232.92		145.80	5.71	2.33		1.46
A16-104	基层板面防火涂料两遍单层	100m²	0.010	537.03	258.51		137.14	5.37	2.59		1.37
A16-25	包柱饰面板刷硝基清漆(叻架)	100m²	0.010	5837.56	1032.51		1490.62	58.38	10.33		14.91
人工单价				小计				69.46	15.25	0.00	17.74
102元/工日				未计价材料费				0.00			
清单项目综合单价								102.45			

材料费明细	主要材料名称、规格、型号	单位	数量	单价/元	合价/元	暂估单价/元	暂估合价/元
	石膏粉	kg	0.001	1.10	0.00		
	防火涂料	kg	0.373	12.00	4.47		
	虫胶漆	kg	0.002	42.00	0.06		
	硝基清漆	kg	0.257	15.00	3.86		
	滑石粉	kg	0.001	1.00	0.00		
	色粉	kg	0.000	6.50	0.00		
	大白粉	kg	0.057	0.20	0.01		
	光蜡	kg	0.006	7.75	0.05		
	地蜡	kg	0.019	8.08	0.15		
	骨胶	kg	0.002	4.41	0.01		
	硝基漆稀释剂	kg	0.618	8.96	5.53		
	其他材料费			—	1.09	—	
	材料费小计			—	15.24	—	

工程名称：某经理办公室装饰装修工程　　　　　　　　标段：　　　　　　　第 16 页　共 22 页

项目编码	011406001001	项目名称		抹灰面油漆		计量单位	m²	工程量	3.19

清单综合单价组成明细

定额编号	定额名称	定额单位	数量	单价				合价			
				人工费	材料费	机械费	管理费和利润	人工费	材料费	机械费	管理费和利润
A16-195	乳胶漆底油两遍面油两遍　胶合板面　天棚面	100m²	0.010	1431.06	1388.88		365.42	14.31	13.89		3.65
人工单价			小计					14.31	13.89	0.00	3.65
102 元/工日			未计价材料费					0.00			
清单项目综合单价								31.86			

	主要材料名称、规格、型号			单位	数量	单价/元	合价/元	暂估单价/元	暂估合价/元
材料费明细	内墙乳胶漆			kg	0.243	22.50	5.46		
	酚醛清漆			kg	0.510	9.77	4.98		
	内墙乳胶漆底漆			kg	0.214	16.00	3.43		
	其他材料费					—	0.02	—	
	材料费小计					—	13.89	—	

工程名称：某经理办公室装饰装修工程　　　　　　　　标段：　　　　　　　第 17 页　共 22 页

项目编码	011406001002	项目名称		抹灰面油漆		计量单位	m²	工程量	47.26

清单综合单价组成明细

定额编号	定额名称	定额单位	数量	单价				合价			
				人工费	材料费	机械费	管理费和利润	人工费	材料费	机械费	管理费和利润
A16-197	乳胶漆底油两遍面油两遍　石膏板面　天棚面	100m²	0.010	1431.06	890.61		365.42	14.31	8.91		3.65
人工单价			小计					14.31	8.91	0.00	3.66
102 元/工日			未计价材料费					0.00			
清单项目综合单价								26.88			

	主要材料名称、规格、型号			单位	数量	单价/元	合价/元	暂估单价/元	暂估合价/元
材料费明细	内墙乳胶漆			kg	0.243	22.50	5.46		
	内墙乳胶漆底漆			kg	0.214	16.00	3.43		
	其他材料费					—	0.02	—	
	材料费小计					—	8.91	—	

工程名称：某经理办公室装饰装修工程　　　　　　标段：　　　　　　　

| 项目编码 | 011407006001 | 项目名称 | 木材构件喷刷防火涂料 | 计量单位 | m² | 工程量 | 3.19 |

清单综合单价组成明细

定额编号	定额名称	定额单位	数量	单价				合价			
				人工费	材料费	机械费	管理费和利润	人工费	材料费	机械费	管理费和利润
A16-96	天棚（含基层板）防火涂料两遍 方木骨架	100m²	0.010	1058.45	390.89		270.27	10.58	3.91		2.70
人工单价			小计					10.58	3.91	0.00	2.70
102元/工日			未计价材料费					0.00			
清单项目综合单价								17.2			

材料费明细	主要材料名称、规格、型号	单位	数量	单价/元	合价/元	暂估单价/元	暂估合价/元
	防火涂料	kg	0.298	12.00	3.57		
	其他材料费			—	0.33	—	
	材料费小计			—	3.91	—	

工程名称：某经理办公室装饰装修工程　　　　　　标段：　　　　　　　

| 项目编码 | 011408001001 | 项目名称 | 墙纸裱糊 | 计量单位 | m² | 工程量 | 46.34 |

清单综合单价组成明细

定额编号	定额名称	定额单位	数量	单价				合价			
				人工费	材料费	机械费	管理费和利润	人工费	材料费	机械费	管理费和利润
A16-262	墙面贴装饰纸 墙纸 不对花	100m²	0.010	1685.45	1697.76		430.38	16.85	16.98		4.30
人工单价			小计					16.85	16.98	0.00	4.30
102元/工日			未计价材料费					0.00			
清单项目综合单价								38.13			

材料费明细	主要材料名称、规格、型号	单位	数量	单价/元	合价/元	暂估单价/元	暂估合价/元
	壁纸	m²	1.100	13.21	14.53		
	酚醛清漆	kg	0.070	9.77	0.68		
	松节油	kg	0.030	7.00	0.21		
	乳液	kg	0.251	5.80	1.46		
	其他材料费			—	0.10	—	
	材料费小计			—	16.98	—	

工程名称：某经理办公室装饰装修工程　　　　　标段：　　　　　

项目编码	011401001001	项目名称		门油漆		计量单位	m²	工程量	68.24

清单综合单价组成明细

定额编号	定额名称	定额单位	数量	单　价				合　价			
				人工费	材料费	机械费	管理费和利润	人工费	材料费	机械费	管理费和利润
A16-20	木材面油硝基清漆（叻架）木门	100m²	0.010	8081.15	2025.22		2063.53	80.81	20.25		20.64
人工单价			小计					80.81	20.25	0.00	20.64
102 元/工日			未计价材料费					0.00			
清单项目综合单价								121.7			

	主要材料名称、规格、型号		单位	数量	单价/元	合价/元	暂估单价/元	暂估合价/元
材料费明细	石膏粉		kg	0.002	1.10	0.00		
	虫胶漆		kg	0.003	42.00	0.13		
	硝基清漆		kg	0.504	15.00	7.56		
	滑石粉		kg	0.002	1.00	0.00		
	色粉		kg	0.001	6.50	0.01		
	大白粉		kg	0.112	0.20	0.02		
	光蜡		kg	0.012	7.75	0.09		
	地蜡		kg	0.037	8.08	0.30		
	骨胶		kg	0.004	4.41	0.02		
	硝基漆稀释剂		kg	1.212	8.96	10.86		
	其他材料费				—	1.27	—	
	材料费小计				—	20.25	—	

工程名称：某经理办公室装饰装修工程　　　　　标段：　　　　　

项目编码	粤011701012001	项目名称		活动脚手架		计量单位	m²	工程量	68.24

清单综合单价组成明细

定额编号	定额名称	定额单位	数量	单　价				合　价			
				人工费	材料费	机械费	管理费和利润	人工费	材料费	机械费	管理费和利润
A22-128	墙柱面活动脚手架	100m²	0.010	153.00			39.34	1.53			0.39
人工单价			小计					1.53	0.00	0.00	0.39
102 元/工日			未计价材料费					0.00			
清单项目综合单价								1.93			

	主要材料名称、规格、型号		单位	数量	单价/元	合价/元	暂估单价/元	暂估合价/元
材料费明细								
	其他材料费				—		—	
	材料费小计				—		—	

工程名称：某经理办公室装饰装修工程　　　　　　　标段：　　　　　　　　

项目编码	粤011701012002	项目名称		活动脚手架	计量单位	m²	工程量	44.1
清单综合单价组成明细								

定额编号	定额名称	定额单位	数量	单价				合价			
				人工费	材料费	机械费	管理费和利润	人工费	材料费	机械费	管理费和利润
A22-129	天棚活动脚手架	100m²	0.010	367.20			94.41	3.67			0.94
人工单价			小计					3.67	0.00	0.00	0.94
102元/工日			未计价材料费					0.00			
清单项目综合单价								4.61			

材料费明细	主要材料名称、规格、型号	单位	数量	单价/元	合价/元	暂估单价/元	暂估合价/元
	其他材料费				—		—
	材料费小计				—		—

本 章 小 结

工程量清单计价方法，简单来说就是指按《建设工程工程量清单计价规范》（GB 50500—2013）规定进行工程计价的一种方式。对于装饰装修工程而言，具体是指在工程招投标时，由招标方根据《房屋建筑与装饰工程工程量计算规范》（GB 50854—2013）规定的工程量计算规则和工程设计图样计算并提供工程量清单（包括须完成的工程项目及相应的工程数量）。其后承发包双方再进行相应的计价活动。它可以是招标人编制招标控制价，也可以是各投标人根据自己的实力，按照竞争策略的要求自主计算投标报价，招标人择优定标，选择报价低的投标人承建工程，以工程合同的方式使报价法定化。最后双方根据最终完成的工程量确定竣工结算价。

工程量清单是表现拟建筑工程的分部分项工程项目、措施项目的名称及其相应数量和其他项目、规费项目、税金项目的明细清单。在工程发承包不同阶段又可具体分为招标工程量清单和已标价工程量清单。招标工程量清单是指招标人依据国家标准、招标文件、设计文件以及施工现场实际情况编制的随招标文件发布供投标报价的工程量清单，包括其说明和表格。已标价工程量清单是指构成合同文件组成部分的投标文件中已标明价格，经算术性修正（如有）且承包人已确认的工程量清单，包括其说明和表格。

工程量清单计价应包括按招标文件规定，完成工程量清单所列项目的全部费用，包括分部分项工程费、措施项目费、其他项目费和规费、税金。

工程量清单计价应采用综合单价计价。综合单价是指完成规定计量单位项目所需的人工费、材料费、机械使用费、管理费、利润，并考虑风险因素。

工程量清单和工程量清单计价均应采用统一的格式。

复习思考题

1. 简述工程量清单计价的含义。
2. 简述工程量清单计价与定额计价的差别。
3. 什么是工程量清单？工程量清单由哪些清单组成？
4. 简述工程量清单编制的原则和步骤。
5. 简述工程量清单的项目编码的含义。
6. 工程量清单计价包含哪些费用？
7. 什么是综合单价？简述其计算步骤。
8. 什么是暂列金额？一般如何计算？
9. 什么是总承包服务费？一般如何计算？
10. 什么是计日工？一般如何计算？
11. 什么是暂估价？
12. 结合工程实际，完成某装饰工程的工程量清单及其计价的编制工作。

第 6 章　工程价款结算

学习目标：

1. 了解工程价款结算的含义。
2. 掌握工程预付款以及进度款的含义和计算方法。
3. 了解竣工结算的依据。
4. 掌握竣工结算的方法和步骤。
5. 了解工程变更、施工索赔、现场签证和质量保证金的含义。
6. 掌握因工程变更等原因引起合同价款调整的计算方法。
7. 掌握竣工结算表格的填写方法。

学习重点：

1. 工程预付款以及进度款的含义和计算方法。
2. 竣工结算的方法和步骤。
3. 施工索赔费用等的计算方法。
4. 竣工结算表格的填写方法。

学习建议：

1. 结合工程实例学习工程预付款以及进度款的计算方法。
2. 结合各地造价管理部门颁布的计价办法中规定的格式填写竣工结算表格。

　　工程价款结算是指承包人通过向建设单位提供已完工程，按规定向建设单位收取工程价款的一种方法。进行工程价款结算，可以补偿施工过程中的资金耗费，还可以考核施工企业成本计划的执行情况。工程价款结算的方法通常采用中间结算与竣工结算相结合的办法。目前，多采用开工前预付一定比例的工程预付款，正式施工时按月度实际完成的工程量价值支付进度款，竣工验收时完成竣工结算的形式。

6.1　工程预付款及进度款的拨付

6.1.1　工程预付款

1. 工程预付款的概念

　　工程预付款是指由建设单位在开工前拨给施工企业一定数额的预付备料款，构成施工企业为该承包工程储备和准备主要材料、结构件所需的流动资金，又称预付备料款。

　　预付款相当于建设单位给施工企业的无息贷款。

2. 工程预付款的额度确定

工程预付款的额度由合同双方商定，在合同中明确。

（1）公式计算法

工程预付款数额＝（工程总价×主材所占比重）/年施工天数×材料储备定额天数

其中，年施工天数按 365 天（日历天数）计算，材料储备定额天数由当地材料供应的在途天数、加工天数、整理天数、供应间隔天数、保险天数等因素确定。

（2）合同约定法

发包人根据工程的特点、合同工期的长短、承包方式、市场行情和供应方式等因素，招标时在合同条件中约定工程预付款的百分比。

工程预付款数额＝合同价款×预付款支付比例

预付款的支付比例不得低于签约合同价（扣除暂列金额）的 10%，不宜高于合同价款（扣除暂列金额）的 30%。承包人必须将预付款专用于合同工程。

3. 预付款的支付时间

承包人应在签订合同或向发包人提供与预付款等额的预付款保函（如有）后向发包人提交预付款支付申请。发包人应在收到支付申请的 7 天内进行核实，然后向承包人发出预付款支付证书，并在签发支付证书后的 7 天内向承包人支付预付款。

4. 预付款的扣回

预付款属于预付性质，应从每支付期应支付给承包人的工程进度款中扣回，直到扣回的金额达到合同约定的预付款金额为止。施工合同中应约定起扣时间和比例。

（1）按公式计算起扣点和抵扣额

1）起扣点的确定：当未完工程和未施工工程所需材料的价值相当于备料款数额时起扣。每次结算工程价款时，按材料比重扣抵工程价款，竣工前全部扣清。

未完工程需主材总值＝未完工程价值×主要材料比重＝预付备料款

所以，未完工程价值＝预付备料款/主要材料比重

起扣时已完工程价值＝施工合同总值 − 未完工程价值＝施工合同总值 −（预付备料款/主要材料比重），即：

$$T = P - M/N$$

式中　T——起扣点，即预付备料款开始扣回的累计完成工作量金额；

P——承包工程价款总额。

M——预付备料款数额；

N——主要材料、构件所占比重。

【例 6-1】 某项工程合同价 150 万元，预付款数额为 36 万元，主要材料、构件所占比重 60%，问：起扣点为多少万元？

【解】

按起扣点计算公式：$T = P - M/N = 150$ 万元 $- 36$ 万元/60% $= 90$ 万元

即当工程量完成 90 万元时，本项工程预付款开始起扣。

2）抵扣额的确定：应扣还的预付备料款，按下列公式计算：

第一次扣抵额＝（累计已完工程价值 − 起扣时已完工程价值）×主材比重（具体计算见例2）

以后每次扣抵额＝每次完成工程价值×主材比重

（2）按合同规定办法扣还预付款　例如，规定工程进度达到60%，开始抵扣预付款，扣回的比例是按每完成10%进度，扣预付款总额的25%。

（3）工程最后一次抵扣预付款　适合于造价低、工期短的简单工程，预付款在施工前一次拨付，施工过程中不分次抵扣。当预付款加已付工程款达到95%合同价款（即留5%尾款）之时，停止支付工程款。

6.1.2　工程进度款的拨付

1. 工程进度款的计算

主要涉及两个方面：一是工程量的核实确认；二是单价的计算方法。

单价的计算方法主要根据由发包人和承包人事先约定的工程价格的计价方法决定。目前我国工程价格的计价方法可以分为工料单价法和综合单价法两种方法。二者在选择时，既可采取可调价格的方式，即工程价格在实施期间可随价格变化而调整，也可以采用固定价格的方式，即工程价格在实施期间不因价格变化而调整，在工程价格中已考虑价格风险因素并在合同中明确了固定价格所包括的内容和范围。实践中采用较多的是可调工料单价法和固定综合单价法。

（1）可调工料单价法计算工程进度款　在确定所完工程量之后，可按以下步骤计算工程进度款：

1）根据所完工程量的项目名称，项目编码、单价，得出合价。

2）将本月所完全部项目合价相加，得出分部分项工程费小计。

3）按规定计算主材差价或差价系数。

4）按规定计算措施项目费、其他项目费和规费。

5）按规定计算税金。

6）累计本月应收工程进度款。

（2）固定综合单价法计算工程进度款　比上一种方法更方便、省事，工程量得到确认后，只要将工程量与综合单价相乘得出合价，再累加即可完成本月工程进度款的计算工作。

2. 工程进度款的支付

工程进度款的支付是工程施工过程中的经常性工作，其具体的支付时间和方式都应在合同中做出约定。

工程进度款的支付，一般按当月实际完成工程量进行结算，工程竣工后办理竣工结算。在工程竣工前，施工单位收取的预付款和工程进度款的总额，一般不得超过合同金额（包括工程合同签订后经发包人签证认可的增减工程价值）的95%，其余5%尾款在工程竣工结算时扣除保修金后一并清算。承包人向发包人出具履约保函或其他保证的，可以不留尾款。

【例6-2】　某建设工程承包合同总价为1600万元，主要材料和构件所占比重为60%，工期1年。预付款额度为25%，工程预付款的扣款方式为从未施工工程尚需的主要材料及构配件价值相当于工程预付款时起扣，每月以抵充工程款的方式陆续收回。工程质量保修金为承包合同总价的3%，经双方协商，业主从每月承包商的工程款中按3%的比例扣留。在保修期满后，保修金及保修金利息扣除已支出费用后的剩余部分退还给承包商；除设计变更和其他不可抗力因素外，合同总价不作调整；由业主直接提供的材料和设备应在发生当月的工程款中扣回其费用。经业主的工程师代表签认的承包商各月计划和实际完成的建安工作量以及业主直接提供的材料和设备价值见表6-1。

表6-1　工程计算数据表　　　　　　（单位：万元）

月份	1~6	7	8	9	10	11	12
计划完成工作量	600	200	180	160	160	160	140
实际完成工作量	600	190	185	165	155	165	140
业主直供材料设备价值	100	40	20	15	10	0	0

问题：

（1）工程预付款是多少？

（2）工程预付款从几月开始起扣？

（3）1~6月以及其他各月工程师代表应签证的工程款是多少？应签发付款凭证金额是多少？

【解】

（1）工程预付款计算

$$工程预付款金额 = 1600 万元 × 25\% = 400 万元$$

（2）工程预付款的起扣点计算

$$1600 万元 - 400 万元/60\% = 1600 万元 - 666.67 万元 = 933.33 万元$$

开始起扣工程预付款的时间为8月份，因为8月份累计实际完成的建安工作量为：

$$600 万元 + 190 万元 + 185 万元 = 975 万元 > 933.33 万元$$

（3）1~6月以及其他各月工程师代表应签证的工程款数额及应签发付款凭证金额

① 1~6月份：

1~6月份应签证的工程款为：$600 万元 × (1 - 3\%) = 582 万元$

1~6月份应签发付款凭证金额为：$582 万元 - 100 万元 = 482 万元$

② 7月份：

7月份应签证的工程款为：$190 万元 × (1 - 3\%) = 184.3 万元$

7月份应签发付款凭证金额为：$184.3 万元 - 40 万元 = 144.3 万元$

③ 8月份：

8月份应签证的工程款为：$185 万元 × (1 - 3\%) = 179.45 万元$

8月份应扣工程预付款金额为：$(975 - 933.3) 万元 × 60\% = 25.02 万元$

8月份应签发付款凭证金额为：$179.45 万元 - 25.02 万元 - 20 万元 = 134.43 万元$

④ 9月份：

9月份应签证的工程款为：$165 万元 × (1 - 3\%) = 160.05 万元$

9月份应扣工程预付款金额为：$165 万元 × 60\% = 99 万元$

9月份应签发付款凭证金额为：$160.05 万元 - 99 万元 - 15 万元 = 46.05 万元$

⑤ 10月份：

10月份应签证的工程款金额为：$155 万元 × (1 - 3\%) = 150.35 万元$

10月份应扣工程预付款金额为：$155 万元 × 60\% = 93 万元$

10月份应签发付款凭证金额为：$150.35 万元 - 93 万元 - 10 万元 = 47.35 万元$

⑥ 11月份：

11月份应签证的工程款为：$165 万元 × (1 - 3\%) = 160.05 万元$

11 月份应扣工程预付款金额为：165 万元 ×60% =99 万元

11 月份应签发付款凭证金额为：160.05 万元 −99 万元 =61.05 万元

⑦ 12 月份：

12 月份应签证的工程款金额为：140 万元 ×（1 −3%）=135.8 万元

12 月份应扣工程预付款金额为：140 万元 ×60% =84 万元

12 月份应签发付款凭证金额为：135.8 万元 −84 万元 =51.8 万元

6.2 工程竣工结算

工程完工后，承包人应在提交竣工验收申请前编制完成竣工结算文件，并在提交竣工验收申请的同时向发包人提交竣工结算文件。竣工验收后，承包人应根据办理的竣工结算文件向发包人提交竣工结算款支付申请。该申请应包括：竣工结算总额、已支付的合同价款、应扣留的质量保证金和应支付的竣工付款金额。发包人应在收到承包人提交竣工结算款支付申请后 7 天内予以核实，向承包人签发竣工结算支付证书，并在签发竣工结算支付证书后的 14 天内，按照竣工结算支付证书列明的金额向承包人支付结算款。

6.2.1 工程竣工结算依据

1）建设工程工程量清单计价规范。

2）工程合同。

3）工程竣工图样及资料。

4）发承包双方实施过程中已确认的工程量及其结算的合同价款。

5）发承包双方实施过程中已确认调整后的追加（减）的合同价款。

6）建设工程设计文件及相关资料。

7）投标文件。

8）其他依据。

6.2.2 工程变更

工程变更、索赔与现场签证是工程竣工结算时常见的价款调整情况，因此建设方在施工的预算文件中专门在其他工程费中列"暂列金额"，用于施工合同签订时尚未确定或者不可预见的所需材料、设备、服务的采购，施工中可能发生的工程变更、合同约定调整因素出现时的工程价款调整以及发生的索赔、现场签证确认等的费用。

1）工程变更引起已标价工程量清单项目或其工程数量发生变化，应按照下列规定调整：

① 已标价工程量清单中有适用于变更工程项目的，应采用该项目的单价；但当工程变更导致该清单项目的工程量发生变化，且工程量偏差超过 15% 时应进行调整。调整的原则为：当工程量增加 15% 以上时，其增加部分的工程量的综合单价应予调低；当工程量减少 15% 以上时，减少后剩余部分的工程量的综合单价应予调高。具体调整办法依据合同或《建设工程工程量清单计价规范》（GB 50500—2013）。

② 已标价工程量清单中没有适用但有类似于变更工程项目的，可在合理范围内参照类

似项目的单价。

③ 已标价工程量清单中没有适用也没有类似于变更工程项目的，应由承包人根据变更工程资料、计量规则和计价办法、工程造价管理机构发布的信息价格和承包人报价浮动率提出变更工程项目的单价，报发包人确认后调整。承包人报价浮动率可按下列公式计算：

招标工程：

$$承包人报价浮动率 L = (1 - 中标价/招标控制价) \times 100\%$$

非招标工程：

$$承包人报价浮动率 L = (1 - 报价值/施工图预算) \times 100\%$$

④ 已标价工程量清单中没有适用也没有类似于变更工程项目，且工程造价管理机构发布的信息价格缺价的，由承包人根据变更工程资料、计量规则、计价办法和通过市场调查等方式取得有合法依据的市场价格提出变更工程项目的单价，报发包人确认后调整。

2）工程变更引起施工方案改变，并使措施项目发生变化的，承包人提出调整措施项目费的，应事先将拟实施的方案提交发包人确认，并应详细说明与原方案措施项目相比的变化情况。拟实施的方案经发承包双方确认后执行，并应按照下列规定调整措施项目费：

① 安全文明施工费，按照实际发生变化的措施项目调整。

② 采用单价计算的措施项目费，按照实际发生变化的措施项目按6.2.2中第1）条规定确定单价。

③ 按总价（或系数）计算的措施项目费，按照实际发生变化的措施项目调整，但应考虑承包人报价浮动因素，即调整金额按照实际调整金额乘以报价浮动率计算。如果承包人未事先将拟实施的方案提交给发包人确认，则视为工程变更不引起措施项目费的调整或承包人放弃调整措施项目费的权利。

3）如果工程变更项目出现承包人在工程量清单中填报的综合单价与发包人招标控制价或施工图预算相应清单项目的综合单价偏差超过15%，则工程变更项目的综合单价可由发承包双方按照相关规定调整。

4）如果发包人提出的工程变更，因为非承包人原因删减了合同中的某项原定工作或工程，致使承包人发生的费用或（和）得到的收益不能被包括在其他已支付或应支付的项目中，也未被包含在任何替代的工作或工程中，则承包人有权提出并得到合理的利润补偿。

6.2.3 施工索赔

是指在工程合同履行过程中，合同当事人一方因非己方的原因而遭受损失，按合同约定或法规规定应由对方承担责任，从而向对方提出补偿的要求。

1. 施工索赔的程序

1）合同一方向另一方提出索赔时，应有正当的索赔理由和有效证据，并应符合合同的相关约定。根据合同约定，承包人认为非承包人原因发生的事件造成了承包人的损失，应按以下程序向发包人提出索赔：

① 承包人应在索赔事件发生后28天内，向发包人提交索赔意向通知书，说明发生索赔事件的事由。承包人逾期未发出索赔意向通知书的，丧失索赔的权利。

② 承包人应在发出索赔意向通知书后28天内，向发包人正式提交索赔通知书。索赔通知书应详细说明索赔理由和要求，并附必要的记录和证明材料。

③ 索赔事件具有连续影响的，承包人应继续提交延续索赔通知，说明连续影响的实际情况和记录。

④ 在索赔事件影响结束后的 28 天内，承包人应向发包人提交最终索赔通知书，说明最终索赔要求，并附必要的记录和证明材料。

2）承包人索赔应按下列程序处理：

① 发包人收到承包人的索赔通知书后，应及时查验承包人的记录和证明材料。

② 发包人应在收到索赔通知书或有关索赔的进一步证明材料后的 28 天内，将索赔处理结果答复承包人，如果发包人逾期未作出答复，视为承包人索赔要求已经发包人认可。

③ 承包人接受索赔处理结果的，索赔款项在当期进度款中进行支付；承包人不接受索赔处理结果的，按合同约定的争议解决方式办理。

2. 施工索赔方式

承包人要求赔偿时，可以选择以下一项或几项方式获得赔偿：

1）延长工期。

2）要求发包人支付实际发生的额外费用。

3）要求发包人支付合理的预期利润。

4）要求发包人按合同的约定支付违约金。

若承包人的费用索赔与工期索赔要求相关联时，发包人在做出费用索赔的批准决定时，应结合工程延期，综合做出费用赔偿和工程延期的决定。发承包双方在按合同约定办理了竣工结算后，应被认为承包人已无权再提出竣工结算前所发生的任何索赔。承包人在提交的最终结清申请中，只限于提出竣工结算后的索赔，提出索赔的期限自发承包双方最终结清时终止。

根据合同约定，发包人认为由于承包人的原因造成发包人的损失，应参照承包人索赔的程序进行索赔。发包人要求赔偿时，可以选择以下一项或几项方式获得赔偿：

1）延长质量缺陷修复期限。

2）要求承包人支付实际发生的额外费用。

3）要求承包人按合同的约定支付违约金。

承包人应付给发包人的索赔金额可从拟支付给承包人的合同价款中扣除，或由承包人以其他方式支付给发包人。

【例 6-3】 某工程由于甲方原因导致停工引发的索赔，具体原因以及索赔计算过程见表 6-2 及其附件。

表 6-2　费用索赔申请（核准）表

工程名称：××工程　　　　　　　　标段：　　　　　　　　　　　编号：001

致：××建设办公室　　　　　　　　　　　　　　　（发包人全称）
根据施工合同条款第 12 条的约定，由于<u>你方工作需要</u>原因，我方要求索赔金额(大写)<u>贰仟壹百叁拾伍元捌角柒分</u>元，(小写)<u>2135.87</u>元，请予核准。
附：1. 费用索赔的详细理由和依据：根据发包人"关于暂停施工的通知"（详见附件1）。
2. 索赔金额的计算：详见附件2。
3. 证明材料：监理工程师确定的现场工人、机械、周转材料数量及租赁合同（略）。
承包人(章)
造价人员＿＿＿＿＿　　　承包人代表＿＿＿＿　　日　期＿＿＿＿

（续）

<table>
<tr><td>

复核意见：

  根据施工合同条款第<u>12</u>条的约定,你方提出的费用索赔申请经复核：

☐ 不同意此项索赔,具体意见见附件。

☑ 同意此项索赔,索赔金额的计算,由造价工程师复核。

监理工程师 ×× _____

日 期 _____

</td>
<td>

复核意见：

  根据施工合同条款第<u>12</u>条的约定,你方提出的费用索赔申请经复核,索赔金额为(大写)<u>贰仟壹百叁拾五元捌角柒分</u>,(小写)<u>2135.87</u>元。

造价工程师 ×× _____

日 期 _____

</td></tr>
<tr><td colspan="2">

审核意见：

☐ 不同意此项索赔。

☑ 同意此项索赔,与本期进度款同期支付。

发包人(章) _____

发包人代表   ××× _____

日 期 _____

</td></tr>
</table>

  注：1. 在选择栏中的"☐"内做标识"√"。

    2. 本表一式四份,由承包人填报,发包人、监理人、造价咨询人和承包人各存一份。

附件1

关于暂停施工的通知

××建筑公司××项目部：

  鉴于上级主管部门来我处参观查看施工质量,决定于××××年××月××日下午请你们暂停施工半天并配合参观检查工作。

  特此通知。

××单位

建设办公室（章）

××××年××月××日

附件2

索赔费用计算表

一、人工费

1. 普工20人：20人×35元/工日×0.5＝350元

2. 技工40人：40人×50元/工日×0.5＝1000元

小计：1350元

二、机械费

1. 自升式塔式起重机1台：1×526.2元/台班×0.5×0.6＝157.86元

2. 灰浆搅拌机1台：1×18.38元/台班×0.5×0.6＝5.51元

3. 其他各种机械（略）：50元

小计：213.37元

三、周转材料

1. 脚手架钢管：25000m×0.012元/天·m×0.5＝150元

2. 脚手架扣件：17000个×0.01元/天×0.5＝85元

小计：235元

四、管理费

1350元×25%＝337.5元

索赔费用合计：2135.87元

6.2.4 现场签证

现场签证是发包人现场代表与承包人现场代表就施工过程中涉及的责任事件所做的签认证明。

承包人应发包人要求完成合同以外的零星项目、非承包人责任事件等工作的，发包人应及时以书面形式向承包人发出指令，提供所需的相关资料；承包人在收到指令后，应及时向发包人提出现场签证要求。承包人应在收到发包人指令后的 7 天内，向发包人提交现场签证报告，报告中应写明所需的人工、材料和施工机械台班的消耗量等内容。发包人应在收到现场签证报告后的 48 小时内对报告内容进行核实，予以确认或提出修改意见。发包人在收到承包人现场签证报告后的 48 小时内未确认也未提出修改意见的，视为承包人提交的现场签证报告已被发包人认可。

现场签证的工作如已有相应的计日工单价，则现场签证中应列明完成该类项目所需的人工、材料、工程设备和施工机械台班的数量。如现场签证的工作没有相应的计日工单价，应在现场签证报告中列明完成该签证工作所需的人工、材料设备和施工机械台班的数量及其单价。现场签证工作完成后的 7 天内，承包人应按照现场签证内容计算价款，报送发包人确认后，作为追加合同价款，与工程进度款同期支付。

合同工程发生现场签证事项，未经发包人签证确认，承包人便擅自施工的，除非征得发包人同意，否则发生的费用由承包人承担。

【例 6-4】 某工程由于甲方原因发生了现场签证事项，具体原因以及现场签证表的填写方法见表 6-3。

表 6-3 现场签证表

工程名称：××工程　　　　　　　　　　标段：　　　　　　　　　　　　　　　　编号：002

施工部位	××单位制定位置	日 期	××年××月

致：××建设办公室　　　　　　　　　　　　　　　　　（发包人全称）

　　根据×××（指令人姓名）××年××月××日的口头指令或你方××（或监理人）××年××月××日的书面通知，我方要求完成此项工作应支付价款金额为（大写）贰仟伍佰元，（小写）2500 元，请予核准。

附：1. 签证事由及原因：新增加 5 座花池。

　　2. 附图及计算式：（略）。

　　　　　　　　　　　　　　　　　　　　　　　　　　　　承包人（章）

　　　　　造价人员×××　　　　承包人代表×××　　　日　期××年×月×日

复核意见： 你方提出的此项签证申请经复核： ☐不同意此项签证，具体意见见附件。 ☑同意此项签证，签证金额的计算，由造价工程师复核。 　　　　　监理工程师××× 　　　　　日　期　××年××月	复核意见： ☑此项签证按承包人中标的计日工单价计算，金额为（大写）贰仟伍佰元，（小写 2500 元。 ☐此项签证因无计日工单价，金额为（大写）____元，（小写）____元。 　　　　　造价工程师　××× 　　　　　日　期××年××月

审核意见：

☐不同意此项签证。

☑同意此项签证，价款与本期进度款同期支付。

　　　　　　　　　　　　　　　　　　　　　　　　　　发包人（章）

　　　　　　　　　　　　　　　　　　　　　　　　　　发包人代表×××

　　　　　　　　　　　　　　　　　　　　　　　　　　日　期××年××月

注：1. 在选择栏中的"☐"内作标识"√"。

　　2. 本表一式四份，由承包人在收到发包人（监理人）的口头或书面通知后填写，发包人、监理人、造价咨询人和承包人各存一份。

6.2.5 质量保证（修）金

《建设工程质量管理条例》规定，建设工程实行质量保修制度。承包单位在向建设单位提交工程竣工验收报告时，应当向建设单位出具质量保修书。质量保修书中应当明确建设工程的保修范围、保修期限和保修责任等。

在正常使用条件下，建设工程的最低保修期限为：

1）基础设施工程、房屋建筑的地基基础工程和主体结构工程，为设计文件规定的该工程的合理使用年限。

2）屋面防水工程、有防水要求的卫生间、房间和外墙面的防渗漏，为 5 年。

3）供热与供冷系统，为 2 个采暖期、供冷期。

4）电气管线、给水排水管道、设备安装和装修工程，为 2 年。

其他项目的保修期限由发承包双方在合同中约定。

建设工程的保修期，自竣工验收合格之日起计算。

质量保证（修）金的数额及扣留时间由发承包双方在合同中约定，数额一般为合同总价的 3%~5%，可以在竣工结算时一次抵留或从每支付期应支付给承包人的进度款或结算款中扣留，直到扣留的金额达到质量保证金的金额为止。

在保修责任期终止后的 14 天内，发包人应将剩余的质量保证（修）金及利息返还给承包人。

6.2.6 竣工结算的编制

（1）分部分项工程费　应依据双方确认的工程量、合同约定的综合单价计算；如果发生调整，则以发承包双方确认调整的综合单价计算。

（2）措施项目费　应依据合同约定的项目和金额计算；如果发生调整，则以发承包双方确认调整的金额计算，其中安全文明施工费应按计价规范相关的规定计算。

（3）其他项目费

1）计日工应按发包人实际签证确认的事项计算。

2）暂估价中的材料单价应按发承包双方最终确认价在综合单价中调整；专业工程暂估价应按中标价或发包人、承包人与分包人最终确认价计算。

3）总承包服务费应依据合同约定金额计算，如果发生调整，则以发承包双方确认调整的金额计算。

4）索赔费用应依据发承包双方确认的索赔事项和金额计算。

5）现场签证费用应依据发承包双方签证资料确认的金额计算。

6）暂列金额应减去工程价款调整与索赔、现场签证金额计算，如果有余额则归发包人。

（4）规费和税金应按规范的规定计算

（5）工程竣工结算表　除综合单价分析表见 5-26 外，其余见表 6-4~表 6-25。

表 6-4　竣工结算书封面

_____工程

竣 工 结 算 书

发包人：_____
（单位盖章）

承包人：_____
（单位盖章）

造价咨询人：_____
（单位盖章）

年　月　日

表 6-5　竣工结算总价扉页

_____工程

竣 工 结 算 总 价

签约合同价(小写)：_____　(大写)：_____

竣工结算价(小写)：_____　(大写)：_____

发包人：_____　承包人：_____　造价咨询人：_____
（单位盖章）　　　　（单位盖章）　　　　（单位资质专用章）

法定代表人　　　　　　法定代表人　　　　　　法定代表人
或其授权人：_____　或其授权人：_____　或其授权人：_____
（签字或盖章）　　　　（签字或盖章）　　　　（签字或盖章）

编　制　人：_____　　核　对　人：_____
（造价人员签字盖专用章）　　　（造价工程师签字盖专用章）

编制时间：年 月 日　　　核对时间：年 月 日

表 6-6　工程计价总说明

工程名称：　　　　　　　　　　　　　　　　　　　　　第 页 共 页

表 6-7　工程项目竣工结算汇总表

工程名称：　　　　　　　　　　　　　　　　　　　　　第 页 共 页

序号	单 项 工 程 名 称	金额/元	其　中	
			安全文明施工费/元	规费/元
合　计				

表 6-8　单项工程竣工结算汇总表

工程名称：　　　　　　　　　　　　　　　　　　　　　第 页 共 页

序号	单 项 工 程 名 称	金额/元	其　中	
			安全文明施工费/元	规费/元
合　计				

表 6-9　单位工程竣工结算汇总表

工程名称：　　　　　　　　　　标段：　　　　　　　　　　　　　　　　　　第 页 共 页

序号	汇 总 内 容	金额/元
1	分部分项工程	
1.1		
1.2		
1.3		
1.4		
1.5		
2	措施项目	
2.1	其中:安全文明施工费	
3	其他项目	
3.1	其中:专业工程结算价	
3.2	其中:计日工	
3.3	其中:总承包服务费	
3.4	其中:索赔与现场签证	
4	规费	
5	税金	
	竣工结算总价合计 = 1 + 2 + 3 + 4 + 5	

表 6-10　分部分项工程工程量清单与计价表

工程名称：　　　　　　　　　　标段：　　　　　　　　　　　　　　　　　　第 页 共 页

序号	项目编码	项目名称	项目特征描述	计量单位	工程量	综合单价	合价	其中 暂估价
			本页小计					
			合 计					

表中金额/元为"综合单价、合价、其中暂估价"所属栏目。

表 6-11　综合单价调整表

工程名称：　　　　　　　　　　标段：　　　　　　　　　　　　　　　　　　第 页 共 页

序号	项目编码	项目名称	已标价清单综合单价			调整后综合单价				
			综合单价	其中		综合单价	其中			
					管理费和利润		人工费	材料费	机械费	管理费和利润

造价工程师(签章)：_____ 发包人代表(签章)：_____　　造价工程师(签章)：_____ 承包人代表(签章)：_____

　　　　　　　　　　日期：_____　　　　　　　　　　　　　　　　　　　　　　日期：_____

表6-12　总价措施项目清单与计价表

工程名称：　　　　　　　　　标段：　　　　　　　　　　　　　　　　　第　页　共　页

序号	项目名称	计算基础	费率(%)	金额/元
1	安全文明施工费			
2	夜间施工费			
3	二次搬运费			
4	冬雨季施工			
5	已完工程及设备保护			
	合　计			

编制人（造价人员）：　　　　　　　　　　　　　　复核人（造价工程师）：

表6-13　其他项目清单与计价汇总表

工程名称：　　　　　　　　　标段：　　　　　　　　　　　　　　　　　第　页　共　页

序号	项目名称	计量单位	金额/元	备　注
1	暂列金额			明细详见后面各自明细表
2	暂估价			
2.1	材料暂估价/结算价			明细详见后面各自明细表
2.2	专业工程暂估价/结算价			明细详见后面各自明细表
3	计日工			明细详见后面各自明细表
4	总承包服务费			明细详见后面各自明细表
5	索赔与现场签证			明细详见后面各自明细表
	合　计			

表6-14　暂列金额明细表

工程名称：　　　　　　　　　标段：　　　　　　　　　　　　　　　　　第　页　共　页

序号	项目名称	计量单位	暂定金额/元	备注
1				
	合　计			—

注：此表由招标人填写，也可只列暂定金额总额，投标人应将上述暂列金额计入投标总价中。

表6-15　材料（工程设备）暂估单价及调整表

工程名称：　　　　　　　　　标段：　　　　　　　　　　　　　　　　　第　页　共　页

序号	材料（工程设备）名称、规格、型号	计量单位	数量		暂估/元		确认/元		差额±/元		备注
			暂估	确认	单价	合价	单价	合价	单价	合价	
	合计										

表6-16　专业工程暂估价及结算价表

工程名称：　　　　　　　　　标段：　　　　　　　　　　　　　　　　　第　页　共　页

序号	工程名称	工程内容	暂估金额/元	结算金额/元	差额±/元	备注
	合计					—

表 6-17　总承包服务费计价表

工程名称：　　　　　　　　　标段：　　　　　　　　　　　　　　　第 页 共 页

序号	工程名称	项目价值/元	服务内容	计算基础	费率(%)	金额/元
1	发包人发包专业工程					
2	发包人提供材料					
	合计		—	—	—	

表 6-18　计日工表

工程名称：　　　　　　　　　标段：　　　　　　　　　　　　　　　第 页 共 页

编号	项 目 名 称	单位	暂定数量	实际数量	综合单价/元	合 价/元	
						暂定	实际
一	人　工						
1							
	人 工 小 计						
二	材　料						
1							
	材 料 小 计						
三	施 工 机 械						
1							
	施 工 机 械 小 计						
	合　　计						

注：此表项目名称和暂定数量由招标人填写，结算时按发承包双方确认的实价数量计算合价。

表 6-19　索赔与现场签证计价汇总表

工程名称：　　　　　　　　　标段：　　　　　　　　　　　　　　　第 页 共 页

序号	签证及索赔项目名称	计量单位	数量	单价/元	合价/元	索赔及签证依据
	本页小计					—
	合　　计					—

注：签证及索赔依据是指经双方认可的签证单和索赔依据的编号。

表 6-20　费用索赔申请（核准）表

工程名称：　　　　　　　　　标段：　　　　　　　　　编号：

致：＿＿＿＿＿＿＿＿＿＿＿＿＿＿＿＿＿＿＿＿＿＿（发包人全称）

　　根据施工合同条款第＿＿＿＿条的约定，由于＿＿＿＿＿＿＿＿＿＿原因，我方要求索赔金额（大写）＿＿＿＿元,(小写)＿＿＿＿＿元,请予核准。

附：1. 费用索赔的详细理由和依据。

　　2. 索赔金额的计算。

　　3. 证明材料。

承包人（章）

造价人员＿＿＿＿＿　承包人代表＿＿＿＿＿　日　期＿＿＿＿＿

（续）

复核意见：　　　　根据施工合同条款第____条的约定,你方提出的费用索赔申请经复核： □不同意此项索赔,具体意见见附件。 □同意此项索赔,索赔金额的计算,由造价工程师复核。 　　　　　　　　　　　　监理工程师_____ 　　　　　　　　　　　　日　　期_____	复核意见：　　　　根据施工合同条款第____条的约定,你方提出的费用索赔申请经复核,索赔金额为（大写）_____元,（小写）_____元。 　　　　　　　　　　　　造价工程师_____ 　　　　　　　　　　　　日　　期_____
审核意见： □不同意此项索赔。 □同意此项索赔,与本期进度款同期支付。 　　　　　　　　　　　　　　　　　　　　　　　　　　　　　　　　发包人（章） 　　　　　　　　　　　　　　　　　　　　　　　　　发包人代表_____ 　　　　　　　　　　　　　　　　　　　　　　　　　日　　期_____	

注：1. 在选择栏中的"□"内做标识"√"。
　　2. 本表一式四份,由承包人填报,发包人、监理人、造价咨询人和承包人各存一份。

表6-21　现场签证表

工程名称：　　　　　　　标段：　　　　　　　编号：

施工单位		日　期	

致：_____（发包人全称）
　　根据_____（指令人姓名）__年__月__日的口头指令或你方_____（或监理人）__年__月__日的书面通知,我方要求完成此项工作应支付价款金额为（大写）_____元,（小写）_____元,请予核准。
附：1. 签证事由及原因。
　　2. 附图及计算式。

　　　　　　　　　　　　　　　　　　　　　　　　　　　　承包人（章）
　　　　　　　造价人员_____　　承包人代表_____　　日　　期_____

复核意见： 你方提出的此项签证申请经复核： □不同意此项签证,具体意见见附件。 □同意此项签证,签证金额的计算,由造价工程师复核。 　　　　　　　　　　　　监理工程师_____ 　　　　　　　　　　　　日　　期_____	复核意见： 　　　　□此项签证按承包人中标的计日工单价计算,金额为（大写）_____元,（小写）____元。 　　　　□此项签证因无计日工单价,金额为（大写）_____元,（小写）_____元。 　　　　　　　　　　　　造价工程师_____ 　　　　　　　　　　　　日　　期_____
审核意见： □不同意此项签证。 □同意此项签证,价款与本期进度款同期支付。 　　　　　　　　　　　　　　　　　　　　　　　　　　　　　　　　发包人（章） 　　　　　　　　　　　　　　　　　　　　　　　　　发包人代表_____ 　　　　　　　　　　　　　　　　　　　　　　　　　日　　期_____	

注：1. 在选择栏中的"□"内做标识"√"。
　　2. 本表一式四份,由承包人在收到发包人（监理人）的口头或书面通知后填写,发包人、监理人、造价咨询人和承包人各存一份。

表 6-22　规费、税金项目清单与计价表

工程名称：　　　　　　标段：　　　　　　　　　　　　　　　　　第　页　共　页

序号	项目名称	计 算 基 础	计算费率 （%）	金额 /元
1	规费	定额人工费		
1.1	社会保险费	定额人工费		
（1）	养老保险费	定额人工费		
（2）	失业保险费	定额人工费		
（3）	医疗保险费	定额人工费		
（4）	工伤保险费	定额人工费		
（5）	生育保险费	定额人工费		
1.2	住房公积金	定额人工费		
1.3	工程排污费	按工程所在地环境保护部门收取标准，按实计入		
2	税金	分部分项工程费＋措施项目费＋其他项目费＋ 规费－按规定不计税的工程设备金额		
	合　　计			

编制人（造价人员）：　　　　　　　　　　　　　　　　　　复核人（造价工程师）：

表 6-23　进度款支付申请（核准）表

工程名称：　　　　　　标段：　　　　　　　　　　编号：

致：　　　　　　　　　　　　　　　　　　　　　　　　　　　（发包人全称）
　　我方于＿＿＿＿＿至＿＿＿＿＿＿期间已完成了＿＿＿＿＿＿＿工作，根据施工合同的约定，现申请支付本期的合同款
额为（大写）＿＿＿＿＿＿元，（小写）＿＿＿＿＿元，请予核准。

序号	名　　　称	实际金额 /元	申请金额 /元	复核金额 /元	备注
1	累计已完成的合同价款				
2	累计已实际支付的合同价款				
3	本周期合计完成的合同价款				
3.1	本周期完成单价项目的金额				
3.2	本周期应支付的总价项目的金额				
3.3	本周期已完成的计日工价款				
3.4	本周期应支付的安全文明施工费				
3.5	本周期应增加的合同价款				
4	本周期合计应扣减的金额				
4.1	本周期应抵扣的预付款				
4.2	本周期应扣减的金额				
5	本周期应支付的合同价款				

附：上述 3、4 详见附件清单。

造价人员＿＿＿＿＿　承包人代表＿＿＿＿＿　承包人（章）
　　　　　　　　　　　　　　　　　　　　日　　期＿＿＿＿＿

复核意见： 　□与实际施工情况不相符，修改意见见附件。 　□与实际施工情况相符，具体金额由造价工程师复核。 　　　　　　监理工程师＿＿＿＿＿ 　　　　　　日　　期＿＿＿＿＿	复核意见： 　　你方提出的支付申请经复核，本周期已完成工程价款为（大写）＿＿＿＿＿＿元，（小写）＿＿＿＿＿元，本期间应支付金额为（大写）＿＿＿＿＿＿元，（小写）＿＿＿元。 　　　　　　造价工程师＿＿＿＿＿ 　　　　　　日　　期＿＿＿＿＿

审核意见：
　□不同意。
　□同意，支付时间为本表签发后的 15 天内。

　　　　　　　　　　　　　　　　　　　发包人（章）
　　　　　　　　　　　　　　　　　　　发包人代表＿＿＿＿＿
　　　　　　　　　　　　　　　　　　　日　　期＿＿＿＿＿

注：1. 在选择栏中的"□"内做标识"√"。
　　2. 本表一式四份，由承包人填报，发包人、监理人、造价咨询人和承包人各存一份。

表 6-24 竣工结算款支付申请（核准）表

工程名称：   标段：   编号：

致：＿＿＿＿＿＿＿＿＿＿＿＿＿＿＿＿＿＿＿＿＿＿＿＿＿＿＿＿＿＿＿（发包人全称）

我方于＿＿＿＿＿至＿＿＿＿＿期间已完成了合同约定工作,工程已经完工,根据施工合同的约定,现申请支付竣工结算合同款额为(大写)＿＿＿＿＿＿元,(小写)＿＿＿＿＿元,请予核准。

序号	名 称	实际金额/元	申请金额/元	复核金额/元	备注
1	竣工结算合同价款总额				
2	累计已实际支付的合同价款				
3	应预留的质量保证金				
4	应支付的竣工结算款金额				

承包人（章）

造价人员＿＿＿＿＿＿ 承包人代表＿＿＿＿＿＿ 日 期＿＿＿＿＿

复核意见：

□与实际施工情况不相符,修改意见见附件。

□与实际施工情况相符,具体金额由造价工程师复核。

监理工程师＿＿＿＿＿＿

日 期＿＿＿＿＿

复核意见：

你方提出的竣工结算款支付申请经复核,竣工结算款总额为(大写)＿＿＿＿＿＿＿(小写)＿＿＿＿＿元,扣除前期支付以及质量保证金后应支付金额为(大写)＿＿＿＿＿元,(小写)＿＿＿＿＿元。

造价工程师＿＿＿＿＿＿

日 期＿＿＿＿＿

审核意见：

□不同意。

□同意,支付时间为本表签发后的 15 天内。

发包人（章）

发包人代表＿＿＿＿＿

日 期＿＿＿＿＿

注：1. 在选择栏中的"□"内做标识"√"。

2. 本表一式四份,由承包人填报,发包人、监理人、造价咨询人和承包人各存一份。

表 6-25 最终结清支付申请（核准）表

工程名称：　　　　　　　　标段：　　　　　　　　编号：

致：＿＿＿＿＿＿＿＿＿＿＿＿＿＿＿＿＿＿＿＿＿＿＿＿＿＿＿＿＿（发包人全称）

我方于＿＿＿＿至＿＿＿＿期间已完成了缺陷修复工作，根据施工合同的约定，现申请支付最终结清合同款额为（大写）＿＿＿＿＿＿＿＿元,（小写）＿＿＿＿＿元,请予核准。

序号	名　　称	实际金额/元	申请金额/元	复核金额/元	备注
1	已预留的质量保证金				
2	应增加因发包人原因造成缺陷的修复金额				
3	应扣减承包人不修复缺陷、发包人组织修复的金额				
4	应支付的竣工结算款金额				
5	最终应结清合同款额				

附：上述 3、4 详见附件清单。

承包人（章）

造价人员＿＿＿＿＿＿＿　承包人代表＿＿＿＿＿＿＿　日　期＿＿＿＿＿＿＿

复核意见： □与实际施工情况不相符,修改意见见附件。 □与实际施工情况相符,具体金额由造价工程师复核。 监理工程师＿＿＿＿＿＿ 日　期＿＿＿＿＿＿	复核意见： 　你方提出的竣工结算款支付申请经复核,竣工结算款总额为（大写）＿＿＿＿＿＿（小写）＿＿＿＿＿＿元,扣除前期支付以及质量保证金后应支付金额为（大写）＿＿＿＿＿＿元,（小写）＿＿＿＿＿元。 造价工程师＿＿＿＿＿＿ 日　期＿＿＿＿＿＿

审核意见：
□不同意。
□同意,支付时间为本表签发后的 15 天内。

发包人（章）

发包人代表＿＿＿＿＿＿

日　期＿＿＿＿＿＿

注：1. 在选择栏中的"□"内做标识"√"。
　　2. 本表一式四份,由承包人填报,发包人、监理人、造价咨询人和承包人各存一份。

本 章 小 结

　　工程价款结算是指承包人通过向建设单位提供已完工程，按规定向建设单位收取工程价款的一种方法。进行工程价款结算，可以补偿施工过程中的资金耗费，还可以考核施工企业成本计划的执行情况。工程价款结算的方法通常采用中间结算与竣工结算相结合的办法。目前，多采用开工前预付一定比例的工程预付款，正式施工时，按月度实际完成的工程量价值支付进度款，竣工验收时完成竣工结算的形式。

　　工程完工后，承包人应收集发承包双方实施过程中已确认的工程量及其结算的合同价款等竣工结算编制依据文件，以此为依据编制竣工结算文件。

工程变更、索赔与现场签证是工程竣工结算时常见的价款调整情况，应根据施工过程中工程实际变更等情况按国家计价规范以及地方造价主管部门的相关规定计算工程调整价款。

竣工结算及其支付应使用建设工程工程量清单计价规范以及地方造价主管部门颁布的标准格式表。

复习思考题

1. 工程价款结算的方法通常采用哪两种结算相结合的办法？

2. 什么是工程预付款？其额度确定方法有哪两种？请具体说明。

3. 某装饰装修工程承包合同总价为 2000 万元，主要材料和构件所占比重为 60%，工期为 1 年。预付款额度为 25%，工程预付款的扣款方式为从未施工工程尚需的主要材料及构配件价值相当于工程预付款时起扣，每月以抵充工程款的方式陆续收回。工程质量保修金为承包合同总价的 5%，经双方协商，业主从每月承包商的工程款中按 5% 的比例扣留。在保修期满后，保修金及保修金利息扣除已支出费用后的剩余部分退还给承包商；除设计变更和其他不可抗力因素外，合同总价不作调整；由业主直接提供的材料和设备应在发生当月的工程款中扣回其费用。经业主的工程师代表签认的承包商各月计划和实际完成的装饰装修工作量以及业主直接提供的材料和设备价值见下表。

工程计算数据表　　　　　　　　　　　（单位：万元）

月份	1~6	7	8	9	10	11	12
计划完成工作量	700	250	250	220	200	200	180
实际完成工作量	700	245	265	220	220	200	150
业主直供材料设备价值	100	50	30	15	10	0	0

问题：

（1）工程预付款是多少？

（2）工程预付款从几月开始起扣？

（3）1~6 月以及其他各月工程师代表应签证的工程款是多少？应签发付款凭证金额是多少？如果在 9 月份发生思考题 6 的事项，则前面两问结果又如何？

4. 工程结算的依据有哪些？

5. 工程变更引起已标价工程量清单项目或其工程数量发生变化，应按照什么规定调整？

6. 某工程建设单位向施工单位发出一份暂停施工的通知如下：

××建筑公司××项目部：

鉴于上级主管部门来我处参观查看施工质量，决定于×××年××月××日下午请你们暂停施工半天并配合参观检查工作。

特此通知。

×× 单位建设办公室（章）

×××年××月××日

目前已知施工单位现场有工人 20 名，砂浆搅拌机 1 台，请按当地造价管理部门的规定计算出应增加的合同价款并填写费用索赔申请（核准）表。

第 7 章 建筑装饰工程招标与投标

学习目标：

1. 了解建筑装饰工程招标和投标的概念及其应用情况。
2. 掌握建筑装饰工程招标的方式。
3. 了解建筑装饰工程招标程序及招标文件内容。
4. 了解建筑装饰工程投标前的信息取得和处理分析、投标决策及一些投标技巧。
5. 掌握建筑装饰工程投标程序和内容。

学习重点：

1. 建筑装饰工程招标投标的概念和招标的方式。
2. 建筑装饰工程招标程序和招标文件内容。
3. 建筑装饰工程投标前的信息取得和处理分析、投标决策及一些投标技巧。
4. 建筑装饰工程投标程序和内容。

学习建议：

1. 结合《中华人民共和国招标投标法》学习建筑装饰工程招标与投标。
2. 学习建筑装饰工程投标前的信息取得和处理分析、投标决策及投标技巧时要注意各种方法的适应范围。
3. 结合建筑装饰工程招标程序学习建筑装饰工程投标程序。

7.1 建筑装饰工程招标

2000 年 1 月 1 日，《中华人民共和国招标投标法》正式施行。原建设部于 2001 年 6 月颁布了《房屋建筑和市政基础设施施工招标投标管理办法》。在这个管理办法中规定：房屋建筑和市政基础设施工程施工单项合同估算价在 200 万元人民币以上，或者项目总投资在 3000 万元人民币以上的，必须进行招标。

7.1.1 建筑装饰工程招标的概念

建筑装饰工程招标是指招标人在发包建设项目之前，公开招标，邀请投标人根据招标人的意图和要求提出报价，招标人从中择优选定中标人的一种经济活动。

7.1.2 建筑装饰工程招标的方式

招标分为公开招标和邀请招标。国家重点建设项目和各省、自治区、直辖市人民政府确定的地方重点建设项目，以及全部使用国有资金投资或者国有资金投资占控股或者主导地位的工程建设项目，应当公开招标。

公开招标是指招标人以招标公告的方式邀请不特定的法人或者其他组织投标。公开招标应当发布招标公告。

邀请招标是指招标人以投标邀请书的方式邀请特定的法人或者其他经济组织投标。

7.1.3　建筑装饰工程招标程序

1）招标单位组建一个招标工作机构，或者委托工程建设项目招标代理业务的招标代理机构代理招标；招标代理机构是依法设立的从事招标代理业务并提供相关服务的社会中介组织。

2）向政府招标投标办事机构提出招标申请书。

3）编制招标文件和标底，并呈报审批。

4）发出招标公告或发出投标邀请书。

5）投标单位申请投标。

6）对投标单位进行资质审查，并将审查结果通知各申请投标者。

7）向合格的单位分发招标文件及有关技术资料。

8）组织投标单位勘察现场，并对招标文件进行答疑。

9）建立评标组织，制订评标和议标办法。

10）召开招标会议，审查投标书。

11）组织评标，决定中标单位。

12）向中标单位发出中标通知书。

13）招标单位与中标单位商签承包合同。

7.1.4　招标文件的内容

招标文件通常包括以下内容：

1）投标人须知（包括投标须知前附表）。

2）合同主要条款（包括通用条款和专用条款两部分）。

3）投标文件格式。

4）采用工程量清单招标的，应当提供工程量清单。

5）工程规范和技术说明。

6）设计图样或图样清单。

7）评标标准和方法。

8）投标辅助材料。

7.2　建筑装饰工程投标

7.2.1　建筑装饰工程投标的概念

建筑装饰工程投标是指有合法资格和能力的投标人根据招标条件，经过研究和估算，在指定期限内填写标书，提出报价的一种经济活动。

7.2.2　建筑装饰工程投标前的分析

建筑装饰工程投标前的分析内容包括投标信息的取得及分析、投标决策及要使用的投标技巧。

1. 投标信息的取得及分析

投标是承包人在建筑装饰市场中的交易行为，具有较大的冒险性。一般情况下，国际上一流的承包人中标的概率也只有10%～20%，而且中标后要想实现利润也面临着种种风险因素。这就要求承包人必须获得尽量多的招标信息，并尽量详细掌握与项目实施有关的信息。随着市场竞争的日益激烈，如何取得信息，关系到承包商的生存和发展，信息竞争将成为承包商竞争的焦点。

（1）取得招标信息的主要途径

1）通过招标广告或公告，发现投标目标，这是使用公开招标获得信息的方式。

2）搞好公共关系，经常派业务人员深入各个单位和部门，广泛联系，收集信息。

3）通过政府有关部门，如计委、建委、行业协会等部门，获得信息。

4）通过咨询公司、监理公司、科研设计单位、各类技术开发公司等代理机构，获得信息。

5）取得老客户的信任，从而承接后续工程。

6）与国际大承包商建立广泛的联系。

7）利用有关的建筑交易市场的信息。

8）通过社会知名人士的介绍。

（2）对招标中有关信息的分析

1）发包人投资的可靠性，工程资金是否到位，必要时要对发包人资金的可靠性进行调查；建设项目是否已得到批准。

2）发包人是否有与工程规模相适应的经济技术管理人员，有无工程管理的能力、合同管理经验、履约的状况；委托的监理（顾问）是否符合资质等级要求，以及监理的经验、能力和信誉。

3）发包人或招标顾问是否有明显的授标倾向。

4）投标项目的技术特点，如工程规模、施工条件、工期要求、是否有特殊技术要求等。

5）投标项目的经济特点，如工程款的支付方式、外资工程外汇比例、预付款的比例、允许调价的因素和税收信息以及金融和保险的有关情况。

6）本企业的投标条件和迫切性分析。

7）进行投标竞争形式分析，如竞争对手的竞标积极性、对手的优势分析和投标动向等。

8）本身对投标项目的优势分析，如与业主关系、自身资源是否充足、自身管理能力是否有优势、类似工程的承包经验及信誉、是否有技术特长及价格优势等。

9）投标项目风险分析。

2. 投标决策

投标决策是承包人经营决策的组成部分，指导投标全过程。影响投标决策的因素十分复杂，而且投标决策与承包人的经济效益紧密相关，所以必须及时、迅速、果断。投标决策包括以下内容：

（1）选择投标与否　承包人要决定是否参加某工程的投标，首先要考虑的是当前的经营状况和长远经营目标，其次要明确参加投标的目的，然后分析中标可能性的影响因素。

建筑装饰市场是买方市场，投标报价的竞争十分激烈，承包人选择投标与否的余地非常少，都或多或少地存在着经营状况不饱满的情况。一般情况下，只要接到发包人的投标邀请，承包人都应积极响应参加投标，这是因为：

1）参加项目多，中标机会也就多。

2）经常参加投标，在公众面前出现的机会也多，起到广告宣传的作用。

3）通过参加投标，可积累经验，掌握市场行情，收集信息，了解竞争对手。

4）承包人如果拒绝发包人的邀请，有可能导致以后失去获得邀请的机会。

（2）确定报价策略　投标时，承包人应根据自身的经营状况和经营目标，结合工程实际确定合理的报价策略。

1）生存型策略：此投标报价以解决目前的生存危机为目标，争取中标而放弃各种利益。如承包人经营管理不善或其他原因导致所承包的项目减少。人员、设备出现闲置时，会导致本公司人心不稳，士气低落。还可能出现恶性循环，导致获得投标邀请的机会会越来越少，此时，承包人应以生存为重，采取不盈利甚至赔本也要中标的态度，只要能暂时生存下去，就有卷土重来的机会。而且，在中标后还有机会通过加强管理及使用合理的策略挤出利润来。

2）竞争型策略：此策略以竞争为手段，以开拓市场、低盈利为目标，在精确计算成本的基础上，充分研究竞争对手，以有竞争力的报价达到中标目的。承包人在以下几种情况下，应采用此策略：经营状况不景气，近期接到的投标邀请较少、竞争对手较强、试图打入新地区、开拓新的工程施工类型、项目风险小、施工工艺简单且工程量大，社会效益好的项目、附近有本企业其他正在施工的项目（此时一些资源可以共享）。

3）盈利型策略：此策略以实现最佳盈利为目标，充分发挥自身优势，对效益较小的项目热情不高，对盈利大的项目充满自信。在以下几种情况下，应采取此策略：承包人在该地区已经打开局面；施工能力饱和；美誉度高；竞争对手少且竞争力不强；具有技术优势且对发包人有较强的名牌效应；投标目标主要是扩大影响；风险大的项目；为联合伙伴陪标的项目。这种情况下，能中标固然能得到最大利润，不能中标也不会觉得可惜。

3. 投标技巧

投标技巧研究，实质上是在保证工程质量和工期的条件下，寻求一个好的投标报价的技巧的问题。承包人为了中标并获得最大的利润，投标前必须研究投标报价的技巧。常见的技巧有以下几种：

（1）不平衡报价　它是在总价基本确定的前提下，调整内部各个子项的报价，使其不影响总报价，又能在中标后承包人可尽早收回垫支于工程中的资金和获得较好的经济效益。但要注意避免畸高畸低的现象，以免不能中标。通常不平衡报价有下列几种情况：

1）对早期结算收回工程款的项目，如在进度计划中排在前面的项目的单价可以较高，以利资金周转，后期项目单价可适当降低。

2）估计今后工程量可能增加的项目，其单价可以提高。而工程量可能减少的项目，单价可以降低。

以上两点要综合考虑，对于工程量数量不确定的早期工程，如不可能完成工程量表中的数量，则不能盲目提高单价，要具体情况具体分析。

3）图样内容不明确或有错误，估计修改后工程量要增加的，其单价可提高，而工程内容不明确的，其单价可降低。

4）没有工程量只填报单价的项目，其单价宜高。

5）对于暂定项目，估计其实施可能性大时，可定高价。相反，如果该工程不一定实施则可定低价。

（2）零星用工　一般可稍高于工程单价表中的工资单价。因为零星用工不属于承包有效合同总价范围，发生后实报实销，也可多获利。

（3）多方案报价法　多方案报价法是利用工程说明书或合同条款不够明确之处，以争取达到修改工程说明书和合同为目的的一种报价方法。工程说明书或合同条款有不够明确之处时，往往使承包人承担较大的风险。为了减少风险就必须扩大工程单价，增加"不可预见费"。但这样又会增加不能中标的可能。多方案报价就是为对付这种两难局面而出现的。具体做法是在标书上报两种单价：一是按原工程说明书合同条款报一个价，二是加以注解，"如此处作某些改变时"，则可降低多少费用，使报价成为最低，诱使发包人修改说明书和合同条款。当然，在中标后合同谈判中，也可以使用相反的方法。如向发包人说明，如果在某处增加多少工程款，本公司可以将此处的工程质量或效果提高一个等级等。但是，如果有规定，如政府工程的合同方案是不容许改动的，就不能使用这种方法。

7.2.3　建筑装饰工程投标程序及内容

建筑装饰工程投标程序及内容如下：

1. 成立投标工作机构，报名投标

投标工作机构通常由下列人员组成：

1）公司的总经济师或营业部门的经理或业务副经理作为主要负责人（决策人）。

2）总工程师或主任工程师负责施工方案、技术措施、进度计划等方面问题。

3）合同预算部门的主管人负责具体投标报价工作。

4）经营部门负责人负责竞标策略的制订及企业形象宣传和公关策划。

此外，材料部门负责提供材料行情和信息；会计部门提供本企业的工资、管理费等有关成本和资料；生产部门负责安排施工作业计划等。这些人员都是必不可少的参谋成员。

为了保守本企业对外投标报价的秘密，投标工作班子人员不宜过多，特别是最后决策的核心人员，以控制在企业总经济师、总工程师（或主任工程师）及经营决策部门负责人范围内为宜。

2. 购取资格预审文件，办理资格审查

投标资格申请材料包括下列内容：

1）填报"资格预审申报资料表"。

2）提供施工业绩证明材料：提供近3年作为主要施工单位已完工和在建的所有工程性质及复杂程度与本工程类似的工程项目施工业绩资料。

3）提供关键人员的资历介绍材料：应提供本项目施工和管理所要求的有资历的合适人

选和本项目施工所要求的基本人员、人员配备及机构设置。

4）提交有关设备能力的介绍材料：应自有或能保证以其他方式（如租赁、新购等）拥有本项目施工所要求的关键设备和仪器，且应保证这些设备和仪器目前状况完好及安全，能保证本项目合同施工的需要。

5）提交财务状况报告：提交近3年经会计师事务所审计的财务年度报告。

6）涉及诉讼史：应明确说明近3年内已完工和在建工程中是否涉及过任何诉讼或仲裁事件。

7）提供证明和资料：提供以上各条的证明资料。

8）实力和特长资料补充：将自认为有助于进一步说明本身实力和能力的资料以补充页的形式随申请书一道递交，如本公司的工程获奖证明或在某领域某方面的特别专长等，招标人在评估时会加以考虑。

以上资料须保证真实有效并在规定的截止时间内送交招标人签收，并及时提供招标人要求的对所递交资料的澄清或补充资料。否则将导致投标人的资格预审不予通过。

目前，很多省市都不采用资格预审方式而改用资格后审方式。所谓资格后审是指在开标后由评标委员会对投标人的资格进行审查。采取资格后审的，招标人应当在招标文件中载明对投标人资格要求的条件、标准和方法。资格后审的内容与资格预审的内容是一致的。经资格后审不合格的投标人的投标应作废标处理，不再参加商务标的评审。

3. 领取（或购买）**招标文件，交投标保证金**

投标保证金除现金外，可以是银行出具的银行保函、保兑支票、银行汇票或现金支票。其金额一般为投标总价的 0.5% ~2%，最高不超过 80 万元。投标保证金的有效期应超出投标有效期 30 天。

4. 研究招标文件

建筑装饰企业通过资格审查，取得招标文件后，首要工作是仔细认真地研究招标文件，充分了解其内容和要求，以便安排投标工作的部署，并发现应提请招标方予以澄清的疑点。

5. 勘察施工现场，调查工程环境

装饰工程施工是在土建施工的基础上进行的，故要勘察土建施工的质量情况。又因要同各专业设备系统工程如水、暖、电、烟感、喷淋等配合协调施工，各设备专业施工进度的情况，直接关系到装饰施工进场条件和装饰施工进度计划表的制订。另外还需了解的主要项目有：进入场地的道路；施工用水、用电和通信设施；北方地区冬季施工的供暖情况；一次搬运、垂直运输、材料堆放地和临时设施（加工车间、材料库、办公室、工人住房）情况。而所谓的工程环境就是中标后工程施工的自然、经济和社会条件。这些条件是工程施工的制约或有利因素，必然影响工程成本，是投标单位报价时必须考虑的，所以在报价前应尽可能了解清楚。

6. 确定投标策略

7. 投标人应当按照招标文件的要求编制投标文件

投标文件应该对招标文件提出的实质性要求和条件做出响应，一般包括下列内容：投标函；投标报价；施工组织设计；有关投标人的资格及商务和行政文件。

8. 投标文件的送达与修改

投标人应该在招标文件规定的截止时间前，将投标文件密封送达投标地点。招标人收到投标文件后，应当向投标人出具标明签收人和签收时间的凭证，在开标前，任何单位和个人不得开启投标文件。在截止时间后送达的投标文件，招标人应拒收。投标人在截止时间前可以修改、补充、替代或撤回已提交的投标文件，并书面通知招标人。补充和修改的内容为投标文件的组成部分。在提交投标文件截止时间后到招标文件规定的投标有效期终止之前，投标人不得补充、修改、替代或撤回其投标文件。投标人撤回投标文件的，其投标保证金将被没收。

本 章 小 结

建筑装饰工程招标是指招标人在发包建设项目之前，公开招标，邀请投标人根据招标人的意图和要求提出报价，招标人从中择优选定中标人的一种经济活动。招标分为公开招标和邀请招标。

建筑装饰工程投标前的分析内容包括投标信息的取得及分析、投标决策及要使用的投标技巧。

建筑装饰工程的招标与投标都须按规定的程序和相应的内容进行。

复习思考题

1. 什么是建筑装饰工程招标？招标的方式有哪些？
2. 建筑装饰工程招标投标的程序各是什么？它们有什么异同之处？
3. 建筑装饰工程承包人如何获得投标信息？如何对招标信息进行分析？
4. 建筑装饰工程承包人如何进行投标决策？
5. 建筑装饰工程承包人常用的投标技巧有哪些？

第 8 章　装饰工程计价软件简介

学习目标：

1. 了解装饰工程计价软件的特点。
2. 了解常用的工程造价软件。
3. 掌握本地区通用计价软件的使用。

学习重点：

本地区通用计价软件的使用。

学习建议：

结合工程造价计算实例，利用本地区通用的计价软件上机操作。

8.1　概述

8.1.1　计算机计算装饰工程造价的优点

无论是定额计价模式，还是工程量清单计价模式，在进行工程造价的计算和管理时，都要进行大量而繁杂的计算工作。手工计算的效率非常低，而且容易出错。为了提高工作效率、降低劳动强度、提高管理质量，工程计价的电算化和网络化是工程计价及工程造价管理的必然趋势。计算机计算装饰工程造价有下列优势：

1）应用工程造价软件编制建筑装饰工程造价文件可确保建筑装饰工程造价文件的准确性。计算机作为一种现代化的管理工具，应用它提高管理工作效率和社会劳动生产力水平是全人类的共同愿望。应用计算机编制工程造价文件，其结果的计算误差可降低到千分之零点几。

2）应用计算机编制建筑装饰工程造价文件可大幅度提高工程造价文件的编制速度。由于工程造价文件编制过程中问题处理较为复杂，数字运算量大，采用手工编制一是易出差错，二是编制速度慢，难以适应目前经济建设工作对工程造价文件编制速度的要求，应用计算机可提高造价文件编制速度几十倍，以保证造价文件编制工作的及时性。

3）应用计算机编制建筑装饰工程造价文件，可有效地实现工程造价文件资料积累的方便性和计价行为的规范性。

4）应用计算机编制建筑装饰工程造价文件可有效地实现建设单位与施工单位的工程资料文档管理的科学性和规范性。

8.1.2　装饰工程计价软件的特点

我国工程建设造价的电算化工作起步比较早，在这个领域的软件开发与应用方面发展迅速。特别是建筑装饰工程工程量自动计算软件的成功开发，为实现工程造价编制完全自动化提供了可靠的条件。

由于工程设计施工图所使用软件及习惯做法不同，各地工程量清单计价办法的实施未能完全统一，造成软件的版本也较多，加之企业的计算机应用程度不一，因而目前各地大部分企业对中、小工程项目的工程量计算工作还是以手工计算为主。一般造价事务所还是采用以手工输入数据计算工程量。

建筑装饰工程计价软件的应用目前已日渐普遍。其主要特点表现在以下几个方面：

（1）适应性强 建筑装饰工程计价软件设计过程中，考虑到建筑装饰工程变化多、发展快的特点，加之装饰装修工程消耗量定额在不同地域和不同时期的应用具有一定的差别，所以计价软件系统中设置开放式接口，可任意接合内容，应用系统时可根据不同地域的消耗量定额和装饰工程材料价格的不同情况，任意重新录入、修改、补充或删除有关内容。

（2）兼容性好 目前国内许多软件开发公司开发的工程造价软件系统的兼容性都比较好。如：中国建筑科学研究院建筑工程软件研究所研发的"土建工程量计算"系统软件、北京广联达慧中软件技术有限公司开发的"钢筋自动抽样"系统软件、清华斯维尔三维可视化工程量智能计算软件等，均可以把工程设计施工图电子文档输入计算机，以供计价（系统）软件联合应用，达到完全自动计算工程造价的目的。

（3）使用方便 建筑装饰工程计价软件系统采用了与手工编制工程概预算相同的编制顺序，即工程数据录入→运算→输出，以适应人们的使用习惯。在造价编制过程中的数据处理方法上，系统充分利用计算机的优势，尽量避免同一词组与数据的重复录入，减少多次录入的操作时间。

在上机操作方式上，采用"菜单式"提示，上机操作人员能比较轻松地选择完成过程的操作步骤，使系统使用起来显得更加人性化。

（4）维护方便 建筑装饰工程预算软件系统为保证系统正常的运行状态，专门设置了相应的系统维护系统。一方面，系统设置正确操作方法提示和错误命令拒绝措施提示，同时还设置对原始数据（定额、价格表）的增加、修改、补充、删除等功能，使整个系统的维护极为方便。

8.1.3 常用装饰工程计价软件

当前计价软件的功能逐渐由地区性、单一性发展为综合性、网络化，形成适用于不同地区和不同专业的建设工程计价系统。常用的工程计价软件见表 8-1。

表 8-1 常用的工程计价软件

序 号	软 件 名 称	软件开发单位
1	北京市建设工程工程量清单计价管理软件	北京市建设工程造价管理处 成都鹏业软件有限责任公司
2	纵横建设工程计价暨工程量清单计价软件	保定市纵横软件开发有限公司 河北建业科技发展有限公司
3	PKPM 工程量清单计价软件	中国建筑科学研究院建筑工程软件研究所
4	清单计价 ATQ-BQ 软件	深圳市清华斯维尔软件科技有限公司

（续）

序　号	软　件　名　称	软件开发单位
5	工程量清单报价管理软件	成都鹏业软件有限责任公司
6	湖北中建神机工程量清单计价系列软件	北京中建神机信息技术有限公司
7	"清单大师"建设工程工程量清单计价软件	广州易达建信科技开发有限公司
8	广联达清单计价系统 GBQ	北京广联达慧中软件技术有限公司
9	华微国标清单	广州华微明天软件技术有限公司
10	殷雷工程计价软件	广州市殷雷软件有限公司

目前，工程计价软件基本上分为定额计价软件和工程量清单计价软件两大类。定额计价软件一般采用数据库管理技术，主要由数据库管理软件平台、定额数据库、材料价格数据库、费用计算数据库等部分组成。在软件平台上选择不同的定额数据和材价数据，即可完成相应专业的定额预算编制工作。

工程量清单计价软件在定额计价软件的基础上，整合了清单引用规则，即根据计价规范的规定，把某一清单项目所包含的所有工作内容及其对应的定额子目整合在一起，使用时根据工程实际发生的工作内容进行选择即可。工程量清单计价软件对所引用的定额子目数据能方便地进行修改，并能随时把修改后的定额子目补充到定额数据库，形成企业内部定额。

8.2　装饰工程计价软件示例

清华斯维尔清单计价软件，根据国家标准《建设工程工程量清单计价规范》（GB 50500—2013）及地方计价定额，由深圳市清华斯维尔软件科技有限公司研究和开发。该软件数据权威、格式标准，是清单计价"政府宏观调控、企业自主报价、市场确定价格"主旨的全面贯彻和准确体现。

8.2.1　软件的主要特点和主要功能

1. 软件主要特点

由深圳市清华斯维尔软件科技有限公司研究和开发出来的清华斯维尔清单计价软件，具有以下几个特点：

1）与现行预算定额有机结合，既包含国家标准工程量清单，又同时能挂接全国各地区、各专业的社会基础定额库和企业定额库。

2）同时支持定额计价、综合计价、清单计价等多种计价方法，实现不同计价方法的快速转换。

3）提供二次开发功能，可由全国各地服务分支机构或企业，定制取费程序，设计报表，使产品更符合当地实际需求，或满足个别项目的招标投标报价需要。

4）支持多文档、多窗体、多页面操作，能同时操作多个项目文件，不同项目文件之间可通过拖拽或"块操作"的方式实现项目数据的交换。

5）具有自动备份功能，打开项目文件前系统自动备份本项目文件，系统保留最后 8 次备份记录，即可恢复到项目文件打开倒数第八次操作前数据。

6）提供清单做法库（清单套价经验库：包含在清单套价历史中，某清单的项目特征、工作内容、套价定额、相关换算等信息），预算编制过程中，可保存或使用清单做法库。

7）多种数据录入方式，可录入最少的字符，智能生成相应的清单或定额编码，并自动判定相关联定额，提示选择输入。也可以通过查询等操作，从清单库、定额库、清单做法库、工料机库录入数据。

8）提供多种换算操作，可视化的记录换算信息和换算标识，可追溯换算过程。

9）提供"工料机批量换算"功能，可批量替换或修改多个定额子目的工料构成。

10）提供系统设置功能，可设置预算编制操作界面、操作习惯，功能选项和相关标识。

11）提供清单子目项目特征复制功能；可自定义三材分类，自动计算三材用量。

12）可快速调整工程造价，并且提供取消调价功能，恢复至调整前价格。

13）分部分项数据可按"章节顺序"和"录入顺序"切换显示方式。章节顺序：按"册、章、节、清单、定额"树型结构显示和输出分部分项数据；录入顺序：不显示"册、章、节"等数据，按录入顺序显示和输出分部分项数据。

14）含简单构件工程量计算功能，可参照简单构件图形或借用系统函数，输入参数计算工程量。

15）采用口令授权的方式，可以对项目文件设置口令，加强文件的保密性。

16）用户补充的定额、清单、工料机子目可选择保存到补充库，修改后的取费文件、单价分析表、措施项目可另存为模板文件，供其他项目使用。

2. 软件主要功能

（1）项目文件管理　按照多级目录结构组织和管理工程文件，同时实现工程文件的导入、导出、合并等功能。一个单位工程可设置多个取费文件，可借用不同专业定额。

（2）造价编制　用于编制工程造价，实现换算、输出报表等功能。具体包括工程属性、项目计价（由"实体项目""措施项目""其他项目"和"零星项目"组成）、工料机汇总、取费文件、文档管理和报表打印等功能模块。

（3）含国家标准工程量清单　能挂接全国各地区、各专业定额库，参与工程量清单定价，同时支持定额计价、综合计价等多种计价方法，实现不同计价方法的快速转换。提供清单做法库，预算编制过程中，可保存或使用清单作法库。

（4）有建设项目管理功能　按"建设项目""单项工程"和"单位工程"三级结构管理工程文件。

（5）系统设置　可设置预算编制操作界面、操作习惯，功能选项和相关标识。

（6）造价审核　用于工程造价的审核，可智能对比造价计算书中的清单、定额、工料机、费用子目的数量及各项价格，并按照指定条件进行过滤、差异分析，形成审核报表。可快速调整工程造价，并且提供取消调价功能，恢复致调整前价格。

（7）数据维护　提供系统数据的维护功能，包括定额库、清单库、工料机库、清单做法库、取费程序等数据的维护功能。可导入 Excel 格式工程量清单。

（8）报表打印　提供报表文件分类管理，Word 文档编辑、报表设计、打印、输出到 Excel 格式文件等功能。

8.2.2 软件的使用简介

一般典型的定额计价模式下的操作步骤大致如下：新建项目文件→设置工程属性→录入项目定额数据→进行定额子目的换算→调整材料价格→费用的调整→预算书的输出。

一般清单计价模式下编制招标文件的操作步骤大致如下：新建项目文件→设置工程属性→录入的实体项目清单数据（主要包括清单子目录入、项目特征编辑等）→编辑措施项目和其他项目数据→招标书的输出。

一般清单计价模式下编制投标文件的操作步骤大致如下：新建项目文件→设置工程属性→实体项目清单数据编辑（主要包括导入或录入清单子目、工作内容编辑等）→对实体项目清单项目进行构成编辑、计算等→措施项目和其他项目数据编辑计算→费用文件的调整→投标书的输出。

下面结合第4、5章中的某经理室装饰装修工程实例介绍有关应用清华斯维尔工程计价软件进行定额计价文件和工程量清单计价文件编制的具体方法和步骤。

1. 定额计价文件编制的操作方法

（1）进入软件　系统自动检测加密狗后，进入用户登录界面，如图8-1所示。然后只需选择用户名称并输入正确的用户密码（注：首次登录，用户名和密码均为"admin"，用户名和密码区分大小写），单击确定按钮，系统检测用户名和密码正确后，进入系统主界面，如图8-2所示，否则提示用户重新登录。

图 8-1　用户登录界面

图 8-2　系统主界面

（2）新建预算书　在主菜单"文件"中，选择"新建预算书"或单击工具栏中 ▯ 按钮，进入新建预算书窗口，按提示进行以下操作完成新建预算书。

步骤一：在工程名称栏，录入工程名称。如图8-3所示。

步骤二：在定额标准栏，单击下拉按钮，选择定额库。如图8-3所示，本例选择的是广东省建筑装饰装修工程综合定额2010。

步骤三：在计价方法栏，单击下拉按钮，选择本次套价所采用的计价方法。如图8-3所示，本例选择的是定额计价。

步骤四：在取费标准栏，单击下拉按钮，在树型下拉列表中，选中所需的取费文件，双击鼠标或按回车键选择取费文件，系统会自动根据您选择的取费文件，设置专业类别、工程类别以及地区类别。本实例结果如图8-3所示。

步骤五：如需要采用信息价，则可通过清华斯维尔网站下载专区下载信息价，进行导入使用即可。本例直接使用定额价。

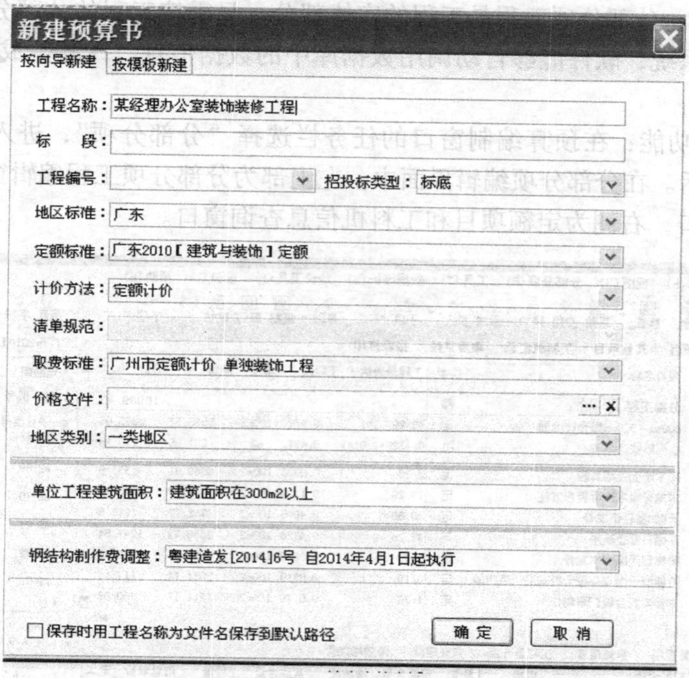

图 8-3　新建预算书界面

设置完成工程各项信息后，单击确定按钮，完成新建预算书的操作。

（3）数据录入　通过软件编制工程预、决算的全过程，包括：修改工程属性、编制招标投标文件预算书、工料机汇总、取费计算、报表打印等具体内容。

这里我们主要介绍数据录入的方法。

1）工程属性：在预算编制窗口的任务栏选择"工程属性"，进入工程属性编辑界面，工程属性包括"基本属性"和"附加说明"两部分，单击工程属性树型列表相应节点，切换至相应属性编辑界面，如图 8-4 所示。

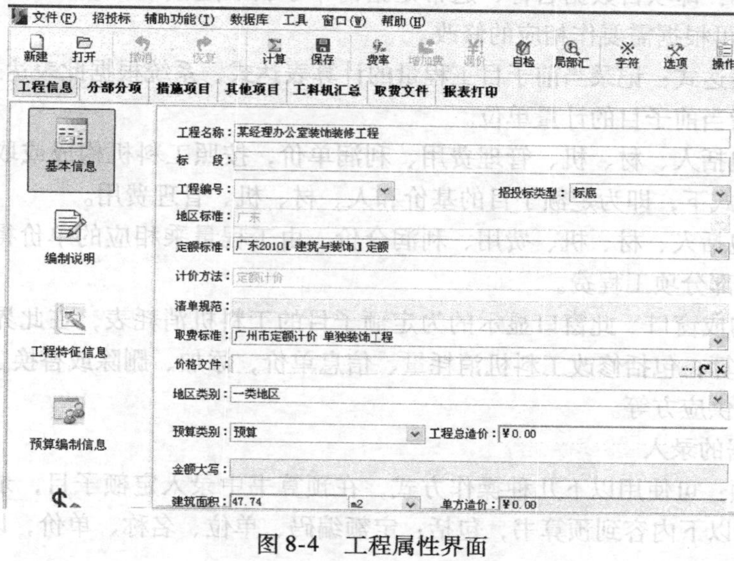

图 8-4　工程属性界面

2）分部分项：分部分项工程是工程的实体部分。只需按工程的分部分项将定额编码及工程量数据录入系统，软件能够自动调用数据库中的数据信息，计算生成各种人、材、机、定额的价格。

① 主要界面功能：在预算编制窗口的任务栏选择"分部分项"，进入分部分项编辑界面，如图 8-5 所示。在分部分项编辑界面中，左上部为分部分项工程编辑窗口，左下部为子目工料机构成窗口，右侧为定额项目和工料机信息查询窗口。

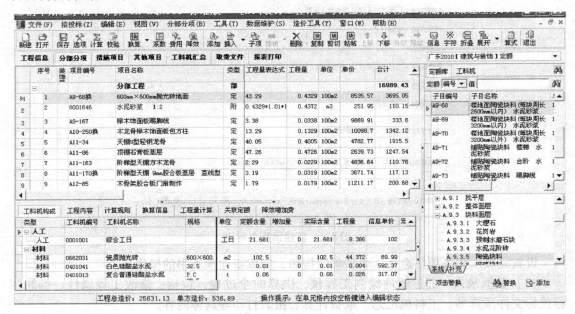

图 8-5　分部分项编辑界面

a. 分部分项工程编辑窗口：该窗口按字段描述主要包括以下信息：

ⓐ 项目编号：即项目数据编号，通常是指清单子目、定额子目或工料机的编号。

ⓑ 项目名称：即项目数据名称，通常是指清单子目、定额子目或工料机的名称加上相应的换算信息，可根据需要作相应的修改。

ⓒ 工程量表达式：记录当前子目工程量的计算表达式，系统根据此表达式计算工程量。

ⓓ 单位：指当前子目的计量单位。

ⓔ 单价：包括人、材、机、管理费用、利润单价，按照工料机构成或取费信息计算得到。定额计价模式下，即为定额子目的基价和人、材、机、管理费用。

ⓕ 合计：包括人、材、机、费用、利润合价，由工程量乘相应的单价得到。定额计价模式下，即为分部分项工程费。

b. 工料机构成窗口　此窗口显示的为定额子目的工料机消耗表，在此界面可实现定额子目的工料机换算，包括修改工料机消耗量、信息单价，添加、删除或替换工料机子目，改变工料机子目的供应方等。

② 项目数据的录入

a. 录入定额：可使用以下几种操作方式，在预算书中录入定额子目，录入操作实际上是从定额库复制以下内容到预算书，包括：定额编码、单位、名称、单价，以及定额工料机构成、工作内容等数据。

定额编码录入法：在分部分项的"项目编号"列直接输入定额编码，按回车键。定额编码录入法采用定额编码智能匹配规则，生成匹配的定额编码，录入时和上一条定额子目前面相同部分可以省略，只需录入不同部分（如：上一条定额子目是"A9-5"，假如下一条需要录入"A9-6"，只需录入字符"6"，生成相应的编码：A9-6）。

查询定额库：查询如图 8-5 中右侧的定额库窗口，双击定额子目或拖拽定额到分部分项。

录入时，可通过单击右键菜单，完成"插入记录""添加记录"和"删除记录"等操作。

b. 录入工程量：将光标移至某工程子目栏，选定需录入数据的子目编号位置，在已输入工程子目编号、名称和内容的工程量栏目中，直接输入工程数量即可。如果没有手工计算的工程量结果，也可以在工程量表达式栏直接录入工程量表达式，按回车键，校验工程量表达式的正确性，并计算工程量。

c. 定额换算：系统提供多种换算操作，如系数换算、组合换算、智能换算、工料机批量换算，作过系数换算的定额子目，会在项目数据的换算标志栏加上'X'，在项目编号后加上换算标识"换"字，同时在附加属性中记录换算说明信息。当子目需要进行换算时，选择需要换算的子目，选取换算方式，屏幕上弹出分项需要换算的有关内容。再用光标指示需要换算的具体内容，选取换算，确认即可进行自动换算。例如：

系数换算：选择需要进行系数换算的定额条目，单击右键换算菜单中的系数换算菜单或工具栏 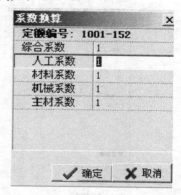 按钮，弹出系数换算对话框，如图 8-6 所示，系数换算包括人工、材料、机械等系数，如需对人、材、机统一调整为某一系数，只需输入综合系数即可，否则可直接输入人、材、机系数，单击"确定"按钮完成系数换算操作。

图 8-6　系数换算对话框

3）措施项目：措施项目是预算书的措施部分（措施项目分为通用措施项目、技术措施项目部分），通常由措施费用和措施定额参与组价。单击预算书的"措施项目"按钮，进入措施项目编辑界面如图 8-7 所示，可直接录入措施费用和措施定额，以及措施费用表达式的编辑功能，操作说明可参照"分部分项"的相关操作。

4）其他项目：单击预算书的"其他项目"按钮，进入其他项目编辑界面，如图 8-8 所示。在此可直接填写各项费用或录入相关定额，操作说明可参照"分部分项"的相关操作。本例中只要计算暂列金额，由系统按分部分项工程费乘以费率（10%）自动生成。

5）工料机汇总：单击预算书的"工料机"按钮，进入工料机汇总界面，如图 8-9 所示。在此可以统一调整工料机的信息价格（本例中，将人工单价调整为 102 元/工日），而且每一种材料都可以追溯到其相应的定额，同时也可得到主要材料汇总与三材汇总数据。当采用"定额计价"类别，在此修改信息单价，然后进行汇总后，系统将计算出相对应的材料价差。

6）费用汇总：单击预算书的"取费文件"按钮，进入费用汇总界面，如图 8-10 所示。

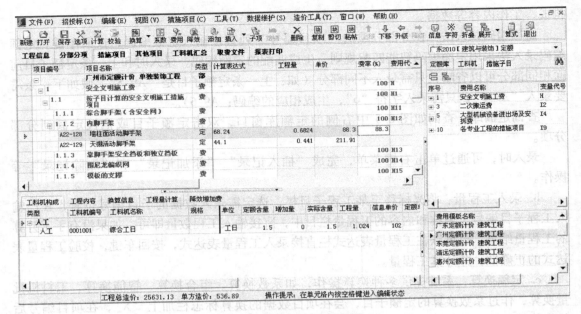

图 8-7　措施项目编辑界面

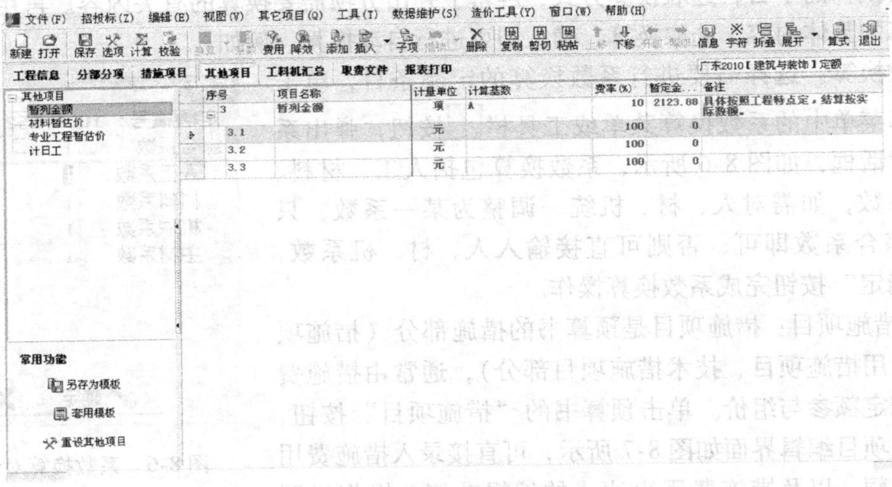

图 8-8　其他项目界面

费率与自定义的取费数据可以在费用汇总界面进行调整，调整后的取费文件可以保存为模板，方便日后调用。

（4）报表输出　单击预算书的"报表打印"按钮，进入报表打印界面，如图 8-11 所示。提供报表打印、设计，以及封面编辑、打印功能。在报表目录树中选择报表文件，单击☆按钮，可将公司徽标导入至报表中；单击🖨按钮，将报表输出到打印机；单击✕按钮，将报表输出为 Excel 文件。选择 Word 文档，可按 Word 格式编辑标书封面和编制说明。

当建筑装饰工程定额计价文件编制完成后，先单击［浏览］按钮。通过浏览，审查待打印的文件，发现问题，再进行修改，并确认；选择打印工程计价文件，自动进行输出、打

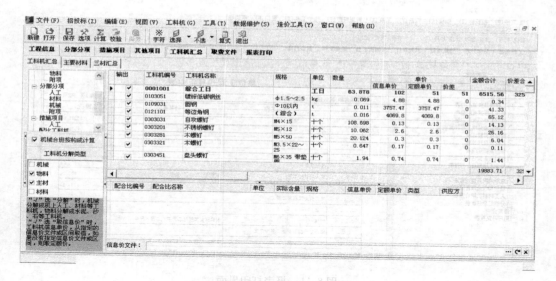

图 8-9　工料机汇总界面

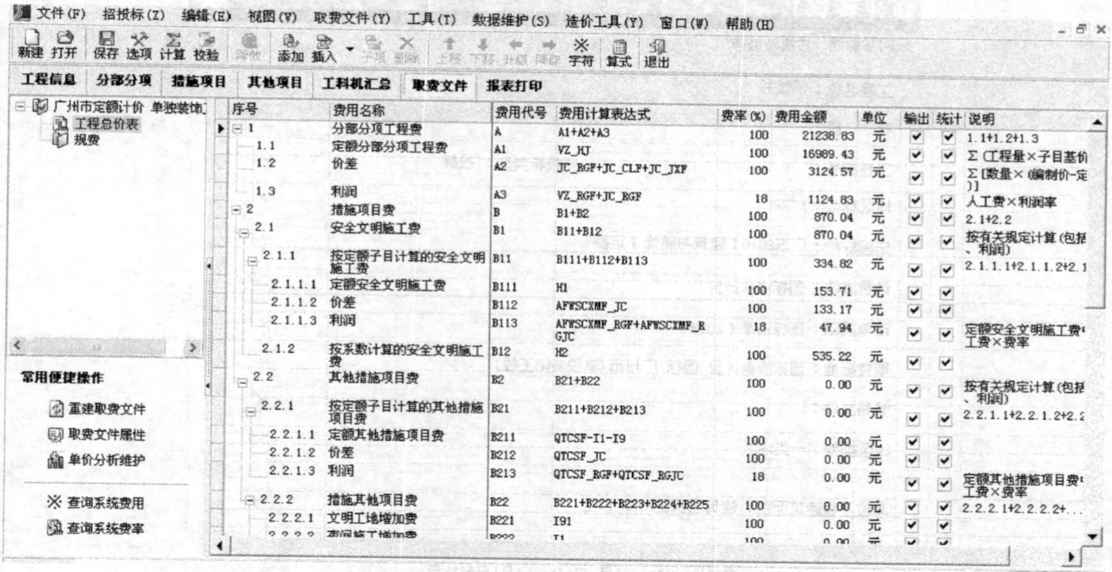

图 8-10　费用汇总界面

印定额计价文件。

2. 工程量清单计价文件编制的操作方法

利用软件编制工程量清单计价文件的总体步骤与定额计价相似。但由于两种计价方式在项目内容、计量单位、报表形式等方面有所不同，因此，利用软件编制计价文件也有一定的不同之处。下面结合上述实例介绍工程量清单计价文件编制操作时的主要步骤。

（1）进入软件　方法与定额计价相同。

（2）新建预算书　当进入新建预算书窗口时，此时计价方法栏中应选择国标清单计价，取费标准栏，应选择广东省工程量清单计价，如图 8-12 所示。

图 8-11　报表打印界面

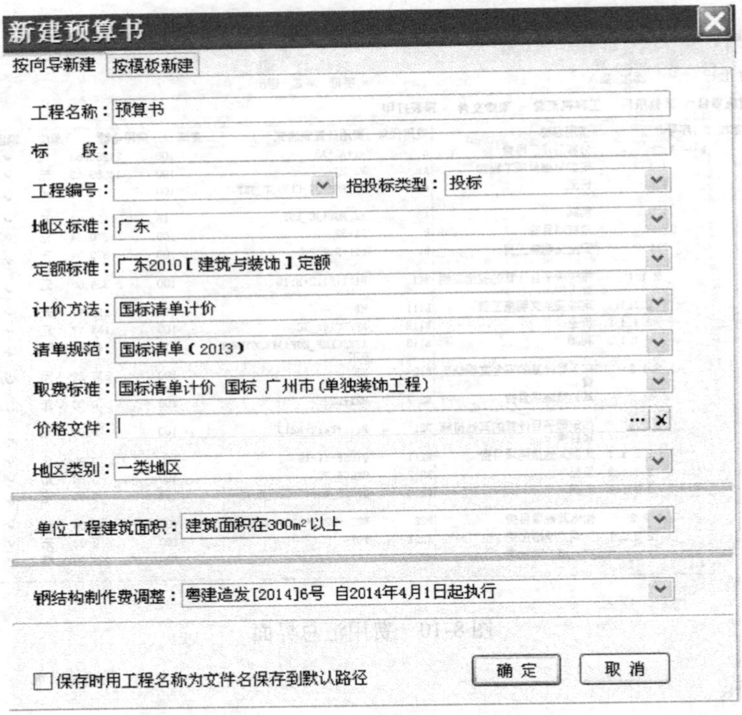

图 8-12　清单计价时新建预算书界面

（3）数据录入　数据录入时，定额计价和清单计价的主要不同是在分部分项工程数据的录入。定额计价录入的是定额子目及其相应的工程量。而清单计价录入的是清单项目及其应用的工程数据，本实例清单计价时的分部分项工程编辑界面如图 8-13 所示。录入方法如下：

① 录入清单：可使用以下几种操作方式，在分部分项中录入清单子目，录入操作实际上是从清单库复制以下内容到预算书，包括：清单编码、单位、名称，以及清单的项目特

征、工作内容、工程量计算规则等数据。

a. 清单编码录入法：在分部分项的"项目编号"列直接输入1~9位编码，按回车键，生成12位清单编码。清单编码录入法采用清单编码智能匹配规则，生成匹配的清单编码，录入时只需录入1~9位编码，和上一条清单子目前面相同部分可以省略，后3位是相同项目顺序号，由系统自动生成（如：上一条清单子目是"011201001001"，假如下一条需要录入"011201003"，只需录入字符"3"，生成相应的编码：011201003001）。

b. 查询清单库：在分部分项页面的右侧清单查询窗口，如图8-13所示，展开章节，选择清单子目，双击鼠标或拖拽清单子目到分部分项，实现清单录入。查询清单库时也可进行录入定额操作：双击清单指引中的定额子目，将定额子目录入到清单下面，作为清单的子项。

c. 查询清单做法库：即清单套价经验库，包含清单套价历史中，某清单的项目特征、工作内容，套价定额，相关换算等信息，在预算编制过程中可将预算文件的清单条目存入清单做法库，也可从清单做法库查询清单条目录入预算文件。

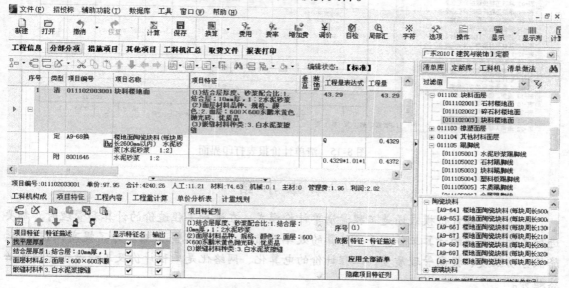

图8-13　清单计价时分部分项编辑界面

选择清单做法子目，双击或拖拽子目到预算文件，将清单做法子目和包含的项目特征、工作内容、套价定额、换算等信息一并录入预算文件。

② 录入项目特征：按国标清单计价要求，必须详细说明清单子目的项目特征，选择子目构成中的"项目特征"页面，进入项目特征编辑界面，如图8-14所示。

图8-14　项目特征编辑界面

180

其他项目、工料机汇总和费用汇总等其他文件编制方法与定额计价相似。

（4）报表打印　清单计价报表打印操作要求与定额计价相似，但软件通常提供多种格式的清单计价报表，因此要注意根据合同规定选择合理的报表。可在报表打印界面（图8-15）中的右上角报表列表中，"√"选报表，届时，将会按选择的先后顺序输出到打印机。

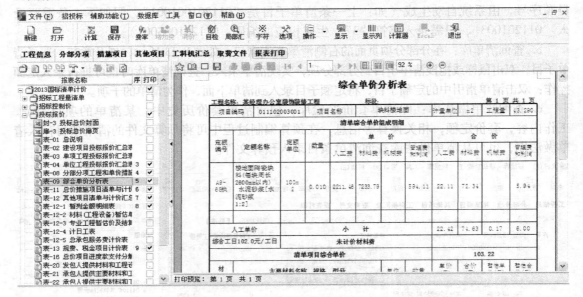

图8-15　清单计价报表打印界面

本 章 小 结

无论是定额计价模式还是工程量清单计价模式，在进行工程造价的计算和管理时，都要进行大量而繁杂的计算工作。手工计算的效率非常低，而且容易出错。为了提高工作效率、降低劳动强度、提高管理质量，工程计价的电算化、网络化是工程计价及工程造价管理的必然趋势。

当前计价软件的功能逐渐由地区性、单一性发展为综合性、网络化，形成适用于不同地区、不同专业的建设工程计价系统。

清华斯维尔清单计价软件，由深圳市清华斯维尔软件科技有限公司研究、开发。该软件数据权威、格式标准，是清单计价"政府宏观调控、企业自主报价、市场确定价格"主旨的全面贯彻和准确体现。

复习思考题

1. 简述计算机计算装饰工程造价的优点。
2. 当前装饰工程计价软件有何特点？
3. 简述应用装饰工程计价软件编制装饰工程造价文件的基本步骤。
4. 进行市场调查，了解目前常用的计价类型，各有什么特点？
5. 应用计价软件进行上机操作，完成某装饰装修工程工程量清单和工程量清单计价文件的编制并打印相关报表。

附录 《房屋建筑与装饰工程工程量计算规范》
（GB 50854—2013）节选

附录 L 楼地面装饰工程

L.1 整体面层及找平层

整体面层及找平层工程量清单项目的设置、项目特征描述的内容、计量单位及工程量计算规则应按表 L.1 的规定执行。

表 L.1 整体面层及找平层（编码：011101）

项目编码	项目名称	项目特征	计量单位	工程量计算规则	工程内容
011101001	水泥砂浆楼地面	1. 找平层厚度、砂浆配合比 2. 素水泥浆遍数 3. 面层厚度、砂浆配合比 4. 面层做法要求			1. 基层清理 2. 抹找平层 3. 抹面层 4. 材料运输
011101002	现浇水磨石楼地面	1. 找平层厚度、砂浆配合比 2. 面层厚度、水泥石子浆配合比 3. 嵌条材料种类、规格 4. 石子种类、规格、颜色 5. 颜料种类、颜色 6. 图案要求 7. 磨光、酸洗、打蜡要求		按设计图示尺寸以面积计算。扣除凸出地面构筑物、设备基础、室内铁道、地沟等所占面积，不扣除间壁墙及 ≤0.3 m² 柱、垛、附墙烟囱及孔洞所占面积。门洞、空圈、暖气包槽、壁龛的开口部分不增加面积	1. 基层清理 2. 抹找平层 3. 面层铺设 4. 嵌缝条安装 5. 磨光、酸洗打蜡 6. 材料运输
011101003	细石混凝土楼地面	1. 找平层厚度、砂浆配合比 2. 面层厚度、混凝土强度等级	m²		1. 基层清理 2. 抹找平层 3. 面层铺设 4. 材料运输
011101004	菱苦土楼地面	1. 找平层厚度、砂浆配合比 2. 面层厚度 3. 打蜡要求			1. 基层清理 2. 抹找平层 3. 面层铺设 4. 打蜡 5. 材料运输
011101005	自流坪楼地面	1. 找平层砂浆配合比、厚度 2. 界面剂材料种类 3. 中层漆材料种类、厚度 4. 面漆材料种类、厚度 5. 面层材料种类			1. 基层处理 2. 抹找平层 3. 涂界面剂 4. 涂刷中层漆 5. 打磨、吸尘 6. 镘自流平浆（浆） 7. 拌合自流平浆料 8. 铺面层
011101006	平面砂浆找平层	找平层厚度、砂浆配合比	m²	按设计图示尺寸以面积计算	1. 基层处理 2. 抹找平层 3. 材料运输

注：1. 水泥砂浆面层处理是拉毛还是提浆压光应在面层做法要求中描述。
2. 平面砂浆找平层只适用于仅做找平层的平面抹灰。
3. 间壁墙指墙厚 ≤120mm 的墙。
4. 楼地面混凝土垫层另按附录 E.1 垫层项目编码列项，除混凝土外的其他材料垫层按本规范表 D.4 垫层项目编码列项。

L.2 块料面层

块料面层工程量清单项目设置、项目特征描述的内容、计量单位及工程量计算规则应按表 L.2 的规定执行。

表 L.2 块料面层（编码：011102）

项目编码	项目名称	项目特征	计量单位	工程量计算规则	工程内容
011102001	石材楼地面	1. 找平层厚度、砂浆配合比 2. 结合层厚度、砂浆配合比 3. 面层材料品种、规格、颜色 4. 嵌缝材料种类 5. 防护层材料种类 6. 酸洗、打蜡要求	m²	按设计图示尺寸以面积计算。门洞、空圈、暖气包槽、壁龛的开口部分并入相应的工程内	1. 基层清理 2. 抹找平层 3. 面层铺设、磨边 4. 嵌缝 5. 刷防护材料 6. 酸洗、打蜡 7. 材料运输
011102002	碎石材楼地面				
011102003	块料楼地面				

注：1. 在描述碎石材项目的面层材料特征时可不用描述规格、颜色。
2. 石材、块料与粘结材料的接合面刷防渗材料的种类在防护层材料种类中描述。
3. 本表工作内容中的磨边指施工现场磨边，后面章节工作内容中涉及的磨边含义同。

L.3 橡塑面层

橡塑面层工程量清单项目设置、项目特征描述的内容、计量单位及工程量计算规则应按表 L.3 的规定执行。

表 L.3 橡塑面层（编码：011103）

项目编码	项目名称	项目特征	计量单位	工程量计算规则	工程内容
011103001	橡胶板楼地面	1. 黏结层厚度、材料种类 2. 面层材料品种、规格、颜色 3. 压线条种类	m²	按设计图示尺寸以面积计算。门洞、空圈、暖气包槽、壁龛的开口部分并入相应的工程量内	1. 基层清理 2. 面层铺贴 3. 压缝条装订 4. 材料运输
011103002	橡胶板卷材楼地面				
011103003	塑料板楼地面				
011103004	塑料卷材楼地面				

注：本表项目如涉及找平层，另按本附录表 L.1 找平层项目编码列表。

L.4 其他材料面层

其他材料面层工程量清单项目设置、项目特征描述的内容、计量单位及工程量计算规则应按表 L.4 的规定执行。

L.5 踢脚线

踢脚线工程量清单项目设置、项目特征描述的内容、计量单位及工程量计算规则应按表 L.5 的规定执行。

表 L.4　其他材料面层（编码：011104）

项目编码	项目名称	项目特征	计量单位	工程量计算规则	工 程 内 容
011104001	地毯楼地面	1. 面层材料品种、规格、颜色 2. 防护材料种类 3. 黏结材料种类 4. 压线条种类	m²	按设计图示尺寸以面积计算。门洞、空圈、暖气包槽、壁龛的开口部分并入相应的工程量内	1. 基层清理 2. 铺贴面层 3. 刷防护材料 4. 装订压条 5. 材料运输
011104002	竹、木(复合)地板	1. 龙骨材料种类、规格、铺设间距 2. 基层材料种类、规格 3. 面层材料品种、规格、颜色 4. 防护材料种类			1. 基层清理 2. 龙骨铺设 3. 基层铺设 4. 面层铺贴 5. 刷防护材料 6. 材料运输
011104003	金属复合地板				
011104004	防静电活动地板	1. 支架高度、材料种类 2. 面层材料品种、规格、颜色 3. 防护材料种类			1. 基层清理 2. 固定支架安装 3. 活动面层安装 4. 刷防护材料 5. 材料运输

表 L.5　踢脚线（编码：011105）

项目编码	项目名称	项目特征	计量单位	工程量计算规则	工 程 内 容
011105001	水泥砂浆踢脚线	1. 踢脚线高度 2. 底层厚度、砂浆配合比 3. 面层厚度、砂浆配合比	1. m² 2. m	1. 以平方米计量、按设计图示长度乘高度以面积计算 2. 以米计量,按延长米计算	1. 基层清理 2. 底层和面层抹灰 3. 材料运输
011105002	石材踢脚线	1. 踢脚线高度 2. 粘贴层厚度、材料种类 3. 面层材料品种、规格、颜色 4. 防护材料种类			1. 基层清理 2. 底层抹灰 3. 面层铺贴、磨边 4. 擦缝 5. 磨光、酸洗、打蜡 6. 刷防护材料 7. 材料运输
011105003	块料踢脚线				
011105004	塑料板踢脚线	1. 踢脚线高度 2. 黏结层厚度、材料种类 3. 面层材料种类、规格、颜色			1. 基层清理 2. 基层铺贴 3. 面层铺贴 4. 材料运输
011105005	木质踢脚线	1. 踢脚线高度 2. 基层材料种类、规格 3. 面层材料品种、规格、颜色			
011105006	金属踢脚线				
011105007	防静电踢脚线				

注：石材、块料与黏结材料的结合面刷防渗材料的种类在防护材料种类中描述。

L.6　楼梯面层

楼梯面层工程量清单项目设置、项目特征描述的内容、计量单位及工程量计算规则应按表 L.6 的规定执行。

表 L.6　楼梯面层（编码：011106）

项目编码	项目名称	项 目 特 征	计量单位	工程量计算规则	工 程 内 容
011106001	石材楼梯面层	1. 找平层厚度、砂浆配合比 2. 黏结层厚度、材料种类 3. 面层材料品种、规格、颜色 4. 防滑条材料种类、规格 5. 勾缝材料种类 6. 防护层材料种类 7. 酸洗、打蜡要求			1. 基层清理 2. 抹找平层 3. 面层铺贴、磨边 4. 贴嵌防滑条 5. 勾缝 6. 刷防护材料 7. 酸洗、打蜡 8. 材料运输
011106002	块料楼梯面层				
011106003	拼碎块料面层				
011106004	水泥砂浆楼梯面层	1. 找平层厚度、砂浆配合比 2. 面层厚度、砂浆配合比 3. 防滑条材料种类、规格			1. 基层清理 2. 抹找平层 3. 抹面层 4. 抹防滑条 5. 材料运输
011106005	现浇水磨石楼梯面层	1. 找平层厚度、砂浆配合比 2. 面层厚度、水泥石子浆配合比 3. 防滑条材料种类、规格 4. 石子种类、规格、颜色 5. 颜料种类、颜色 6. 磨光、酸洗打蜡要求	m^2	按设计图示尺寸以楼梯（包括踏步、休息平台及≤500mm 的楼梯井）水平投影面积计算。楼梯与楼地面相连时，算至梯口梁内侧边沿；无梯口梁者，算至最上一层踏步边沿加300mm	1. 基层清理 2. 抹找平层 3. 抹面层 4. 贴嵌防滑条 5. 磨光、酸洗、打蜡 6. 材料运输
011106006	地毯楼梯面层	1. 基层种类 2. 面层材料品种、规格、颜色 3. 防护材料种类 4. 黏结材料种类 5. 固定配件材料种类、规格			1. 基层清理 2. 铺贴面层 3. 固定配件安装 4. 刷防护材料 5. 材料运输
011106007	木板楼梯面层	1. 基层材料种类、规格 2. 面层材料品种、规格、颜色 3. 黏结材料种类 4. 防护材料种类			1. 基层清理 2. 基层铺贴 3. 面层铺贴 4. 刷防护材料 5. 材料运输
011106008	橡胶板楼梯面层	1. 黏结层厚度、材料种类 2. 面层材料品种、规格、颜色 3. 压线条种类			1. 基层清理 2. 面层铺贴 3. 压缝条装订 4. 材料运输
011106009	塑料板楼梯面层				

注：1. 在描述碎石材项目的面层材料特征时可不用描述规格、颜色。
　　2. 石材、块料与黏结材料的结合面刷防渗材料的种类在防护材料种类中描述。

L.7　台阶装饰

　　台阶装饰工程量清单项目设置、项目特征描述的内容、计量单位及工程量计算规则应按表 L.7 的规定执行。

L.8　零星装饰项目

　　零星装饰项目工程量清单项目设置、项目特征描述的内容、计量单位及工程量计算规则应按表 L.8 的规定执行。

表 L.7　台阶装饰（编码：011107）

项目编码	项目名称	项目特征	计量单位	工程量计算规则	工程内容
011107001	石材台阶面	1. 找平层厚度、砂浆配合比 2. 黏结层材料种类 3. 面层材料品种、规格、颜色 4. 勾缝材料种类 5. 防滑条材料种类、规格 6. 防护材料种类	m²	按设计图示尺寸以台阶（包括最上层踏步边沿加300mm）水平投影面积计算	1. 基层清理 2. 抹找平层 3. 面层铺贴 4. 贴嵌防滑条 5. 勾缝 6. 刷防护材料 7. 材料运输
011107002	块料台阶面				
011107003	拼碎块料台阶面				
011107004	水泥砂浆台阶面	1. 找平层厚度、砂浆配合比 2. 面层厚度、砂浆配合比 3. 防滑条材料种类			1. 基层清理 2. 抹找平层 3. 抹面层 4. 抹防滑条 5. 材料运输
011107005	现浇水磨石台阶面	1. 找平层厚度、砂浆配合比 2. 面层厚度、水泥石子浆配合比 3. 防滑条材料种类、规格 4. 石子种类、规格、颜色 5. 颜料种类、颜色 6. 磨光、酸洗、打蜡要求			1. 清理基层 2. 抹找平层 3. 抹面层 4. 贴嵌防滑条 5. 打磨、酸洗、打蜡 6. 材料运输
011107006	剁假石台阶面	1. 找平层厚度、砂浆配合比 2. 面层厚度、水泥石子浆配合比 3. 剁假石要求			1. 清理基层 2. 抹找平层 3. 抹面层 4. 剁假石 5. 材料运输

注：1. 在描述碎石材项目的面层材料特征时可不用描述规格、颜色。
　　2. 石材、块料与黏结材料的结合面刷防渗材料的种类在防护材料种类中描述。

表 L.8　零星装饰项目（编码：011108）

项目编码	项目名称	项目特征	计量单位	工程量计算规则	工程内容
011108001	石材零星项目	1. 工程部位 2. 找平层厚度、砂浆配合比 3. 贴结合层厚度、材料种类 4. 面层材料品种、规格、颜色 5. 勾缝材料种类 6. 防护材料种类 7. 酸洗、打蜡要求	m²	按设计图示尺寸以面积计算	1. 清理基层 2. 抹找平层 3. 面层铺贴、磨边 4. 勾缝 5. 刷防护材料 6. 酸洗、打蜡 7. 材料运输
011108002	碎拼石材零星项目				
011108003	块料零星项目				
011108004	水泥砂浆零星项目	1. 工程部位 2. 找平层厚度、砂浆配合比 3. 面层厚度、砂浆厚度			1. 清理基层 2. 抹找平层 3. 抹面层 4. 材料运输

注：1. 楼梯、台阶牵边和侧面镶贴块料面层，不大于 0.5m² 的少量分散的楼地面镶贴块料面层，应按本表执行。
　　2. 石材、块料与黏结材料的结合面刷防渗材料的种类在防护材料种类中描述。

附录M 墙、柱面装饰与隔断、幕墙工程

M.1 墙面抹灰

墙面抹灰工程量清单项目设置、项目特征描述的内容、计量单位及工程量计算规则应按表 M.1 的规定执行。

表 M.1 墙面抹灰（编码：011201）

项目编码	项目名称	项 目 特 征	计量单位	工程量计算规则	工 程 内 容
011201001	墙面一般抹灰	1. 墙体类型 2. 底层厚度、砂浆配合比 3. 面层厚度、砂浆配合比 4. 装饰面材料种类 5. 分格缝宽度、材料种类	m²	按设计图示尺寸以面积计算。扣除墙裙、门窗洞口及单个 $>0.3m^2$ 以外的孔洞面积，不扣除踢脚线、挂镜线和墙与构件交接处的面积，门窗洞口和孔洞的侧壁及顶面不增加面积。附墙柱、梁、垛、烟囱侧壁并入相应的墙面面积内。 1. 外墙抹灰面积按外墙垂直投影面积计算 2. 外墙裙抹灰面积按其长度乘以高度计算 3. 内墙抹灰面积按主墙间的净长乘以高度计算 （1）无墙裙的，高度按室内楼地面至天棚底面计算 （2）有墙裙的，高度按墙裙顶至天棚底面计算 （3）有吊顶天棚抹灰，高度算至天棚底 4. 内墙裙抹灰面按内墙净长乘以高度计算	1. 基层清理 2. 砂浆制作、运输 3. 底层抹灰 4. 抹面层 5. 抹装饰面 6. 勾分格缝
011201002	墙面装饰抹灰				
011201003	墙面勾缝	1. 勾缝类型 2. 勾缝材料种类			1. 基层清理 2. 砂浆制作、运输 3. 勾缝
011201004	立面砂浆找平层	1. 基层类型 2. 找平层砂浆厚度、配合比			1. 基层清理 2. 砂浆制作、运输 3. 抹灰找平

注：1. 立面砂浆找平项目适用于仅做找平层的立面抹灰。

2. 墙面抹石灰砂浆、水泥砂浆、混合砂浆、聚合物水泥砂浆、麻刀石灰浆、石膏灰浆等按本表中墙面一般抹灰列项；墙面水刷石、斩假石、干粘石、假面砖等按本表中墙面装饰抹灰列项。

3. 飘窗凸出外墙面增加的抹灰并入外墙工程量内。

4. 有吊顶天棚的内墙面抹灰，抹至吊顶以上部分在综合单价中考虑。

M.2 柱（梁）面抹灰

柱（梁）面抹灰工程量清单项目设置、项目特征描述的内容、计量单位及工程量计算规则应按表 M.2 的规定执行。

M.3 零星抹灰

零星抹灰工程量清单项目设置、项目特征描述的内容、计量单位及工程量计算规则应按表 M.3 的规定执行。

表 M.2 柱（梁）面抹灰（编码：011202）

项目编码	项目名称	项目特征	计量单位	工程量计算规则	工程内容
011202001	柱、梁面一般抹灰	1. 柱（梁）体类型 2. 底层厚度、砂浆配合比 3. 面层厚度、砂浆配合比 4. 装饰面材料种类 5. 分格缝宽度、材料种类	m²	1. 柱面抹灰：按设计图示柱断面周长乘高度以面积计算 2. 梁面抹灰：按设计图示梁断面周长乘长度以面积计算	1. 基层清理 2. 砂浆制作、运输 3. 底层抹灰 4. 抹面层 5. 勾分格缝
011202002	柱、梁面装饰抹灰				
011202003	柱、梁面砂浆找平	1. 柱（梁）体类型 2. 找平的砂浆厚度、配合比		按设计图示柱断面周长乘高度以面积计算	1. 基层清理 2. 砂浆制作、运输 3. 抹灰找平
011202004	柱面勾缝	1. 勾缝类型 2. 勾缝材料种类			1. 基层清理 2. 砂浆制作、运输 3. 勾缝

注：1. 砂浆找平项目适用于仅做找平层的柱（梁）面抹灰。
    2. 柱（梁）面抹石灰砂浆、水泥砂浆、混合砂浆、聚合物水泥砂浆、麻刀石灰浆、石膏灰浆等按本表中柱（梁）面一般抹灰编码列项；柱（梁）面水刷石、斩假石、干粘石、假面砖等按本表中柱（梁）面装饰抹灰项目编码列表。

表 M.3 零星抹灰（编码：011203）

项目编码	项目名称	项目特征	计量单位	工程量计算规则	工程内容
011203001	零星项目一般抹灰	1. 墙体类型、部位 2. 底层厚度、砂浆配合比 3. 面层厚度、砂浆配合比 4. 装饰面材料种类 5. 分格缝宽度、材料种类	m²	按设计图示尺寸以面积计算	1. 基层清理 2. 砂浆制作、运输 3. 底层抹灰 4. 抹面层 5. 抹装饰面 6. 勾分格缝
011203002	零星项目装饰抹灰				
011203003	零星项目砂浆找平	1. 基层类型、部位 2. 找平的砂浆厚度、配合比			1. 基层清理 2. 砂浆制作、运输 3. 抹灰找平

注：1. 零星项目抹石灰砂浆、水泥砂浆、混合砂浆、聚合物水泥砂浆、麻刀石灰浆、石膏灰浆等按本表中零星项目一般抹灰编码列项，水刷石、斩假石、干粘石、假面砖等按本表中零星项目装饰抹灰编码列表。
    2. 墙、柱（梁）面≤0.5m² 的少量分散的抹灰按本表中零星抹灰项目编码列表。

M.4 墙面块料面层

墙面块料面层工程量清单项目设置、项目特征描述的内容、计量单位及工程量计算规则应按表 M.4 的规定执行。

M.5 柱（梁）面镶贴块料

柱（梁）面镶贴块料工程量清单项目设置、项目特征描述的内容、计量单位及工程量计算规则应按表 M.5 的规定执行。

表 M.4 墙面块料面层（编码：011204）

项目编码	项目名称	项目特征	计量单位	工程量计算规则	工程内容
011204001	石材墙面	1. 墙体类型 2. 安装方式	m²	按镶贴表面积计算	1. 基层清理 2. 砂浆制作、运输 3. 黏结层铺贴 4. 面层安装 5. 嵌缝 6. 刷防护材料 7. 磨光、酸洗、打蜡
011204002	碎拼石材墙面	3. 面层材料品种、规格、颜色 4. 缝宽、嵌缝材料种类 5. 防护材料种类 6. 磨光、酸洗、打蜡要求			
011204003	块料墙面				
011204004	干挂石材钢骨架	1. 骨架种类、规格 2. 防锈漆品种遍数	t	按设计图示以质量计算	1. 骨架制作、运输、安装 2. 刷漆

注：1. 在描述碎块项目的面层材料特征时可不用描述规格、颜色。
  2. 石材、块料与黏结材料的结合面刷防渗材料的种类在防护层材料种类中描述。
  3. 安装方式可描述为砂浆或黏结剂粘贴、挂贴、干挂等，不论哪种安装方式，都要详细描述与组价相关的内容。

表 M.5 柱（梁）面镶贴块料（编码：011205）

项目编码	项目名称	项目特征	计量单位	工程量计算规则	工程内容
011205001	石材柱面	1. 柱截面类型、尺寸 2. 安装方式	m²	按镶贴表面积计算	1. 基层清理 2. 砂浆制作、运输 3. 黏合层铺贴 4. 面层安装 5. 嵌缝 6. 刷防护材料 7. 磨光、酸洗、打蜡
011205002	块料柱面	3. 面层材料品种、规格、颜色 4. 缝宽、嵌缝材料种类 5. 防护材料种类 6. 磨光、酸洗、打蜡要求			
011205003	拼碎块柱面				
011205004	石材梁面	1. 安装方式 2. 面层材料品种、规格、颜色 3. 缝宽、嵌缝材料种类 4. 防护材料种类 5. 磨光、酸洗、打蜡要求			
011205005	块料梁面				

注：1. 在描述碎块项目的面层材料特征时可不用描述规格、颜色。
  2. 石材、块料与黏结材料的接合面刷防渗材料的种类在防护层材料种类中描述。
  3. 柱梁面干挂石材的钢骨架按表 M.4 相应项目编码列项。

M.6 镶贴零星块料

镶贴零星块料工程量清单项目设置、项目特征描述的内容、计量单位及工程量计算规则应按表 M.6 的规定执行。

表 M.6 镶贴零星块料（编码：011206）

项目编码	项目名称	项目特征	计量单位	工程量计算规则	工程内容
011206001	石材零星项目	1. 基层类型、部位 2. 安装方式	m²	按镶贴表面积计算	1. 基层清理 2. 砂浆制作、运输 3. 面层安装 4. 嵌缝 5. 刷防护材料 6. 磨光、酸洗、打蜡
011206002	块料零星项目	3. 面层材料品种、规格、颜色 4. 缝宽、嵌缝材料种类 5. 防护材料种类 6. 磨光、酸洗、打蜡要求			
011206003	拼碎石材零星项目				

注：1. 在描述碎块项目的面层材料特征时可不用描述规格、颜色。
  2. 石材、块料与黏接材料的接合面刷防渗材料的种类在防护材料种类中描述。
  3. 零星项目干挂石材的钢骨架按本附录表 M.4 相应项目编码列项。
  4. 墙柱面≤0.5m² 的少量分散的镶贴块料面层按本表中零星项目执行。

M.7 墙饰面

墙饰面工程量清单项目设置、项目特征描述的内容、计量单位及工程量计算规则应按表 M.7 的规定执行。

表 M.7 墙饰面（编码：011207）

项目编码	项目名称	项目特征	计量单位	工程量计算规则	工程内容
011207001	墙面装饰板	1. 龙骨材料种类、规格、中距 2. 隔离层材料种类、规格 3. 基层材料种类、规格 4. 面层材料品种、规格、颜色 5. 压条材料种类、规格	m^2	按设计图示墙净长乘净高以面积计算。扣除门窗洞口及单个 >0.3m^2 的孔洞所占面积	1. 基层清理 2. 龙骨制作、运输、安装 3. 钉隔离层 4. 基层铺钉 5. 面层铺贴
011207002	墙面装饰浮雕	1. 基层类型 2. 浮雕材料种类 3. 浮雕样式	m^2	按设计图示尺寸以面积计算	1. 基层清理 2. 材料制作、运输 3. 安装成型

M.8 柱（梁）饰面

柱（梁）饰面工程量清单项目设置、项目特征描述的内容、计量单位及工程量计算规则应按表 M.8 的规定执行。

表 M.8 柱（梁）饰面（编码：011208）

项目编码	项目名称	项目特征	计量单位	工程量计算规则	工程内容
011208001	柱（梁）面装饰	1. 龙骨材料种类、规格、中距 2. 隔离层材料种类 3. 基层材料种类、规格 4. 面层材料品种、规格、颜色 5. 压条材料种类、规格	m^2	按设计图示饰面外围尺寸以面积计算。柱帽、柱墩并入相应柱饰面工程量内	1. 清理基层 2. 龙骨制作、运输、安装 3. 钉隔离层 4. 基层铺钉 5. 面层铺贴
011208002	成品装饰柱	1. 柱截面、高度尺寸 2. 柱材质	1. 根 2. m	1. 以根计量，按设计数量计算 2. 以米计量，按设计长度计算	柱运输、固定、安装

M.9 幕墙工程

幕墙工程工程量清单项目设置、项目特征描述的内容、计量单位及工程量计算规则应按表 M.9 的规定执行。

表 M.9　幕墙工程（编码：011209）

项目编码	项目名称	项目特征	计量单位	工程量计算规则	工程内容
011209001	带骨架幕墙	1. 骨架材料种类、规格、中距 2. 面层材料品种、规格、颜色 3. 面层固定方式 4. 隔离带、框边封闭材料品种、规格 5. 嵌缝、塞口材料种类	m²	按设计图示框外围尺寸以面积计算。与幕墙同种材质的窗所占面积不扣除	1. 骨架制作、运输、安装 2. 面层安装 3. 隔离带、框边封闭 4. 嵌缝、塞口 5. 清洗
011209002	全玻（无框玻璃）幕墙	1. 玻璃品种、规格、颜色 2. 黏结塞口材料种类 3. 固定方式		按设计图示尺寸以面积计算。带肋全玻幕墙按展开面积计算	1. 幕墙安装 2. 嵌缝、塞口 3. 清洗

注：幕墙钢骨架按本附录表 M.4 干挂石材钢骨架编码列表。

M.10　隔断

隔断工程量清单项目设置、项目特征描述的内容、计量单位及工程量计算规则应按表 M.10 的规定执行。

表 M.10　隔断（编码：011210）

项目编码	项目名称	项目特征	计量单位	工程量计算规则	工程内容
011210001	木隔断	1. 骨架、边框材料种类、规格 2. 隔板材料品种、规格、颜色 3. 嵌缝、塞口材料品种 4. 压条材料种类	m²	按设计图示框外围尺寸以面积计算。不扣除门窗所占面积；扣除单个 ≤0.3m² 的孔洞所占面积；浴厕侧门的材质与隔断相同时，门的面积并入隔断面积内	1. 骨架及边框制作、运输、安装 2. 隔板制作、运输、安装 3. 嵌缝、塞口 4. 装钉压条
011210002	金属隔断	1. 骨架、边框材料种类、规格 2. 隔板材料品种、规格、颜色 3. 嵌缝、塞口材料品种			1. 骨架及边框制作、运输、安装 2. 隔板制作、运输、安装 3. 嵌缝、塞口
011210003	玻璃隔断	1. 边框材料种类、规格 2. 玻璃品种、规格、颜色 3. 嵌缝、塞口材料品种		按设计图示框外围尺寸以面积计算。不扣除单个 ≤0.3m² 的空洞所占面积	1. 边框制作、运输、安装 2. 玻璃制作、运输、安装 3. 嵌缝、塞口
011210004	塑料隔断	1. 边框材料种类、规格 2. 隔板材料品种、规格、颜色 3. 嵌缝、塞口材料品种			1. 骨架及边框制作、运输、安装 2. 隔板制作、运输、安装 3. 嵌缝、塞口
011210005	成品隔断	1. 隔断材料品种、规格、颜色 2. 配件品种、规格	1. m² 2. 间	1. 以平方米计量，按设计图示框外围尺寸以面积计算 2. 以间计量，按设计间的数量计算	1. 隔板制作、运输、安装 2. 嵌缝、塞口
011210006	其他隔断	1. 骨架、边框材料种类、规格 2. 隔板材料品种、规格、颜色 3. 嵌缝、塞口材料品种	m²	按设计图示框外围尺寸以面积计算。不扣除单个 ≤0.3m² 的空洞所占面积	1. 骨架及边框安装 2. 隔板安装 3. 嵌缝、塞口

附录 N 天棚工程

N.1 天棚抹灰

天棚抹灰工程量清单项目的设置、项目特征描述的内容、计量单位及工程量计算规则应按表 N.1 的规定执行。

表 N.1　天棚抹灰（编码：011301）

项目编码	项目名称	项目特征	计量单位	工程量计算规则	工程内容
011301001	天棚抹灰	1. 基层类型 2. 抹灰厚度、材料种类 3. 砂浆配合比	m²	按设计图示尺寸以水平投影面积计算。不扣除间壁墙、垛、柱、附墙烟囱、检查口和管道所占面积，带梁天棚的梁两侧抹灰面积并入天棚面积内，板式楼梯底面抹灰按斜面积计算，锯齿形楼梯底板抹灰按展开面积计算	1. 基层清理 2. 底层抹灰 3. 抹面层

N.2 天棚吊顶

天棚吊顶工程量清单项目的设置、项目特征描述的内容、计量单位及工程量计算规则应按表 N.2 的规定执行。

表 N.2　天棚吊顶（编码：011302）

项目编码	项目名称	项目特征	计量单位	工程量计算规则	工程内容
011302001	吊顶天棚	1. 吊顶形式、吊杆规格、高度 2. 龙骨材料种类、规格、中距 3. 基层材料种类、规格 4. 面层材料品种、规格 5. 压条材料种类、规格 6. 嵌缝材料种类 7. 防护材料种类	m²	按设计图示尺寸以水平投影面积计算。天棚面中的灯槽及跌级、锯齿形、吊挂式、藻井式天棚面积不展开计算。不扣除间壁墙、检查口、附墙烟囱、柱垛和管道所占面积，扣除单个 > 0.3m² 的孔洞、独立柱及与天棚相连的窗帘盒所占的面积	1. 基层清理、吊杆安装 2. 龙骨安装 3. 基层板铺贴 4. 面层铺贴 5. 嵌缝 6. 刷防护材料
011302002	格栅吊顶	1. 龙骨材料种类、规格、中距 2. 基层材料种类、规格 3. 面层材料品种、规格 4. 防护材料种类		按设计图示尺寸以水平投影面积计算	1. 基层清理 2. 安装龙骨 3. 基层板铺贴 4. 面层铺贴 5. 刷防护材料
011302003	吊筒吊顶	1. 吊筒形状、规格 2. 吊筒材料种类 3. 防护材料种类			1. 基层清理 2. 吊筒制作安装 3. 刷防护材料
011302004	藤条造型悬挂吊顶	1. 骨架材料种类、规格 2. 面层材料品种、规格			1. 基层清理 2. 龙骨安装 3. 铺贴面层
011302005	织物软雕吊顶				
011302006	装饰网架吊顶	网架材料品种、规格			1. 基层清理 2. 网架制作安装

N.3 采光天棚

采光天棚工程量清单项目的设置、项目特征描述的内容、计量单位及工程量计算规则应按表 N.3 的规定执行。

表 N.3 采光天棚（编码：011303）

项目编码	项目名称	项目特征	计量单位	工程量计算规则	工程内容
011303001	采光天棚	1. 骨架类型 2. 固定类型、固定材料品种、规格 3. 面层材料品种、规格 4. 嵌缝、塞口材料种类	m²	按框外围展开面积计算	1. 清理基层 2. 面层制安 3. 嵌缝、塞口 4. 清洗

注：采光天棚骨架不包括在本节中，应单独按本规范附录 F 相关项目编码列项。

N.4 天棚其他装饰

天棚其他装饰工程量清单项目的设置、项目特征描述的内容、计量单位及工程量计算规则应按表 N.4 的规定执行。

表 N.4 天棚其他装饰（编码：011304）

项目编码	项目名称	项目特征	计量单位	工程量计算规则	工程内容
011304001	灯带（槽）	1. 灯带形式、尺寸 2. 格栅片材料品种、规格 3. 安装固定方式	m²	按设计图示尺寸以框外围面积计算	安装、固定
011304002	送风口、回风口	1. 风口材料品种、规格 2. 安装固定方式 3. 防护材料种类	个	按设计图示数量计算	1. 安装、固定 2. 刷防护材料

附录 P 油漆、涂料、裱糊工程

P.1 门油漆

门油漆工程量清单项目的设置、项目特征描述的内容、计量单位及工程量计算规则应按表 P.1 的规定执行。

P.2 窗油漆

窗油漆工程量清单项目的设置、项目特征描述的内容、计量单位及工程量计算规则应按表 P.2 的规定执行。

表 P.1　门油漆（编码：011401）

项目编码	项目名称	项目特征	计量单位	工程量计算规则	工 程 内 容
011401001	木门油漆	1. 门类型 2. 门代号及洞口尺寸 3. 腻子种类 4. 刮腻子遍数 5. 防护材料种类 6. 油漆品种、刷漆遍数	1. 樘 2. m²	1. 以樘计量，按设计图示数量计算 2. 以平方米计量，按设计图示洞口尺寸以面积计算	1. 基层清理 2. 刮腻子 3. 刷防护材料、油漆
011401002	金属门油漆				1. 除锈、基层清理 2. 刮腻子 3. 刷防护材料、油漆

注：1. 木门油漆应区分木大门、单层木门、双层（一玻一纱）木门、双层（单裁口）木门、全玻自由门、半玻自由门、装饰门及有框门或无框门等项目，分别编码列项。

　　2. 金属门油漆应区分平开门、推拉门、钢制防火门等项目，分别编码列项。

　　3. 以平方米计量，项目特征可不必描述洞口尺寸。

表 P.2　窗油漆（编码：011402）

项目编码	项目名称	项目特征	计量单位	工程量计算规则	工 程 内 容
011402001	木窗油漆	1. 窗类型 2. 窗代号及洞口尺寸 3. 腻子种类 4. 刮腻子遍数 5. 防护材料种类 6. 油漆品种、刷漆遍数	1. 樘 2. m²	1. 以樘计量，按设计图示数量计算 2. 以平方米计量，按设计图示洞口尺寸以面积计算	1. 基层清理 2. 刮腻子 3. 刷防护材料、油漆
011402002	金属窗油漆				1. 除锈、基层清理 2. 刮腻子 3. 刷防护材料、油漆

注：1. 木窗油漆应区分单层木窗、双层（一纱一玻）木窗、双层框扇（单裁口）木窗、双层框三层（二玻一纱）木窗、单层组合窗、双层组合窗、木百叶窗、木推拉窗等项目，分别编码列项。

　　2. 金属窗油漆应区分平开窗、推拉窗、固定窗、组合窗、金属隔栅窗等项目，分别编码列项。

　　3. 以平方米计量，项目特征可不必描述洞口尺寸。

P.3　木扶手及其他板条、线条油漆

木扶手及其他板条、线条油漆工程量清单项目的设置、项目特征描述的内容、计量单位及工程量计算规则应按表 P.3 的规定执行。

表 P.3　木扶手及其他板条、线条油漆（编码：011403）

项目编码	项目名称	项目特征	计量单位	工程量计算规则	工程内容
011403001	木扶手油漆	1. 断面尺寸 2. 腻子种类 3. 刮腻子遍数 4. 防护材料种类 5. 油漆品种、刷漆遍数	m	按设计图示尺寸以长度计算	1. 基层清理 2. 刮腻子 3. 刷防护材料、油漆
011403002	窗帘盒油漆				
011403003	封檐板、顺水板油漆				
011403004	挂衣板、黑板框油漆				
011403005	挂镜线、窗帘棍、单独木线油漆				

注：木扶手应区分带托板与不带托板，分别编码列项，若是木栏杆带扶手，木扶手不应单独列项，应包含木栏杆油漆中。

P.4 木材面油漆

木材面油漆工程量清单项目的设置、项目特征描述的内容、计量单位及工程量计算规则应按表P.4的规定执行。

表P.4 木材面油漆（编码：011404）

项目编码	项目名称	项目特征	计量单位	工程量计算规则	工程内容
011404001	木护墙、木墙裙油漆	1. 腻子种类 2. 刮腻子要求 3. 防护材料种类 4. 油漆品种、刷漆遍数	m²	按设计图示尺寸以面积计算	1. 基层清理 2. 刮腻子 3. 刷防护材料、油漆
011404002	窗台板、筒子板、盖板、门窗套、踢脚线油漆				
011404003	清水板条天棚、檐口油漆				
011404004	木方格吊顶天棚油漆				
011404005	吸音板墙面、天棚面油漆				
011404006	暖气罩油漆				
011404007	其他木材面				
011404008	木间壁、木隔断油漆			按设计图示尺寸以单面外围面积计算	
011404009	玻璃间壁露明墙筋油漆				
011404010	木栅栏、木栏杆(带扶手)油漆				
011404011	衣柜、壁柜油漆			按设计图示尺寸以油漆部分展开面积计算	
011404012	梁柱饰面油漆				
011404013	零星木装修油漆				
011404014	木地板油漆			按设计图示尺寸以面积计算。空洞、空圈、暖气包槽、壁龛的开口部分并入相应的工程量内	
011404015	木地板烫硬蜡面	1. 硬蜡品种 2. 面层处理要求			1. 基层清理 2. 烫蜡

P.5 金属面油漆

金属面油漆工程量清单项目的设置、项目特征描述的内容、计量单位及工程量计算规则应按表P.5的规定执行。

表P.5 金属面油漆（编码：011405）

项目编码	项目名称	项目特征	计量单位	工程量计算规则	工程内容
011405001	金属面油漆	1. 构件名称 2. 腻子种类 3. 刮腻子要求 4. 防护材料种类 5. 油漆品种、刷漆遍数	1. t 2. m²	1. 以吨计量，按设计图示尺寸以质量计算 2. 以平方米计量，按设计展开面积计算	1. 基层清理 2. 刮腻子 3. 刷防护材料、油漆

P.6 抹灰面油漆

抹灰面油漆工程量清单项目的设置、项目特征描述的内容、计量单位及工程量计算规则应按表P.6的规定执行。

表P.6 抹灰面油漆（编码：011406）

项目编码	项目名称	项目特征	计量单位	工程量计算规则	工程内容
011406001	抹灰面油漆	1. 基层类型 2. 腻子种类 3. 刮腻子遍数 4. 防护材料种类 5. 油漆品种、刷漆遍数 6. 部位	m²	按设计图示尺寸以面积计算	1. 基层清理 2. 刮腻子 3. 刷防护材料、油漆
011406002	抹灰线条油漆	1. 线条宽度、道数 2. 腻子种类 3. 刮腻子遍数 4. 防护材料种类 5. 油漆品种、刷漆数遍	m	按设计图示尺寸以长度计算	1. 基层清理 2. 刮腻子 3. 刷防护材料、油漆
011406003	满刮腻子	1. 基层类型 2. 腻子种类 3. 刮腻子遍数	m²	按设计图示尺寸以面积计算	1. 基层清理 2. 刮腻子

P.7 刷喷涂料

喷刷涂料工程量清单项目的设置、项目特征描述的内容、计量单位及工程量计算规则应按表P.7的规定执行。

表P.7 喷刷涂料（编码：011407）

项目编码	项目名称	项目特征	计量单位	工程量计算规则	工程内容
011407001	墙面喷刷涂料	1. 基层类型 2. 喷刷涂料部位 3. 腻子种类 4. 刮腻子要求 5. 涂料品种、喷刷遍数	m²	按设计图示尺寸以面积计算	1. 基层清理 2. 刮腻子 3. 刷、喷涂料
011407002	天棚喷刷涂料				
011407003	空花格、栏杆刷涂料	1. 腻子种类 2. 刮腻子遍数 3. 涂料品种、喷刷遍数		按设计图示尺寸以单面外围面积计算	
011407004	线条刷涂料	1. 基层清理 2. 线条宽度 3. 刮腻子遍数 4. 刷防护材料、油漆	m	按设计图示尺寸以长度计算	
011407005	金属构件刷防火涂料	1. 喷刷防火涂料构件名称 2. 防火等级要求 3. 涂料品种、喷刷遍数	1. m² 2. t	1. 以吨计量，按设计图示尺寸以质量计算 2. 以平方米计量，按设计展开面积计算	1. 基层清理 2. 刷防护材料、油漆
011407006	木材构件喷刷防火涂料		m²	以平方米计量，按设计图示尺寸以面积计算	1. 基层清理 2. 刷防火材料

注：喷刷墙面涂料部位要注明内墙或外墙。

P.8 裱糊

裱糊工程量清单项目的设置、项目特征描述的内容、计量单位及工程量计算规则应按表 P.8 的规定执行。

表 P.8 裱糊（编码：011408）

项目编码	项目名称	项目特征	计量单位	工程量计算规则	工程内容
011408001	墙纸裱糊	1. 基层类型 2. 裱糊构件部位 3. 腻子种类 4. 刮腻子遍数 5. 黏结材料种类 6. 防护材料种类 7. 面层材料品种、规格、颜色	m²	按设计图示尺寸以面积计算	1. 基层清理 2. 刮腻子 3. 面层铺粘 4. 刷防护材料
011408002	织锦缎裱糊				

附录 Q 其他装饰工程

Q.1 柜类、货架

柜类、货架工程量清单项目的设置、项目特征描述的内容、计量单位及工程量计算规则应按表 Q.1 的规定执行。

表 Q.1 柜类、货架（编码：011501）

项目编码	项目名称	项目特征	计量单位	工程量计算规则	工程内容
011501001	柜台	1. 台柜规格 2. 材料种类、规格 3. 五金种类、规格 4. 防护材料种类 5. 油漆品种、刷漆遍数	1. 个 2. m 3. m³	1. 以个计量，按设计图示数量计量 2. 以米计量，按设计图示尺寸以延长米计算 3. 以立方米计量，按设计图示尺寸以体积计算	1. 台柜制作、运输、安装（安放） 2. 刷防护材料、油漆 3. 五金件安装
011501002	酒柜				
011501003	衣柜				
011501004	存包柜				
011501005	鞋柜				
011501006	书柜				
011501007	厨房壁柜				
011501008	木壁柜				
011501009	厨房低柜				
011501010	厨房吊柜				
011501011	矮柜				
011501012	吧台背柜				
011501013	酒吧吊柜				
011501014	酒吧台				
011501015	展台				
011501016	收银台				
011501017	试衣间				
011501018	货架				
011501019	书架				
011501020	服务台				

Q.2 压条、装饰线

压条、装饰线工程量清单项目的设置、项目特征描述的内容、计量单位及工程量计算规则应按表 Q.2 的规定执行。

表 Q.2 压条、装饰线 (编码：011502)

项目编码	项目名称	项目特征	计量单位	工程量计算规则	工程内容
011502001	金属装饰线	1. 基层类型 2. 线条材料品种、规格、颜色 3. 防护材料种类	m	按设计图示尺寸以长度计算	1. 线条制作、安装 2. 刷防护材料
011502002	木质装饰线				
011502003	石材装饰线				
011502004	石膏装饰线				
011502005	镜面玻璃线	1. 基层类型 2. 线条材料品种、规格、颜色 3. 防护材料种类			
011502006	铝塑装饰线				
011502007	塑料装饰线				
011502008	GRC 装饰线条	1. 基层类型 2. 线条规格 3. 线条安装部位 4. 填充材料种类			线条制作安装

Q.3 扶手、栏杆、栏板装饰

扶手、栏杆、栏板装饰工程量清单项目的设置、项目特征描述的内容、计量单位及工程量计算规则应按表 Q.3 的规定执行。

表 Q.3 扶手、栏杆、栏板 (编码：011503)

项目编码	项目名称	项目特征	计量单位	工程量计算规则	工程内容
011503001	金属扶手、栏杆、栏板	1. 扶手材料种类、规格 2. 栏杆材料种类、规格 3. 栏板材料种类、规格、颜色 4. 固定配件种类 5. 防护材料种类	m	按设计图示以扶手中心线长度（包括弯头长度）计算	1. 制作 2. 运输 3. 安装 4. 刷防护材料
011503002	硬木扶手、栏杆、栏板				
011503003	塑料扶手、栏杆、栏板				
011503004	GRC 栏杆、扶手	1. 栏杆的规格 2. 安装间距 3. 扶手类型规格 4. 填充材料种类			
011503005	金属靠墙扶手	1. 扶手材料种类、规格 2. 固定配件种类 3. 防护材料种类			
011503006	硬木靠墙扶手				
011503007	塑料靠墙扶手				
011503008	玻璃栏板	1. 栏杆玻璃的种类、规格、颜色 2. 固定方式 3. 固定配件种类			

Q.4 暖气罩

暖气罩工程量清单项目的设置、项目特征描述的内容、计量单位及工程量计算规则应按表 Q.4 的规定执行。

表 Q.4 暖气罩（编码：011504）

项目编码	项目名称	项目特征	计量单位	工程量计算规则	工程内容
011504001	饰面板暖气罩	1. 暖气罩材质 2. 防护材料种类	m²	按设计图示尺寸以垂直投影面积（不展开）计算	1. 暖气罩制作、运输、安装 2. 刷防护材料、油漆
011504002	塑料板暖气罩				
011504003	金属暖气罩				

Q.5 浴厕配件

浴厕配件工程量清单项目的设置、项目特征描述的内容、计量单位及工程量计算规则应按表 Q.5 的规定执行。

表 Q.5 浴厕配件（编码：011505）

项目编码	项目名称	项目特征	计量单位	工程量计算规则	工程内容
011505001	洗漱台	1. 材料品种、规格、颜色 2. 支架、配件品种、规格	1. m² 2. 个	1. 按设计图示尺寸以台面外接矩形面积计算。不扣除孔洞、挖弯、削角所占面积，挡板、吊沿板面积并入台面面积内 2. 按设计图示数量计算	1. 台面及支架制作、运输、安装 2. 杆、环、盒、配件安装 3. 刷油漆
011505002	晒衣架		个	按设计图示数量计算	
011505003	帘子杆				
011505004	浴缸拉手				
011505005	卫生间扶手				
011505006	毛巾杆（架）	1. 材料品种、规格、颜色 2. 支架、配件品种、规格	套	按设计图示数量计算	1. 台面及支架制作、运输、安装 2. 杆、环、盒、配件安装 3. 刷油漆
011505007	毛巾环		副		
011505008	卫生纸盒		个		
011505009	肥皂盒				
011505010	镜面玻璃	1. 镜面玻璃品种、规格 2. 框材质、断面尺寸 3. 基层材料种类 4. 防护材料种类	m²	按设计图示尺寸以边框外围面积计算	1. 基层安装 2. 玻璃及框制作、运输、安装
011505011	镜箱	1. 箱材质、规格 2. 玻璃品种、规格 3. 基层材料种类 4. 防护材料种类 5. 油漆品种、刷漆遍数	个	按设计图示数量计算	1. 基层安装 2. 箱体制作、运输、安装 3. 玻璃安装 4. 刷防护材料、油漆

Q.6 雨篷、旗杆

雨篷、旗杆工程量清单项目的设置、项目特征描述的内容、计量单位及工程量计算规则应按表 Q.6 的规定执行。

表 Q.6　雨篷、旗杆（编码：011506）

项目编码	项目名称	项目特征	计量单位	工程量计算规则	工程内容
011506001	雨篷吊挂饰面	1. 基层类型 2. 龙骨材料种类、规格、中距 3. 面层材料品种、规格 4. 吊顶（天棚）材料品种、规格 5. 嵌缝材料种类 6. 防护材料种类	m²	按设计图示尺寸以水平投影面积计算	1. 底层抹灰 2. 龙骨基层安装 3. 面层安装 4. 刷防护材料、油漆
011506002	金属旗杆	1. 旗杆材类、种类、规格 2. 旗杆高度 3. 基础材料种类 4. 基座材料种类 5. 基座面层材料、种类、规格	根	按设计图示数量计算	1. 土石挖、填、运 2. 基础混凝土浇注 3. 旗杆制作、安装 4. 旗杆台座制作、饰面
011506003	玻璃雨篷	1. 玻璃雨篷固定方式 2. 龙骨材料种类、规格、中距 3. 玻璃材料品种、规格 4. 嵌缝材料种类 5. 防护材料种类	m²	按设计图示尺寸以水平投影面积计算	1. 龙骨基层安装 2. 面层安装 3. 刷防护材料、油漆

Q.7 招牌、灯箱

招牌、灯箱工程量清单项目的设置、项目特征描述的内容、计量单位及工程量计算规则应按表 Q.7 的规定执行。

表 Q.7　招牌、灯箱（编码：011507）

项目编码	项目名称	项目特征	计量单位	工程量计算规则	工程内容
011507001	平面、箱式招牌	1. 箱体规格 2. 基层材料种类 3. 面层材料种类 4. 防护材料种类	m²	按设计图示尺寸以正立面边框外围面积计算。复杂形的凸凹造型部分不增加面积	1. 基层安装 2. 箱体及支架制作、运输、安装 3. 面层制作、安装 4. 刷防护材料、油漆
011507002	竖式标箱				
011507003	灯箱	1. 箱体规格 2. 基层材料种类 3. 面层材料种类 4. 保护材料种类 5. 户数	个	按设计图示数量计算	
011507004	信报箱				

Q.8 美术字

美术字工程量清单项目的设置、项目特征描述的内容、计量单位及工程量计算规则应按表 Q.8 的规定执行。

表 Q.8 美术字（编码：011508）

项目编码	项目名称	项目特征	计量单位	工程量计算规则	工程内容
011508001	泡沫塑料字	1. 基层类型 2. 镶字材料品种、颜色 3. 字体规格 4. 固定方式 5. 油漆品种、刷漆遍数	个	按设计图示数量计算	1. 字制作、运输、安装 2. 刷油漆
011508002	有机玻璃字				
011508003	木质字				
011508004	金属字				
011508005	吸塑字				

附录 R 拆除工程

R.1 砖砌体拆除

砖砌体拆除工程量清单项目的设置、项目特征描述的内容、计量单位及工程量计算规则应按表 R.1 的规定执行。

表 R.1 砖砌体拆除（编码：011601）

项目编码	项目名称	项目特征	计量单位	工程量计算规则	工程内容
011601001	砖砌体拆除	1. 砌体名称 2. 砌体材质 3. 拆除高度 4. 拆除砌体的截面尺寸 5. 砌体表面的附着物种类	1. m³ 2. m	1. 以立方米计量,按拆除的体积计算 2. 以米计量,按拆除的延长米计算	1. 拆除 2. 控制扬尘 3. 清理 4. 建渣场内、外运输

注：1. 砌体名称指墙、柱、水池等。
    2. 砌体表面的附着物种类指抹灰层、块料层、龙骨及装饰面层等。
    3. 以米计量,如砖地沟、砖明沟等必须描述拆除部位的截面尺寸；以立方米计量,截面尺寸则不必描述。

R.2 混凝土及钢筋混凝土构件拆除

混凝土及钢筋混凝土构件拆除工程量清单项目的设置、项目特征描述的内容、计量单位及工程量计算规则应按表 R.2 的规定执行。

R.3 木构件拆除

木构件拆除工程量清单项目的设置、项目特征描述的内容、计量单位及工程量计算规则应按表 R.3 的规定执行。

表 R.2 混凝土及钢筋混凝土构件拆除（编码：011602）

项目编码	项目名称	项目特征	计量单位	工程量计算规则	工程内容
011602001	混凝土构件拆除	1. 构件名称 2. 拆除构件的厚度或规格尺寸 3. 构件表面的附着物种类	1. m³ 2. m² 3. m	1. 以立方米计量，按拆除构件的混凝土的体积计算 2. 以平方米计量，按拆除部位的面积计算 3. 以米计量，按拆除部件的延长米计算	1. 拆除 2. 控制扬尘 3. 清理 4. 建渣场内、外运输
011602002	钢筋混凝土构件拆除				

注：1. 以立方米作为计量单位时，可不描述构件的规格尺寸；以平方米作为计量单位时，则应描述构件的厚度；以米作为计量单位时，则必须描述构件的规格尺寸。
　　2. 构件表面的附着物种类指抹灰层、块料层、龙骨及装饰面层等。

表 R.3 木构件拆除（编码：011603）

项目编码	项目名称	项目特征	计量单位	工程量计算规则	工程内容
011603001	木构件拆除	1. 构件名称 2. 拆除构件的厚度或规格尺寸 3. 构件表面的附着物种类	1. m³ 2. m² 3. m	1. 以立方米计量，按拆除构件的体积计算 2. 以平方米计量，按拆除面积计算 3. 以米计量，按拆除延长米计算	1. 拆除 2. 控制扬尘 3. 清理 4. 建渣场内、外运输

注：1. 拆除木构件应按木梁、木柱、木楼梯、木屋架、承重木楼板等分别在构件名称中描述。
　　2. 以立方米作为计量单位时，可不描述构件的规格尺寸；以平方米作为计量单位时，则应描述构件的厚度；以米作为计量单位时，则必须描述构件的规格尺寸。
　　3. 构件表面的附着物种类指抹灰层、块料层、龙骨及装饰面层等。

R.4 抹灰层拆除

抹灰层拆除工程量清单项目的设置、项目特征描述的内容、计量单位及工程量计算规则应按表 R.4 的规定执行。

表 R.4 抹灰层拆除（编码：011604）

项目编码	项目名称	项目特征	计量单位	工程量计算规则	工程内容
011604001	平面抹灰层拆除	1. 拆除部位 2. 抹灰层种类	m²	按拆除部位的面积计算	1. 拆除 2. 控制扬尘 3. 清理 4. 建渣场内、外运输
011604002	立面抹灰层拆除				
011604003	天棚抹灰面拆除				

注：1. 单独拆除抹灰层应按本表中的项目编码列项。
　　2. 抹灰层种类可描述为一般抹灰或装饰抹灰。

R.5 块料面层拆除

块料面层拆除工程量清单项目的设置、项目特征描述的内容、计量单位及工程量计算规则应按表 R.5 的规定执行。

表 R.5 块料面层拆除（编码：011605）

项目编码	项目名称	项目特征	计量单位	工程量计算规则	工程内容
011605001	平面块料拆除	1. 拆除的基层类型 2. 饰面材料种类	m²	按拆除面积计算	1. 拆除 2. 控制扬尘 3. 清理 4. 建渣场内、外运输
011605002	立面块料拆除				

注：1. 如仅拆除块料层，拆除的基层类型不用描述。
　　2. 拆除的基层类型的描述指砂浆层、防水层、干挂或挂贴所采用的钢骨架层等。

R.6 龙骨及饰面拆除

龙骨及饰面拆除工程量清单项目的设置、项目特征描述的内容、计量单位及工程量计算规则应按表 R.6 的规定执行。

表 R.6 龙骨及饰面拆除（编码：011606）

项目编码	项目名称	项目特征	计量单位	工程量计算规则	工程内容
011606001	楼地面龙骨及饰面拆除				
011606002	墙柱面龙骨及饰面拆除	1. 拆除的基层类型 2. 龙骨及饰面材料种类	m²	按拆除面积计算	1. 拆除 2. 控制扬尘 3. 清理 4. 建渣场内、外运输
011606003	天棚面龙骨及饰面拆除				

注：1. 基层类型的描述指砂浆层、防水层等。
　　2. 如仅拆除龙骨及饰面，拆除的基层类型不用描述。
　　3. 如只拆除饰面，不用描述龙骨材料种类。

R.7 屋面拆除

屋面拆除工程量清单项目的设置、项目特征描述的内容、计量单位及工程量计算规则应按表 R.7 的规定执行。

表 R.7 屋面拆除（编码：011607）

项目编码	项目名称	项目特征	计量单位	工程量计算规则	工程内容
011607001	刚性层拆除	刚性层厚度	m²	按铲除部位的面积计算	1. 拆除 2. 控制扬尘 3. 清理 4. 建渣场内、外运输
011607002	防水层拆除	防水层种类			

R.8 铲除油漆涂料裱糊面

铲除油漆涂料裱糊面工程量清单项目的设置、项目特征描述的内容、计量单位及工程量计算规则应按表 R.8 的规定执行。

表 R.8　铲除油漆涂料裱糊面（编码：011608）

项目编码	项目名称	项目特征	计量单位	工程量计算规则	工程内容
011608001	铲除油漆面	1. 铲除部位的名称 2. 铲除部位的截面尺寸	1. m² 2. m	1. 以平方米计量，按铲除部位的面积计算 2. 以米计量，按铲除部位的延长米计算	1. 拆除 2. 控制扬尘 3. 清理 4. 建渣场内、外运输
011608002	铲除涂料面				
011608003	铲除裱糊面				

注：1. 单独铲除油漆涂料裱糊面的工程按本表中的项目编码列项。
　　2. 铲除部位名称的描述指墙面、柱面、天棚、门窗等。
　　3. 按米计量时，必须描述铲除部位的截面尺寸；按平方米计量时，则不用描述铲除部位的截面尺寸。

R.9　栏杆栏板、轻质隔断隔墙拆除

栏杆栏板、轻质隔断隔墙拆除工程量清单项目的设置、项目特征描述的内容、计量单位及工程量计算规则应按表 R.9 的规定执行。

表 R.9　栏杆栏板、轻质隔断隔墙拆除（编码：011609）

项目编码	项目名称	项目特征	计量单位	工程量计算规则	工程内容
011609001	栏杆、栏板拆除	1. 栏杆（板）的高度 2. 栏杆、栏板种类	1. m² 2. m	1. 以平方米计量，按拆除部位的面积计算 2. 以米计量，按拆除的延长米计算	1. 拆除 2. 控制扬尘 3. 清理 4. 建渣场内、外运输
011609002	隔断隔墙拆除	1. 拆除隔墙的骨架种类 2. 拆除隔墙的饰面种类	m²	按拆除部位的面积计算	

注：以平方米计量，不用描述栏杆（板）的高度。

R.10　门窗拆除

门窗拆除工程量清单项目的设置、项目特征描述的内容、计量单位及工程量计算规则应按表 R.10 的规定执行。

表 R.10　门窗拆除（编码：011610）

项目编码	项目名称	项目特征	计量单位	工程量计算规则	工程内容
011610001	木门窗拆除	1. 室内高度 2. 门窗洞口尺寸	1. m² 2. 樘	1. 以平方米计量，按拆除面积计算 2. 以樘计量，按拆除樘数计算	1. 拆除 2. 控制扬尘 3. 清理 4. 建渣场内、外运输
011610002	金属门窗拆除				

注：门窗拆除以平方米计量，不用描述门窗的洞口尺寸。室内高度指室内楼地面至门窗的上边框。

R.11　金属构件拆除

金属构件拆除工程量清单项目的设置、项目特征描述的内容、计量单位及工程量计算规则应按表 R.11 的规定执行。

表 R.11 金属构件拆除（编码：011611）

项目编码	项目名称	项目特征	计量单位	工程量计算规则	工程内容
011611001	钢梁拆除	1. 构件名称 2. 拆除构件的规格尺寸	1. t 2. m	1. 以吨计量，按拆除构件的质量计算 2. 以米计量，按拆除延长米计算	1. 拆除 2. 控制扬尘 3. 清理 4. 建渣场内、外运输
011611002	钢柱拆除		1. t 2. m		
011611003	钢网架拆除		t	按拆除构件的质量计算	
011611004	钢支撑、钢墙架拆除		1. t 2. m	1. 以吨计量，按拆除构件的质量计算 2. 以米计量，按拆除延长米计算	
011611005	其他金属构件拆除				

R.12 管道及卫生洁具拆除

管道及卫生洁具拆除工程量清单项目的设置、项目特征描述的内容、计量单位及工程量计算规则应按表 R.12 的规定执行。

表 R.12 管道及卫生洁具拆除（编码：011612）

项目编码	项目名称	项目特征	计量单位	工程量计算规则	工程内容
011612001	管道拆除	1. 管道种类、材质 2. 管道上的附着物种类	m	按拆除管道的延长米计算	1. 拆除 2. 控制扬尘 3. 清理 4. 建渣场内、外运输
011612002	卫生洁具拆除	卫生洁具种类	1. 套 2. 个	按拆除的数量计算	

R.13 灯具、玻璃拆除

灯具、玻璃拆除工程量清单项目的设置、项目特征描述的内容、计量单位及工程量计算规则应按表 R.13 的规定执行。

表 R.13 灯具、玻璃拆除（编码：011613）

项目编码	项目名称	项目特征	计量单位	工程量计算规则	工程内容
011613001	灯具拆除	1. 拆除灯具高度 2. 灯具种类	套	按拆除的数量计算	1. 拆除 2. 控制扬尘 3. 清理 4. 建渣场内、外运输
011613002	玻璃拆除	1. 玻璃厚度 2. 拆除部位	m²	按拆除的面积计算	

注：拆除部位的描述指门窗玻璃、隔断玻璃、墙玻璃、家具玻璃等。

R.14 其他构件拆除

其他构件拆除工程量清单项目的设置、项目特征描述的内容、计量单位及工程量计算规则应按表 R.14 的规定执行。

表 R.14 其他构件拆除（编码：011614）

项目编码	项目名称	项目特征	计量单位	工程量计算规则	工程内容
011614001	暖气罩拆除	暖气罩材质	1. 个 2. m	1. 以个为单位计量，按拆除个数计算 2. 以米为单位计量，按拆除延长米计算	1. 拆除 2. 控制扬尘 3. 清理 4. 建渣场内、外运输
011614002	柜体拆除	1. 柜体材质 2. 柜体尺寸：长、宽、高			
011614003	窗台板拆除	窗台板平面尺寸	1. 块 2. m	1. 以块计量，按拆除数量计算 2. 以米计量，按拆除的延长米计算	
011614004	筒子板拆除	筒子板的平面尺寸			
011614005	窗帘盒拆除	窗帘盒的平面尺寸			
011614006	窗帘轨拆除	窗帘轨的材质	m	按拆除的延长米计算	

注：双轨窗帘轨拆除按双轨长度分别计算工程量。

R.15 开孔（打洞）

开孔（打洞）工程量清单项目的设置、项目特征描述的内容、计量单位及工程量计算规则应按表 R.15 的规定执行。

表 R.15 开孔（打洞）（编码：011615）

项目编码	项目名称	项目特征	计量单位	工程量计算规则	工程内容
011615001	开孔（打洞）	1. 部位 2. 打洞部位材质 3. 洞尺寸	个	按数量计算	1. 拆除 2. 控制扬尘 3. 清理 4. 建渣场内、外运输

注：1. 部位可描述为墙面或楼板。
　　2. 打洞部位材质可描述为页岩砖或空心砖或钢筋混凝土等。

附录 S 措施项目

S.1 脚手架工程

脚手架工程工程量清单项目的设置、项目特征描述的内容、计量单位及工程量计算规则应按表 S.1 的规定执行。

S.3 垂直运输

垂直运输工程量清单项目的设置、项目特征描述的内容、计量单位及工程量计算规则应按表 S.3 的规定执行。

表 S.1　脚手架工程（编码：011701）

项目编码	项目名称	项目特征	计量单位	工程量计算规则	工程内容
011701001	综合脚手架	1. 建筑结构形式 2. 檐口高度	m²	按建筑面积计算	1. 场内、场外材料搬运 2. 搭、拆脚手架、斜道、上料平台 3. 安全网的铺设 4. 选择附墙点与主体连接 5. 测试电动装置、安全锁等 6. 拆除脚手架后材料的堆放
011701002	外脚手架	1. 搭设方式 2. 搭设高度 3. 脚手架材质		按所服务对象的垂直投影面积计算	1. 场内、场外材料搬运 2. 搭、拆脚手架、斜道、上料平台 3. 安全网的铺设 4. 拆除脚手架后材料的堆放
011701003	里脚手架				
011701004	悬空脚手架	1. 搭设方式 2. 悬挑高度 3. 脚手架材质		按搭设的水平投影面积计算	
011701005	挑脚手架		m	按搭设长度乘以搭设层数以延长米计算	
011701006	满堂脚手架	1. 搭设方式 2. 搭设高度 3. 脚手架材质		按搭设的水平投影面积计算	
011701007	整体提升架	1. 搭设方式及起动装置 2. 搭设高度	m²	按所服务对象的垂直投影面积计算	1. 场内、场外材料搬运 2. 选择附墙点与主体连接 3. 搭、拆脚手架、斜道、上料平台 4. 安全网的铺设 5. 测试电动装置、安全锁等 6. 拆除脚手架后材料的堆放
011701008	外装饰吊篮	1. 升降方式及起动装置 2. 搭设高度及吊篮型号			1. 场内、场外材料搬运 2. 吊篮的安装 3. 测试电动装置、安全锁、平衡控制器等 4. 吊篮的拆卸

注：1. 使用综合脚手架时，不再使用外脚手架、里脚手架等单项脚手架；综合脚手架适用于能够按"建筑面积计算规则"计算建筑面积的建筑工程脚手架，不适用于房屋加层、构筑物及附属工程脚手架。

2. 同一建筑物有不同檐高时，按建筑物竖向切面分别按不同檐高编列清单项目。

3. 整体提升架已包括 2m 高的防护架体设施。

4. 脚手架材质可以不描述，但应注明由投标人根据工程实际情况按照国家现行标准《建筑施工扣件式钢管脚手架安全技术规范》JGJ 130、《建筑施工附着升降脚手架管理暂行规定》（建建［2000］230 号）等规范自行确定。

表 S.3　垂直运输（编码：011703）

项目编码	项目名称	项目特征	计量单位	工程量计算规则	工程内容
011703001	垂直运输	1. 建筑物建筑类型及结构形式 2. 地下室建筑面积 3. 建筑物檐口高度、层数	m² 天	1. 按建筑面积计算 2. 按施工工期日历天数计算	1. 垂直运输机械的固定装置、基础制作、安装 2. 行走式垂直运输机械轨道的铺设、拆除、摊销

注：1. 建筑物的檐口高度是指设计室外地坪至檐口滴水的高度（平屋顶系指屋面板底高度），突出主体建筑物屋顶的电梯机房、楼梯出口间、水箱间、眺望塔、排烟机房等不计入檐口高度。

　　2. 垂直运输指施工工程在合理工期内所需垂直运输机械。

　　3. 同一建筑物有不同檐高时，按建筑物的不同檐高做纵向分割，分别计算建筑面积，以不同檐高分别编码列项。

S.4　超高施工增加

　　超高施工增加工程量清单项目的设置、项目特征描述的内容、计量单位及工程量计算规则应按表 S.4 的规定执行。

表 S.4　超高施工增加（编码：011704）

项目编码	项目名称	项目特征	计量单位	工程量计算规则	工程内容
011704001	超高施工增加	1. 建筑物建筑类型及结构形式 2. 建筑物檐口高度、层数 3. 单层建筑物檐口高度超过20m，多层建筑物超过6层部分的建筑面积	m²	按建筑物超高部分的建筑面积计算	1. 建筑物超高引起的人工工效降低以及由于人工工效降低引起的机械降效 2. 高层施工用水加压水泵的安装、拆除及工作台班 3. 通信联络设备的使用及摊销

注：1. 单层建筑物檐口高度超过20m，多层建筑物超过6层时，可按超高部分的建筑面积计算超高施工增加。计算层数时，地下室不计入层数。

　　2. 同一建筑物有不同檐高时，可按不同高度的建筑面积分别计算建筑面积，以不同檐高分别编码列表。

S.5　大型机械设备进出场及安拆

　　大型机械设备进出场及安拆工程量清单项目的设置、项目特征描述的内容、计量单位及工程量计算规则应按表 S.5 的规定执行。

S.6　施工排水、降水

　　施工排水、降水工程量清单项目的设置、项目特征描述的内容、计量单位及工程量计算规则应按表 S.6 的规定执行。

表 S.5　大型机械设备进出场及安拆（编码：011705）

项目编码	项目名称	项目特征	计量单位	工程量计算规则	工程内容
011705001	大型机械设备进出场及安拆	机械设备名称 机械设备规格型号	台次	按使用机械设备的数量计算	安拆费包括施工机械、设备在现场进行安装拆卸所需人工、材料、机械和试运转费用以及机械辅助设施的折旧、搭设、拆除等费用 进出场费包括施工机械、设备整体或分体自停放地点运至施工现场或由一施工地点运至另一施工地点所发生的运输、装卸、辅助材料等费用

表 S.6　施工排水、降水（编码：011706）

项目编码	项目名称	项目特征	计量单位	工程量计算规则	工程内容
011706001	成井	1. 成井方式 2. 地层情况 3. 成井直径 4. 井（滤）管类型、直径	m	按设计图示尺寸以钻孔深度计算	1. 准备钻孔机械、埋设护筒、钻机就位；泥浆制作、固壁；成孔、出渣、清孔等 2. 对接上、下井管（滤管），焊接，安放，下滤料，洗井，连接试抽等
011706002	排水、降水	1. 机械规格型号 2. 降排水管规格	昼夜	按排、降水日历天数计算	1. 管道安装、拆除，场内搬运等 2. 抽水、值班、降水设备维修等

注：相应专项设计不具备时，可按暂估量计算。

S.7　安全文明施工及其他措施项目

安全文明施工及其他措施项目工程量清单项目的设置、项目特征描述的内容、计量单位及工程量计算规则应按表 S.7 的规定执行。

表 S. 7　安全文明施工及其他措施项目（编码：011707）

项目编码	项目名称	工作内容及包含范围
011707001	安全文明施工	1. 环境保护包含范围：现场施工机械设备降低噪声、防扰民措施费用；水泥和其他易飞扬细颗粒建筑材料密闭存放或采取覆盖措施等费用；工程防扬尘洒水费用；土石方、建渣外运车辆冲洗、防洒漏等费用；现场污染源的控制、生活垃圾清理外运、场地排水排污措施的费用；其他环境保护措施费用 2. 文明施工包含范围："五牌一图"的费用；现场围挡的墙面美化（包括内外粉刷、刷白、标语等）、压顶装饰费用；现场厕所便槽刷白、贴面砖，水泥砂浆地面或地砖费用，建筑物内临时便溺设施费用；其他施工现场临时设施的装饰装修、美化措施费用；现场生活卫生设施费用；符合卫生要求的饮水设备、淋浴、消毒等设施费用；生活用洁净燃料费用；防煤气中毒、防蚊虫叮咬等措施费用；施工现场操作场地的硬化费用；现场绿化费用、治安综合治理费用；现场配备医药保健器材、物品费用和急救人员培训费用；用于现场工人的防暑降温费、电风扇、空调等设备及用电费用；其他文明施工措施费用 3. 安全施工包含范围：安全资料、特殊作业专项方案的编制，安全施工标志的购置及安全宣传的费用；"三宝"（安全帽、安全带、安全网）、"四口"（楼梯口、电梯井口、通道口、预留洞口），"五临边"（阳台围边、楼板围边、屋面围边、槽坑围边、卸料平台两侧），水平防护架、垂直防护架、外架封闭等防护的费用；施工安全用电的费用，包括配电箱三级配电、两级保护装置要求、外电防护措施；起重机、塔式起重机等起重设备（含井架、门架）及外用电梯的安全防护措施（含警示标志）费用及卸料平台的临边防护、层间安全门、防护棚等设施费用；建筑工地起重机械的检验检测费用；施工机具防护棚及其围栏的安全保护设施费用；施工安全防护通道的费用；工人的安全防护用品、用具购置费用；消防设施与消防器材的配置费用；电气保护、安全照明设施费；其他安全防护措施费用 4. 临时设施包含范围：施工现场采用彩色、定型钢板，砖、混凝土砌块等围挡的安砌、维修、拆除费或摊销费；施工现场临时建筑物、构筑物的搭设、维修、拆除或摊销的费用；如临时宿舍、办公室、食堂、厨房、厕所、诊疗所、临时文化福利用房、临时仓库、加工场、搅拌台、临时简易水塔、水池等。施工现场临时设施的搭设、维修、拆除或摊销的费用。如临时供水管道、临时供电管线、小型临时设施等；施工现场规定范围内临时简易道路铺设，临时排水沟、排水设施安砌、维修、拆除的费用；其他临时设施费搭设、维修、拆除或摊销的费用
011701002	夜间施工	1. 夜间固定照明灯具和临时可移动照明灯具的设置、拆除 2. 夜间施工时，施工现场交通标志、安全标牌、警示灯等的设置、移动、拆除 3. 包括夜间照明设备摊销及照明用电、施工人员夜班补助、夜间施工劳动效率降低等费用
011707003	非夜间施工照明	为保证工程施工正常运行，在地下室等特殊施工部位施工时所采用的照明设备的安拆、维护及照明用电等
011707004	二次搬运	包括由于施工场地条件限制而发生的材料、成品、半成品等一次运输不能到达堆放地点，必须进行二次或多次搬运的费用
011707005	冬雨季施工	1. 冬雨（风）季施工时增加的临时设施（防寒保温、防雨、防风设施）的搭设、拆除 2. 冬雨（风）季施工时，对砌体、混凝土等采用的特殊加温、保温和养护措施 3. 冬雨（风）季施工时，施工现场的防滑处理、对影响施工的雨雪的清除 4. 包括冬雨（风）季施工时增加的临时设施的摊销、施工人员的劳动保护用品、冬雨（风）季施工劳动效率降低等费用
011707006	地上、地下设施、建筑物的临时保护设施	在工程施工过程中，对已建成的地上、地下设施和建筑物进行的遮盖、封闭、隔离等必要保护措施所发生的费用
011707007	已完成工程及设备保护	对已完工程及设备采取的覆盖、包裹、封闭、隔离等必要保护措施

注：本表所列项目应根据工程实际情况计算措施项目费用，需分摊的应合理计算摊销费用。

参 考 文 献

[1] 朱志杰. 建筑装饰装修工程预算报价手册 [M]. 北京：中国建筑工业出版社，2004.

[2] 李永福. 建筑装饰工程定额计价与报价 [M]. 北京：中国电力出版社，2005.

[3] 张崇庆. 建筑装饰工程预算 [M]. 北京：机械工业出版社，2007.

[4] 李成贞. 建筑装饰工程计量与计价 [M]. 北京：中国建筑工业出版社，2006.

[5] 肖伦斌. 建筑装饰工程计价 [M]. 武汉：武汉理工大学出版社，2004.

[6] 袁建新. 建筑装饰工程预算 [M]. 3版. 北京：科学出版社，2013.

[7] 田永复. 编制装饰修工程量清单与定额 [M]. 北京：中国建筑工业出版社，2004.

[8] 本书编委会. 建筑与装饰装修工程计价应用与案例 [M]. 北京：中国建筑工业出版社，2004.

[9] 雷胜强，刘桦. 建筑装饰工程招投标手册 [M]. 2版. 北京：中国建筑工业出版社，2006.

[10] 但霞. 建筑装饰工程预算 [M]. 北京：中国建筑工业出版社，2004.

[11] 王朝霞. 建筑工程计量与计价 [M]. 北京：机械工业出版社，2007.

[12] 王武齐. 建筑工程计量与计价 [M]. 北京：中国建筑工业出版社，2004.

[13] 何辉. 建筑工程预算新教程 [M]. 杭州：浙江人民出版社，2005.

[14] 栋梁工作室. 全国统一建筑装饰装修工程消耗量定额应用手册 [M]. 北京：中国建筑工业出版社，2005.

[15] 本书编委会. 建筑工程预算一例通 [M]. 3版. 北京：机械工业出版社，2014.

[16] 本书编委会. 装饰装修工程预算一例通 [M]. 2版. 北京：机械工业出版社，2014.

教材使用调查问卷

尊敬的教师：

您好！欢迎您使用机械工业出版社出版的教材，为了进一步提高我社教材的出版质量，更好地为我国教育发展服务，欢迎您对我社的教材多提宝贵的意见和建议。敬请您留下您的联系方式，我们将向您提供周到的服务，向您赠阅我们最新出版的教学用书、电子教案及相关图书资料。

本调查问卷复印有效，请您通过以下方式返回：

邮寄：北京市西城区百万庄大街 22 号机械工业出版社建筑分社（100037）
　　　张荣荣（收）

传真：010-68994437（张荣荣收）　　　　　Email：54829403@qq.com

一、基本信息

姓名：_____　　职称：_____　　　　职务：_____

所在单位：_____

任教课程：_____

邮编：_____　　地址：_____

电话：_____　　电子邮件：_____

二、关于教材

1. 贵校开设土建类哪些专业？

☐建筑工程技术　　　☐建筑装饰工程技术　　　☐工程监理　　　☐工程造价
☐房地产经营与估价　☐物业管理　　　　　　　☐市政工程　　　☐园林景观

2. 您使用的教学手段：☐传统板书　　☐多媒体教学　　☐网络教学

3. 您认为还应开发哪些教材或教辅用书？_____

4. 您是否愿意参与教材编写？希望参与哪些教材的编写？

课程名称：_____

形式：　☐纸质教材　　☐实训教材（习题集）　　☐多媒体课件

5. 您选用教材比较看重以下哪些内容？

☐作者背景　　　　☐教材内容及形式　　　☐有案例教学　　☐配有多媒体课件
☐其他_____

三、您对本书的意见和建议（欢迎您指出本书的疏误之处）_____

_____

_____

四、您对我们的其他意见和建议_____

_____

_____

请与我们联系：

100037　　　北京百万庄大街 22 号

机械工业出版社·建筑分社　张荣荣　收

Tel：010- 88379777（O），6899 4437（Fax）

E- mail：54829403@qq.com

http://www.cmpedu.com（机械工业出版社·教材服务网）

http://www.cmpbook.com（机械工业出版社·门户网）

http://www.golden-book.com（中国科技金书网·机械工业出版社旗下网站）